人工智能与大数据系列

Python 机器学习工程实战（第2版）

[美]Andrew P. McMahon◎著

殷海英　刘志红　黄继敏◎译

電子工業出版社
Publishing House of Electronics Industry
北京·BEIJING

内 容 简 介

本书是一本面向机器学习实务的专业指南，通过系统化的工程学视角帮助读者将机器学习理论转化为实际应用。全书共九章。内容从基础知识到模型标准化、部署模式、扩展规模及深度学习应用，层层深入，逐步构建机器学习工程的完整知识体系。书中特别强调如何在 Python 中高效编码与设计，如何在大规模数据集上开发，以及当下热门的大型语言模型（LLM）构建与运营方法。

本书不仅传播技术，更传递了工程学的严谨与实践精神，旨在培养能够解决复杂技术问题并引领数据科学发展的专业人才。无论是初学者，还是行业从业者，本书对读者来说都是一次深入机器学习工程的宝贵探索。

图书在版编目（CIP）数据

Python 机器学习工程实战 ：第 2 版 / （美）彼得·麦克马洪（Andrew P. McMahon）著 ；殷海英等译. 北京 ：电子工业出版社，2025. 4. --（人工智能与大数据系列）. -- ISBN 978-7-121-50016-9

Ⅰ. TP312.8；TP181

中国国家版本馆 CIP 数据核字第 20259H4L11 号

责任编辑：刘志红（lzhmails@163.com）
印　　刷：三河市良远印务有限公司
装　　订：三河市良远印务有限公司
出版发行：电子工业出版社
　　　　　北京市海淀区万寿路 173 信箱　邮编　100036
开　　本：787×980　1/16　印张：26.75　字数：684.8 千字
版　　次：2025 年 4 月第 1 版（原书第 2 版）
印　　次：2025 年 4 月第 1 次印刷
定　　价：198.00 元

贡 献 者

关于作者

Andrew P. McMahon 多年来在多个行业中构建了具有高影响力的机器学习产品。目前，他担任英国 NatWest 集团的首席 MLOps 工程师，并拥有伦敦帝国理工学院理论凝聚态物理博士学位。他是一位活跃的博主、演讲者、播客嘉宾，并在 MLOps 社区担任领导角色。他是 AI Right 播客的联合主持人，并荣获 2022 年英国数据奖“年度新星”和 2019 年数据科学基金会颁发的“年度数据科学家”称号。

我深知，在人生的道路上，任何成就都离不开众人的支持与帮助。因此，我衷心感谢我的母亲、父亲、兄弟大卫和保罗，以及所有亲属和朋友们，他们构成了我的坚强后盾。然而，我最深切的感激之情要献给我的妻子海莉，她是我坚实的依靠，我最亲密的伴侣，也是我在这纷繁世界中唯一的同行者。我还要感谢我的儿子们——泰迪和阿尔菲，他们是我无尽的灵感之源。这本书记录了我对你们三位家人无尽的爱与感激。

关于本书评审者

Hamza Tahir 原是一名软件开发者，后转型成为机器学习工程师。他是一位内心热爱创新的独立黑客，对构思、实施和发布数据驱动型产品充满了热情。他此前参与了多个基于机器学习的产品开发，包括 PicHance、Scrilys、BudgetML 和 you-tldr。基于他之前在初创企业中部署机器学习以实现预测性维护应用案例的实战经验，他参与开发了一款名为 ZenML 的开源 MLOps 框架。该框架旨在帮助用户在任何基础设施堆栈上轻松构建出生产级别的机器学习流程。

我要向所有 ZenML 的同事们表达我的感激之情，他们每天都在努力工作，旨在打造市场上最易于使用的 MLOps 产品。同时，我也要感谢伊莎贝尔，她始终如一且坚定不移地支持是我宝贵的力量来源。

Prince Canuma 是一位经验丰富的机器学习工程师，拥有深厚的 MLOps、机器学习、数据科学、计算机视觉和自然语言处理背景。Prince 出生于莫桑比克的马普托，在 2017 年从交通与通信学院（ITC）获得 IT 和电信文凭后，便踏上了机器学习的征程。目前，Prince 是 Neptune.ai 团队中不可或缺的一员。在任职期间，他作为机器学习工程师表现出色，并在开发者关系领域开创了自己的一片天地。

除专业职责之外，Prince 的研究贡献尤为显著，尤其是在自动语音识别（ASR）领域。他最具突破性的研究成果，围绕对 OpenAI 的 Whisper ASR 系统进行基准测试和优化，通过引入说话人分割和针对性语言模型，显著提升了系统的性能。

在此，我谨向 Eliseu Canuma 及 Canuma 家族全体成员表达我最诚挚的感谢。在整个《Python 机器学习工程（第 2 版）》一书的编写过程中，他们始终如一地支持与鼓励对我至关重要。正是他们的信任，构成了我参与此项工作的坚强基石。

Jonah Turner 是图卢兹第三保罗·萨巴蒂埃大学的学生，正在攻读人工智能硕士学位。他此前在 Sandhills Global 担任数据科学家，从事计算机视觉、自然语言处理和数据运维工作。他喜欢在法国南部旅行、浏览 GitHub 以及为开源机器学习项目做贡献。

序　言

“软件正在吞噬世界，但人工智能将吞噬软件。”

——Jensen Huang，英伟达首席执行官

机器学习（ML），作为更广泛的人工智能（AI）领域的一部分，理所当然地被认为是组织从其数据中提取价值的最为强大的工具之一。多年来，随着 ML 算法能力的增长变得越来越明显，以可扩展、容错和自动化实施的方式这些算法需要创造新的学科。这些学科，即机器学习工程（MLE）和机器学习运维（MLOps），是本书的关注重点。

本书涵盖了广泛的主题，旨在帮助你理解可用于构建机器学习工程解决方案的工具、技术和流程。我们强调介绍关键概念，使你能够在今后的工作中更深入地应用这些概念。尽管我们在构建机器学习工程中确实涵盖了许多最新的工具，但我们的目标是，打下坚实的基础知识，并具有深入全面的理解，使其经得起时间的考验，而不仅仅是提供对最新工具的一连串介绍。

所有的代码示例都以 Python 编写，这是世界上最流行的编程语言（截至撰写时），也是数据应用的通用语言。Python 是一种高级且面向对象的语言，拥有丰富的生态系统，专注于数据科学和机器学习。例如，诸如 scikit-learn 和 pandas 之类的包已经成为全球数据科学团队标配的一部分。本书的核心观点是，仅仅了解如何使用这些包是不够的。本书中，我们将使用这些工具，以及许多其他工具，但重点关注如何将它们整合到生产级流程中，并使用适当的云和开源工具进行部署。

我们将全面涵盖从如何组织你的机器学习团队，到软件开发方法论和最佳实践，再到自动化模型构建，以及打包你的机器学习代码，如何将你的机器学习流程部署到各种不同的目标，然后是如何扩展大规模批处理运行的各个方面。在这次更新的第 2 版中，我们还

将在一个全新的章节中讨论将机器学习工程和 MLOps 应用于深度学习和生成式人工智能的激动人心的世界，包括如何开始使用大型语言模型（LLM）以及 LLM Operations（LLMOps）这一新领域构建解决方案。

《Python 机器学习工程（第 2 版）》的几乎每个章节都比第一版探讨得更深入，提供了更新的例子，并更详细地讨论了核心概念。涵盖的工具选择也更为广泛，更加注重开源工具和开发方面。尽管我们仍然坚持关注核心概念的理念，但我希望这种更宽泛的视角能使本书成为那些希望获取机器学习工程实际知识的人的卓越资源。

尽管更加强调使用开源工具，但许多示例也会利用 AWS 的服务和解决方案。我相信，伴随的解释和讨论将意味着你仍然可以将在这里学到的一切应用于任何云提供商，甚至是在本地环境中。

《Python 机器学习工程（第 2 版）》将帮助你应对将机器学习引入生产环境所面临的挑战，并使你有信心开始在项目中应用 MLOps。希望你喜欢！

本书的目标读者

本书面向机器学习工程师、数据科学家和软件开发人员，他们希望构建具有机器学习工程组件的健壮软件解决方案。对于任何管理或希望理解这些系统生产生命周期的人也是相关的。本书假设读者具备中级水平的 Python 知识，并对机器学习概念有一些基本了解。同时，对 AWS 的一些基础知识以及使用 Unix 工具（如 bash 或 zsh）的经验也会有所帮助。

本书主要内容

第 1 章 “机器学习工程简介”介绍了机器学习工程和机器学习运营的核心概念。详细讨论了机器学习团队中的角色，并阐述了机器学习工程和 MLOps 所面临的挑战。

第 2 章 “机器学习开发流程”深入探讨了如何组织并成功执行机器学习工程项目。本章包括对 Agile、Scrum、CRISP-DM 等开发方法论的讨论，随后介绍了作者开发的一个项目方法论，该方法论贯穿于整本书中。除此之外，本章还引入了持续集成/持续部署（CI/CD）和开发者工具。

第 3 章 “从模型到模型工厂”展示了如何标准化、系统化和自动化机器学习模型的训练与部署过程。通过作者提出的模型工厂概念，实现了可重复创建和验证模型的方法论。本章还讨论了理解机器学习模型所需的关键理论概念，并涵盖了不同类型的漂移检测和触发模型重新训练的标准。

第 4 章 “打包封装”探讨了在 Python 中编码的最佳实践，以及如何将其与构建自己的包、库和组件相关联，以在多个项目中进行有效复用。本章详细介绍了基本的 Python 编程概念，随后深入讨论了更为高级的概念，并探讨了包和环境管理、测试、日志记录、错误处理以及安全性等关键方面。

第 5 章 “部署模式和工具”介绍了设计机器学习系统并将其投入生产的一些标准方法。在深入讨论体系结构、系统设计和部署模式的基础上，本章首先重点介绍使用更高级工具部署微服务的方法，包括容器化和 AWS Lambda；接着，详细介绍了备受欢迎的 ZenML 和 Kubeflow 管道化以及部署平台，并提供了实例。

第 6 章 “扩展规模”专注于以大型数据集为基础进行开发。在此，我们将详细讨论 Apache Spark 和 Ray 框架，并提供了实际示例。本章的重点是在需要大规模计算的批处理工作负载方面进行扩展。

第 7 章 “深度学习、生成人工智能和 LLMOps”涵盖了训练和部署深度学习模型的最新概念和技术，特别关注了生成模型的新浪潮，侧重介绍大语言模型（LLM）及 ML 工程师在将这些模型投入生产环境时面临的挑战。这使得我们开始定义 LLM 运营（LLMOps）的核心要素。

第 8 章 “构建 ML 微服务”详细讲解了如何使用 FastAPI、Docker 和 Kubernetes 构建一个机器学习微服务，该服务提供了一个基于预测的解决方案。这一章将整本书中之前介绍的许多概念进行了综合和实际应用。

第 9 章 “构建一个提取、转换、机器学习用例”展示了一个批处理机器学习系统的示例，该系统利用标准的机器学习算法，并结合了 LLM 的使用。这展示了 LLM 和 LLMOps 的具体应用，同时提供了对 Airflow DAG 更为深入的讨论。

充分利用本书

- 本书中，我们假设读者具备一些 Python 开发的经验。虽然为了完整性考虑涵盖了一些基础概念，但总体而言，如果你在阅读本书之前已经至少编写过一些 Python 程序，将更容易理解书中的示例。本书还假设读者对机器学习的主要概念有一些了解，比如什么是模型、训练，推理指的是什么，以及对类似概念的理解。虽然文中对这些概念进行了回顾，但如果你之前已经在建立机器学习模型的主要思想方面有所了解，即使是在基础水平上，阅读体验也会更加流畅。
- 在技术方面，为了充分利用本书中的示例，你需要访问一台计算机或服务器，确保你具有安装和运行 Python 以及其他软件包和应用程序的权限。对于许多示例，我们假定你能够使用类 UNIX 终端，比如 Bash 或 ZSH。本书中的示例是在运行 Ubuntu（LTS 版）的 Linux 操作系统和 M2 MacBook Pro 的 macOS 操作系统上编写和测试的。如果你使用不同的系统，例如 Windows 操作系统，可能需要对示例进行一些调整，以适应你的计算机操作系统。请注意，使用 M2 MacBook Pro 意味着一些示例展示了额外的信息，以使示例在使用 Apple 芯片的设备上正常运行。如果你的系统不需要这些额外的设置，你可以舒适地跳过这些部分。
- 许多基于云的示例都利用了亚马逊云服务（AWS），因此需要拥有一个付费的 AWS 账户。大多数示例将使用 AWS 提供的免费层服务，但这并非总是可能的。请小心操作，以避免产生大额账单。如果有疑虑，建议查阅 AWS 文档以获取更多信息。具体来说，在第 5 章“部署模式和工具”中，我们使用了 AWS 中的 Managed Workflows with Apache Spark 的 MWAA 服务。MWAA 是付费使用的，因此一旦启动示例，你将为环境和任何实例支付费用。在继续之前，请确保你已经确认并接受了这一点，并建议在完成后关闭 MWAA 实例。
- 本书中，我们一直使用 Conda 和 Pip 管理系统进行软件包和环境管理，但在许多情况下也使用了 Poetry。为了便于在本书的 GitHub 存储库（https://github.com/PacktPublishing/Machine-Learning-Engineering-with-Python-SecondEdition）中轻松复制每章的开发环

境，本书的每一章都有一个对应的文件夹。该文件夹中，包含有 requirements.txt 和 Conda environment.yml 文件，以及 README 文件。本书中每一章的开头，都提供了复制环境和其他要求的命令，以确保读者能够轻松地重现开发环境。

- 如果你使用的是本书的电子版本，我仍然建议你亲自输入代码，或者从书的 GitHub 存储库（https://github.com/PacktPublishing/Machine-Learning-Engineering-with-Python-Second-Edition）中获取代码。这样做可以帮助你避免与复制和粘贴代码相关的潜在错误。

下载示例代码文件

如上所述，本书的代码包托管在 GitHubg 平台上，链接为 https://github.com/PacktPublishing/Machine-Learning-Engineering-with-Python-Second-Edition。此外，我们还提供了其他图书和视频相关的代码包，可在 https://github.com/PacktPublishing/上查看。欢迎探索！

下载本书彩图

我们还提供了一个 PDF 文件，其中包含本书中使用的截图/图表的彩色图像。你可以在此处下载：https://packt.link/LMqir。

关于本书排版

本书中使用了许多文本约定。

文本中的代码：在文本中表示代码字词、数据库表名、文件夹名、文件名、文件扩展名、路径名、虚拟 URL、用户输入和 Twitter 句柄。例如："首先，我们必须从 alibi-detect 包中导入 TabularDrift 检测器，以及用于加载和拆分数据的相关包"。

代码块的呈现方式如下：

```
from sklearn.datasets import load_wine
from sklearn.model_selection import train_test_split
import alibi
from alibi_detect.cd import TabularDrift
```

任何命令行输入或输出都按照以下方式书写，并在正文主体中标示为命令行的命令：

```
pip install tensorflow-macos
```

粗体：表示一个新术语、重要单词或屏幕上显示的单词。例如，菜单或对话框中的单词在文本中以这种方式出现。又如："选择**部署**按钮。这将提供一个下拉菜单，你可以在其中选择**创建**服务"。

References to additional resources or background information appear like this.

对额外资源或背景信息的引用将以此形式出现。

Helpful tips and important caveats appear like this.

实用提示和重要注意事项将以此形式出现。

保持联络

我们随时欢迎读者的反馈。

一般反馈：请通过电子邮箱 feedback@packtpub.com 与我们联系，并在邮件主题中注明书名。如果你对本书的任何方面有疑问，请通过电子邮箱 questions@packtpub.com 与我们联系。

勘误：尽管我们已经尽力确保内容的正确性，但错误仍有发生。如果你在本书中发现了错误，我们将非常感谢你的帮助。请发邮件 lzhmails@163.com 或者 lzhmails@phei.com.cn 联系。

盗版：如果你在互联网上以任何形式遇到我们作品的非法副本，我们将非常感谢你提供其位置地址或网站名称。请联系我们 copyright@packtpub.com，并提供相关材料的链接。

如果你对成为作者感兴趣：如果你在某个领域拥有专业知识，并且有兴趣撰写或参与编写书籍，请访问 http://authors.packtpub.com。

分享你的想法

在你阅读了《Python 机器学习工程（第 2 版）》之后，我们非常希望听到你的反馈意见！请于本书在亚马逊的评论页面分享你的反馈。

你的评论对我们和技术社区至关重要，这将有助于确保我们提供的内容保持卓越的质量水平。

译 者 序

在数据科学的广阔天地中，我们如同探险家，不断探索未知的领域，试图揭开数据背后的神秘面纱。自 2013 年秋季起，我有幸在大学中引领学生们踏上这条探索之旅，共同学习“数据科学 101”这门课程。起初，我们的步伐坚定而自信，课程内容的丰富和实例的翔实赢得了学生们的广泛赞誉。然而，随着时间的流逝，我开始意识到尽管我们的课程在技术上精益求精，却似乎缺少了某种关键的元素——那种能够将理论与实践紧密结合，让学生在面对真实世界问题时游刃有余的“灵魂”。

这种缺失在学生们的反馈中逐渐显现。他们能够掌握课程内容，却在工作中感到迷茫。这让我深刻反思，我们是否过于专注技术的堆砌，而忽略了将数据科学与机器学习置于工程学的视角下进行系统化的讲解。正如一位硅谷的毕业生所言：“缺少了工程学指导的机器学习和数据科学课程是没有灵魂的。”这句话如同警钟，让我意识到我们需要从根本上改变教学策略。

于是，我决定将机器学习工程作为一个独立的课程，深入探讨这一领域。2022 年，我出版了一本关于机器学习工程的书籍，旨在填补这一空白。然而，随着课程的深入，我发现还有更多的空间可以挖掘。幸运的是，《Python 机器学习工程（第 2 版）》（*Machine Learning Engineering with Python-Second Edition*）这本书的出现，为我们提供了新的视角和工具。它不仅被我作为“数据科学工程”课程的辅助教材，而且迅速获得了学生们的高度评价。

这本书共分为九章，每一章都是对机器学习工程领域的深入剖析。从机器学习工程的简介到具体的开发流程，从模型的标准化到部署模式，再到扩展规模和深度学习的应用，每一章都旨在构建一个完整的知识体系，让学生们能够理解并掌握机器学习工程的精髓。

在这本书的指导下，学生们将学会如何使机器学习工具从概念转化为实际应用，如何在 Python 中高效编码，如何设计和部署机器学习系统，以及如何在大规模数据集基础上进行有效的开发。更为重要的是，他们将学会如何构建和运营大语言模型（LLM），这是当前人工智能领域的一大热点。

通过这本书，我希望能够帮助学生们建立起对机器学习工程的全面认识，让他们在未来的职业生涯中，不仅能够解决技术问题，更能够成为引领数据科学发展的工程师。这不仅是对技术的掌握，更是对工程学精神的传承。

在此，我邀请每一位读者，无论是学生还是从业者，一同踏上这场机器学习工程的探索之旅。让我们一起揭开数据科学的神秘面纱，用工程学的智慧，点亮数据科学的未来。

最后，我要感谢电子工业出版社的刘志红老师，感谢她帮我出版了多本数据科学和机器学习相关的译著，让我以新的方式与大家分享所学内容。我还要感谢我的助理——美国范德比尔特大学的王梓懿，感谢他帮我审校稿件并测试代码。同时，我要感谢我的好友杨巍先生、杨洋女士和杨红艳女士，感谢他们为本书中文版提供宝贵意见。

殷海英

美国加利福尼亚州埃尔塞贡多

2024 年 2 月

前 言

PREFACE

在就职于财富 500 强公司和初创企业的职业生涯中，我亲眼见证了机器学习发展的各个循环过程。随着每个循环过程的推进，我们的经济范围变得更广泛，机遇也在不断演进，整个世界也随着创新不断向前迈进。这就是机器学习，欢迎踏入这个永远发展的领域！过去十年间，这个领域经历了空前的增长。随着人工智能日益融入我们的生活，理解构建稳健、可扩展和高效机器学习系统的原则变得至关重要。

自从我出版了书籍 *Machine Learning with Spark: Distributed ML with MLlib, TensorFlow, and PyTorch*（O'Reilly，2023 年 3 月）以来，世界发生了翻天覆地的变化，真的是令人惊叹。作为这个行业的一部分，我们注意到 OpenAI 服务的广泛应用，GPT 模型的不断演进以及行业的开放态势。现在正是深入学习、做好记录，并向实际从业者学习的绝佳时机。

《Python 机器学习工程（第 2 版）》是你掌握将机器学习模型转化为实际应用的门户，包括使用 Airflow 工作流平台构建流水线、Spark 分布式计算平台进行数据处理、大型语言模型（LLM）为机器学习实施 CI/CD，以及与 AWS 服务融合的各个层面。

安迪（Andrew Peter McMahon）将本书内容细分成具体、易于阅读且引人入胜的章节，每一章专注于特定的使用情境和专用技术，旨在将他的智慧传达给读者。其中包括 ML 工程师在深度学习、大规模服务和训练以及 LLM 方面如何有效处理项目。

本书架起了理论与实践之间的桥梁，以实际操作为重、专注于 Python 的方式，为机器学习工程提供了支持。无论你是志向远大的数据科学家、经验丰富的机器学习实践者，还是初次涉足人工智能领域的软件工程师，本书都为你提供了在机器学习工程领域茁壮成长所需的知识和工具。

本书的精髓在于其实用性。它全面地覆盖了从初学者到实践者的各个层次，使读者能够既把握宏观视野，又可通过具体的代码示例和真实项目深入探究机器学习工程的奥妙。

这本书的另一个显著特点是它专注于 Python——数据科学和机器学习工程中流行的编程语言。Python 的多功能性、易用性和庞大的库生态系统使其成为将机器学习模型转化为切实可行解决方案的理想选择。在本书中，Andy 利用了像 NumPy、pandas、scikit-learn、TensorFlow 等强大的 Python 库以及一系列开源解决方案。

无论你是个人学习者，希望提升自己的技能，还是一个组织，希望利用机器学习的潜力，《Python 机器学习工程（第 2 版）》都是你不可或缺的伙伴。

Adi Polak

Scaling Machine Learning with Spark 一书的作者

目录

CONTENTS

第 1 章　机器学习工程简介

欢迎来到《Python 机器学习工程（第 2 版）》，本书旨在带领你进入令人兴奋的机器学习（ML）系统推向生产环境的世界。

自第一版发布以来的两年间，ML 领域取得了巨大进展，而现在有更强大的建模技术、更复杂的技术堆栈，以及一系列新的框架和范例需要学习。为了从信息中获取主要内容，本书比第一版更深入地涵盖了更多主题，同时仍然聚焦于你构建 ML 工程专业知识所需的关键工具和技术。本书将涵盖如何管理 ML 项目、创建高质量的 Python ML 包，以及构建和部署可重用的训练和监控流程等核心主题。与此同时，它将更深入地讨论现代工具的应用。还将详细展示和分析不同的部署架构，并讨论使用 AWS 和云无关工具扩展应用程序的更多方法。所有这些将使用各种最受欢迎与最新的开源包和框架来完成，从经典的 Scikit-Learn 和 Apache Spark 到 Kubeflow、Ray 和 ZenML。令人兴奋的是，本书还新增了专门致力于 Transformers 模型和大型语言模型（LLM）（如 ChatGPT 和 GPT-4）的新章节，其中包括使用 Hugging Face 和 OpenAI API 微调和构建流程的实例。与第一版一样，本书焦点仍然是为你提供坚实的基础，使你能够更深入地了解 ML 工程的每个组成部分。本书的目标是，在阅读完本书后，你将能够自信地使用这些最新的工具和概念在 Python 中构建、扩展和部署生产级 ML 系统。

即使你不运行书中的技术示例，甚至试图将主要观点应用到其他编程语言或不同的工具中，你也将从本书中获得许多收获。正如已经提到的，本书目标是为你建立一个坚实的基础，你可以在此基础上进行构建。在介绍关键原则时，目的是无论你选择哪种工具集，都使你在阅读本书后更有信心应对自己的机器学习工程挑战。

第 1 章中，你将了解到与机器学习工程相关的不同类型的数据角色及其重要性，如何利用这些知识构建并参与合适的团队，构建现实中的机器学习产品时应记住的一些关键点，如何开始为机器学习工程解决方案隔离适当的问题，以及如何为各种典型商业问题创建自己的高级机器学习系统设计。

我们将在以下部分讨论这些主题：

- 定义数据学科的分类体系
- 组建你的团队
- 实际应用中的机器学习工程
- 机器学习解决方案的形态
- 高级机器学习系统设计

既然我们已经解释了第 1 章要探讨的内容，那么让我们开始吧！

技术要求

整本书中，除非另有说明，所有代码示例均基于 Python 3.10.8。本书的示例在一台搭载 M2 苹果芯片的 2022 款 Macbook Pro 笔记本电脑上运行，并安装了 Rosetta 2 过渡仿真器，以确保与基于 Intel 架构的应用程序和包的向后兼容性。大多数示例还在运行 Ubuntu 22.04 LTS 操作系统的 Linux 机器上进行了测试。每一章所需的 Python 包都存储在书籍的 Git 存储库中相应章节文件夹内的 conda environment.yml 文件中。我们将在本书的后面章节详细讨论包和环境管理。与此同时，假设你已拥有 GitHub 账户并已配置你的环境，使其能够从 GitHub 远程存储库中拉取和推送。你可以通过以下命令从命令行克隆书籍的存储库来开始本书的学习：

```
git clone https://github.com/PacktPublishing/Machine-Learning-Engineering-
with-Python-Second-Edition.git
```

假设你已经安装了 Anaconda 或 Miniconda，那么你可以转到本书的 Git 存储库中的 Chapter01 文件夹，并运行以下命令：

```
conda env create -f mlewp-chapter01.yml
```

这将设立一个能够运行本章示例的环境。每一章可以遵循类似的步骤，但同时，每个小节还将明确任何与该小节示例相关的特定安装要求。

现在已经完成了一些准备工作，将开始探索机器学习工程的领域以及它如何融入现代数据生态系统。开始对机器学习工程世界的探讨吧！

在运行本节给出的 conda 命令之前，你可能需要手动安装一个特定的库。Facebook Prophet 库的一些版本需要能够支持其运行的 PyStan 版本，这可能在运行 Apple 芯片的 Macbook 笔记本电脑上构建项目时遇到困难。如果你遇到这个问题，就应该尝试手动安装 httpstan 包。首先，前往 https://github.com/ stan-dev/httpstan/tags，选择一个要安装的包版本；下载该版本的 tar.gz 或.zip，并解压它。然后，你可以导航到解压后的文件夹，并运行以下命令：

```
make
python3 -m pip install poetry
python3 -m poetry build
python3 -m pip install dist/*.whl
```

在后面的例子中，当你调用 model.fit( )时，你可能会遇到如下错误：

```
dyld[29330]: Library not loaded: '@rpath/libtbb.dylib'
```

如果是这种情况，你需要运行以下命令，将你的 Prophet 开源时间序列预测库的安装路径在 Conda 开源包管理系统和环境管理系统中替换为正确的路径：

```
cd /opt/homebrew/Caskroom/miniforge/base/envs/mlewp-
chapter01/lib/python3.10/site-packages/prophet/stan_model/
install_name_tool -add_rpath @executable_path/
cmdstan-2.26.1/stan/lib/stan_math/lib/tbb prophet_model.bin
```

在 Apple 芯片上进行机器学习真有趣！

定义数据学科的分类

在过去几年中，数据量的激增及其潜在的广泛应用，催生了各式各样的职位和职责。曾经关于数据科学家与统计学家区别的争论，现已变得异常复杂。但我认为，其实没有必要如此繁杂。无论你从事哪个行业，为了从数据中提取价值，所需进行的活动在本质上是相似的，因此，可以合理预期，完成这些活动的技能和角色也将具有某种程度的共通性。本章中，我们将探讨一些在数据项目中必不可少的顶级数据学科。正如你所猜测的，鉴于本书的标题，我将特别关注机器学习工程，并探讨其在整个数据科学领域中的地位和作用。

现在，让我们来看看在现代数据应用环境中涉及的一些角色。

数据科学家

在《哈佛商业评论》宣称数据科学家是 21 世纪最性感的工作之后（https://hbr.org/2012/10/data-scientist-the-sexiest-job-of-the-21st-century），这一职位成为最受欢迎，同时也是被过分吹嘘的工作之一。尽管“数据科学家”这一职业的受欢迎程度依然很高，但是将高级分析和机器学习应用到实际生产中的挑战，意味着在以数据驱动的组织中越来越多的重心开始向工程角色转移。传统的数据科学家角色可以根据业务领域、组织甚至个人偏好涵盖一系列的职责、技能和责任。无论这一角色如何定义，有一些关键的关注领域应始终作为数据科学家工作的一部分：

- 分析：数据科学家在进行计算以帮助我们理解数据之前，应该能够处理、清洗、操纵和整合数据集。分析是一个宽泛的术语，但其最终结果是获得了在开始之前所没有的数据集知识，无论这种知识是多么基础或复杂。
- 建模：让每个人都兴奋的事情（包括你，亲爱的读者）是对在数据中发现的现象进行建模的想法。数据科学家通常需要能够运用统计学、数学和机器学习技术对数据进行分析，以解释其中包含的过程或关系，并进行某种形式的预测。

- 与客户或用户合作：数据科学家的职责通常涵盖一些更加面向业务的领域，以确保前述两点的结果能够有效支持组织的决策制定。这一过程可能涉及将分析结果以 PowerPoint 演示文稿或 Jupyter notebook 应用程序的形式呈现，甚至通过电子邮件发送摘要，总结关键结果。这需要在沟通中展现出商业洞察和技术角色之外的层面。

机器学习工程师

在构建机器学习概念验证（PoC）与开发健壮软件之间的鸿沟时，我经常在演讲中将其称为“深渊”，这导致了现在我认为其是技术领域最重要的角色之一的出现。机器学习工程师急切地需要将数据科学建模和探索的领域转化为软件产品和系统工程的实际应用。由于这不是一项简单的任务，机器学习工程师的需求日益增长，现在已成为数据驱动软件价值链的关键一环。如果你不能将事物投入生产，你就无法创造价值，而如果你不能创造价值，那我们就知道这不是我们想要的！

通过考虑典型的语音助手案例，我们可以清楚地阐述这类角色的需求。在这种情况下，数据科学家通常会专注于将商业需求转换为运作中的语音转文字模型，这种模型可能是一个极为复杂的神经网络，并展示其原则上能够执行所需的语音转录任务。而机器学习工程则关注如何将这个语音转文字模型构建成一个产品、服务或工具，以便在生产环境中使用。这里，随着更多转录数据的积累，或对用户偏好的理解，可能涉及构建一些软件来训练、重新训练、部署和跟踪模型性能。同时，这可能还包括了解如何与其他系统对接，并以适当的格式提供模型结果。例如，模型结果可能需要被封装成 JSON 对象，并通过 REST API 调用发送给在线超市，以便完成订单。

数据科学家和机器学习工程师拥有许多重叠的技能和能力，但由于关注领域和优势的不同（稍后将详细介绍），它们通常会成为同一项目团队的一部分。他们可能拥有不同的职称，但通过在项目的实际工作中表现出的特长，清晰地展现了他们所具备的专业领域知识。

与数据科学家类似，我们可以定义机器学习工程师的主要关注领域：

- 翻译：将各种格式的模型和研究代码翻译成更为流畅、更为健壮的代码。这可以通过面向对象编程、函数式编程、二者的混合或其他方法来实现，但其基本目的是帮助将数据科学家的概念验证（PoC）工作转化为更接近于在生产环境中可信赖的解决方案。
- 架构：任何软件的部署都不是孤立的，通常涉及大量相互整合的组件。这一点在机器学习解决方案中同样成立。机器学习工程师必须深刻理解适当的工具和流程如何相互关联，以确保由数据科学家构建的模型能够高效地发挥作用，实现规模化的操作。
- 生产化：机器学习工程师的关注点在于提供解决方案，因此应全面了解客户需求，并深入理解这对项目开发的影响。机器学习工程师的最终目标不仅是打造出色的模型（尽管这是其中一部分），也不仅仅是提供基本可行的成果。他们的使命是确保数据科学领域的辛勤付出能够在实际场景中充分释放最大潜在价值。

机器学习运维工程师

本书将着重探讨机器学习工程，但与此同时，一个旨在帮助机器学习工程师以更高品质、更快速度、更大规模地完成工作的角色正在崭露头角。这就是机器学习运维（MLOps）工程师。这个角色的核心任务是构建工具和能力，以支持机器学习工程师和数据科学家的任务。这个角色更多地关注于构建工具、平台和自动化，以服务于其他角色，并将它们很好地连接起来。这并不是说 MLOps 工程师不会参与特定的项目或构建，只是他们的主要价值不是来自这一点，而是来自在特定项目或构建期间启用所需的能力。如果我们回顾在机器学习工程师部分中描述的语音识别解决方案的例子，就能体会到这一点。首先，机器学习工程师将致力于构建一个在生产环境中无缝运行的解决方案，而 MLOps 工程师则将努力构建机器学习工程师用来实现这一目标的平台或工具集。其次，机器学习工程师将构建流程，但 MLOps 工程师可能会构建流程模板；机器学习工程师可能会使用持续集成/持续部署（CI/CD）实践（稍后会详细介绍），但 MLOps 工程师将启用这一功能，并定义最佳实践，以便顺利使用 CI/CD。最后，当机器学习工程师思考“如何使用适当的工具和技术稳健地解决这个具体问题时”，MLOps 工程师会问：“我如何确保机器学习工程师和数据科学家能够解决他们所面临的问题，以及我如何不断更新和改进这一系统设置？”

正如对数据科学家和机器学习工程师所做的那样，让我们来定义 MLOps 工程师关注的几个主要领域：

- 自动化：通过采用诸如 CI/CD 和基础设施［代码（IAC）等］技术，提高数据科学和机器学习工程的工作流程自动化水平。此外，可以使用事先封装好的软件，使得解决方案的部署更加顺畅，包括使用自动化脚本或标准化模板等功能。
- 平台工程：致力于将一系列实用的服务有机地整合在一起，构建适用于不同数据驱动团队的机器学习平台。这可能包括在编排工具、计算等数据驱动服务之间开发集成，直至它们形成一个为机器学习工程师和数据科学家使用的完整整体。
- 启用关键的 MLOps 能力：MLOps 包括一系列实践和技术，通过团队中的其他工程师实现 ML 模型的投入运营。MLOps 工程师应该以一种可在多个项目中规模化使用的方式启用模型管理和模型监控等能力。

值得注意的是，本书涵盖的一些主题可能由 MLOps 工程师负责，且自然而然地存在一些重叠。这并不应引起我们过多的关切，因为 MLOps 建立在一套相当通用的实践和能力之上，可被多个角色所共同涵盖（如图 1-1 所示）。

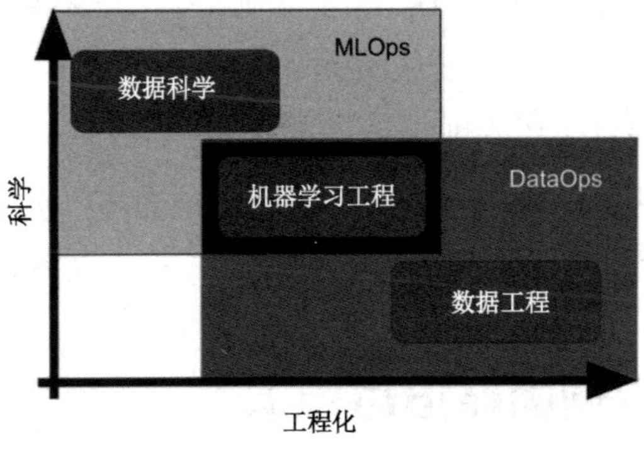

图 1-1 数据科学、机器学习工程和数据工程之间的关系

数据工程师

数据工程师的责任是以适当的延迟、准确的传输，并尽可能减轻其他团队成员工作负担的方式，将前述各节中所基于的基础数据从 A 传递到 B。然而在没有数据的情况下，其无法创建任何类型的软件产品，更不用说机器学习产品了。

数据工程师的关注重点主要集中在以下几个领域：

- 数据质量：如果数据混乱、字段缺失或 ID 出现问题，那么将数据从 A 传递到 B 就成了一种毫无意义的努力。数据工程师注重避免这种情况的发生，并运用各种技术和工具，通常在于确保开源系统的数据在最终存储层的呈现是准确无误的。
- 稳定性：类似于前述对质量的关注，如果数据从 A 传递到 B，但时断时续，不可靠，那又有何意义呢？

  数据工程师花费大量时间和精力，运用他们丰富的技能，以确保数据管道的稳健性、可靠性，并能够在承诺的时间内可靠交付。
- 数据访问：最终，将数据从 A 传递到 B 的目的是给应用程序、分析和机器学习模型使用，因此 B 的性质至关重要。数据工程师将运用多种技术手段来展现数据，并应与数据使用者（包括数据科学家和机器学习工程师等）合作，定义并在这些解决方案中创建适当的数据模型。

如前所述，本书侧重于机器学习工程师的工作，并介绍了如何学习这个角色中一些有用的技能。然而，重要的是要记住，你不会孤立地工作，要始终牢记其他角色的工作内容（还有在项目团队中可能存在，但在此未涵盖的其他许多角色），以便更有效地共同协作。毕竟，数据工作是一项团队合作活动！

既然你已经了解了现代数据团队中的关键角色，以及它们如何覆盖构建成功机器学习产品所需的各种活动，让我们看看如何将它们组合在一起，以实现协同高效的工作。

作为一个高效的团队进行协作

在现代软件组织中，有许多不同的方法来组织团队并确保它们能够高效协同工作。我们将在第 2 章“机器学习开发流程”中介绍一些与项目管理相关的方法，但在此期间，本节将讨论一些重要的观点。如果你曾经参与过团队的组建，或者只是作为团队的一部分工作，这些观点将帮助你成为一个有效的团队成员或领导。

首先，切记没有人能够胜任一切。尽管你可能会找到一些非常有才华的人，但绝不要以为一个人可以在你所需的水平上完成所有任务。这不仅是不切实际的，更是一种不良实践，会对你的产品质量造成负面影响。在资源有限的情况下，关键在于确保团队成员集中精力，全身心投入，以取得成功。

其次，融合多元素是最佳选择。我们都了解对于组织和团队而言多元性的益处，当然，这一原则也应适用于你的机器学习团队。在一个项目中，为了取得成功，你将需要数学、编码、工程、项目管理、沟通，以及各种其他技能。因此，鉴于前述观点，请确保你的团队在某种程度上能够全面覆盖这些方面。

最后，以一种动态的方式将团队结构与项目相匹配。如果你参与的项目主要集中在确保数据就位，而实际的机器学习模型相对简单，那么请将团队的关注点聚焦在工程和数据建模方面。如果项目要求对模型有详细的了解，并且它相当复杂，那么重新调整你的团队以确保涵盖这一方面。这是明智的做法，可以释放出原本可能被低效利用的团队成员，让他们参与其他项目的工作。

举例来说，假设你被委托构建一个系统，该系统在客户数据进入全新的数据湖时对其进行分类，而且已经决定通过流处理应用在摄入点执行这项任务。这个分类已经在另一个项目中完成。很显然，这个解决方案将主要依赖于数据工程师和机器学习工程师的技能，但对于数据科学家的需求相对较少，因为这方面的工作已经在另一个项目中完成。

接下来的一节中，我们将探讨在实际业务问题上部署团队时需要考虑的一些重要问题。

在现实世界中的机器学习工程

我们中大多数从事机器学习、数据分析及相关领域工作的人，效力于各类机构，这些机构拥有各种不同的组织结构和目标。这些可能是营利性企业、非营利机构、慈善组织，或者是政府或大学等公共部门。在几乎所有这些情况下，我们并非在孤立的环境中工作，也并非拥有无限的时间和资源预算。因此，重要的是我们考虑在真实世界中进行这类工作的一些重要方面。

首先，你的工作的最终目标是创造价值。这个价值可以通过多种方式计算和定义，但从根本上说，你的工作必须以一种能够为公司或其客户改善情况的方式，使得投入的投资得到合理回报。这就是为什么大多数公司不会欣然看到你花费一年时间尝试新工具，却没有实质性的成果展示，或者整天只是阅读最新的论文。这些事情确实是科技领域工作不可或缺的一部分，而且事实上可能非常有趣，但你必须在如何巧妙地安排时间上具备战略眼光，时刻明晰你的价值主张。

其次，在现实世界中要成为一位成功的机器学习工程师，你不能仅仅理解技术，还必须深入了解业务。你需要了解公司的日常运营，理解公司不同部门如何相互配合，还要了解公司员工及其各自的职责。最为重要的是，你必须了解业务和你工作的客户。如果你对构建对象的人的动机、问题和需求一无所知，又怎么能确保你所构建的东西是准确合适的呢？

最后，尽管可能有争议，但在现实世界中成为一位成功的机器学习工程师，最为关键的技能是一种这本书无法教授你的能力，那就是有效沟通。你将不得不与团队协作，与管理者、更广泛的社区和业务，当然还有前面提到的客户打交道。如果你能做到这一点，并且了解技术和技巧（其中很多都在本书中有所讨论），那还有什么能够阻止你成功呢？

在实际工作中，当你运用机器学习时，你能解决哪些问题呢？接下来，让我们从另一个可能引起争议的观点开始：很多时候，机器学习并非唯一答案。尽管这可能与本书的标题有些不一致，但了解何时不应用机器学习与何时应用同样重要。这将帮助你节省大量昂贵的开发时间和资源。

机器学习是在当你希望以比其他解决方案更快、更准确或更大规模的方式执行半例行任务时会非常理想。

一些典型示例列在表 1-1 中，同时对于是否使用机器学习来解决问题进行了一些讨论：

表 1-1　机器学习的潜在用例

要　求	机器学习是否合适	细　节
能源定价信号的异常检测	是	你将希望在大量可能变化的时间信号点上执行此操作
在 ERP 系统中提高数据质量	否	这听起来更像是一个过程问题。你可以尝试应用机器学习，但通常更好的方法是使数据输入过程更加自动化，或使流程更加健壮
对仓库物品消耗进行预测	是	机器学习将能够比人类更准确地完成这项任务，因此这是一个很好的应用领域
为业务审查总结数据	也许	这可能在规模化应用时是必需的， 但这并不构成一个机器学习问题—— 对数据执行基本的查询操作即可满足需求

正如这份简单示例表所描述的，机器学习是答案的情形通常可以被很好地界定为数学或统计问题。毕竟，这正是机器学习的实质——一系列根植于数学的算法，其能够根据数据迭代内部参数。在当代世界中，随着深度学习或强化学习等领域的进步，我们曾认为难以为标准机器学习算法适当表述的问题现在也能够解决，使问题的界限变得模糊。

现实世界中，我们需要注意另一个趋势，即人们对机器学习在工作中可能带来威胁的担忧，以及对其不可信的忧虑（这与“让我们在所有事情上都使用机器学习”的观点相一致）。这是可以理解的：普华永道于 2018 年发布的一份报告指出，到 2030 年，英国 30% 的工作将受到自动化的影响（《机器人真的会偷走我们的工作吗？》：https://www.pwc.co.uk/economicservices/assets/international-impact-of-automation-feb-2018.pdf）。在与同事和客户合作时，你需要清楚地表明你构建的系统旨在补充和增强他们的能力，而非替代他们。

我们来总结这一部分时，需要重新强调一个重要的观点：作为公司的一员，当然，游戏的目标是创造与投资相符的价值。换句话说，你需要展现出良好的投资回报率（ROI）。这对于你在实际工作中意味着以下两点：

- 你必须理解不同的设计需要不同水平的投资。如果你能够通过在 GPU 上运行 24/7 一个月，对一百万张图像进行深度神经网络训练来解决问题，或者你知道可以通过一些基本的聚类和在标准硬件上进行一些统计工作，并且在几小时内解决同样的问题，你应该选择哪种方案呢？

- 你必须清楚地了解你将创造的价值。这意味着你需要与专家合作，努力将算法的结果转化为实际的货币价值。这比听起来要困难得多，因此你应该花费足够的时间来确保准确性，而且绝对不能过度承诺。你应该始终坚守承诺并超额交付。

你的方案并不一定会被采纳。即便是在为公司内部同事开发产品时，也必须认识到每次有人使用你部署的解决方案时，它都会受到考验。如果你开发的解决方案质量不佳，人们将不会采用，你所做的工作的价值也将逐渐丧失。

既然你已了解在使用机器学习解决业务问题时的一些重点，那就让我们探讨一下这些解决方案的具体细节。

什么是机器学习解决方案？

在考虑机器学习工程时，如果你默认将其想象为处理语音助手和视觉识别应用程序，这是可以理解的（我在前几页中也陷入了这个误区，你有注意到吗？）。然而，机器学习的真正力量在于只要存在数据和一个适当的问题，它就能够提供帮助，并成为解决方案中不可或缺的一部分。

一些实例可能有助于更清晰地阐述。当你键入文本消息时，你的手机却建议下一个单词，它很可能在幕后使用了自然语言模型。当你滚动社交媒体信息流或观看流媒体服务时，推荐算法却正在全力运作。如果你进行汽车旅行并使用某个应用来预测你到达目的地的时间，那么可能会涉及某种回归工作，你的贷款申请往往会通过分类器处理你的信用特征和申请细节。这些应用可能不会成为新闻中大肆宣扬的对象（除非它们出现严重问题），但它们都是出色的机器学习工程的例子。

本书中，我们将涉及的例子更接近于这些——在产品和企业日常中常见的典型情境下的机器学习应用。如果你能够有信心地构建这些解决方案，将使你成为任何组织的重要资产。

我们应该从考虑构成任何机器学习解决方案的广泛要素开始，如图 1-2 所示：

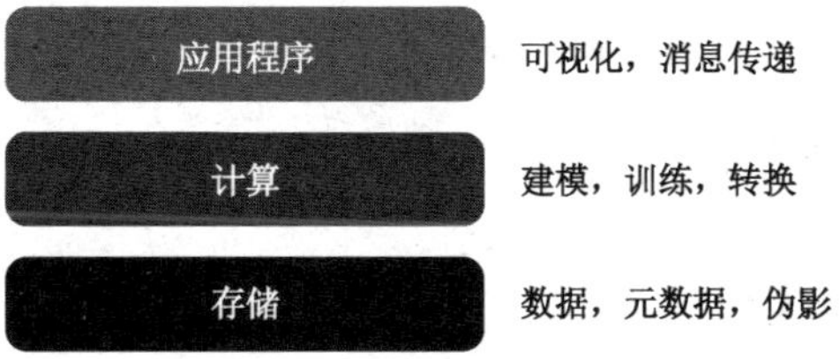

图 1-2　机器学习解决方案的一般组件或层次的图表，以及它们的职责

你的存储层是数据工程过程的终点，也是机器学习过程的开端。它包括用于训练的数据、运行模型后得到的结果、伪影（artifacts）以及重要的元数据。我们还可以将其视为包含存储代码的层。

计算层是魔法发生的地方，也是本书主要关注的焦点。在这里，训练、测试、预测和转换几乎都发生在这个层面。本书致力于使这一层尽可能地工程化，并与其他层进行有效的接口对接。

你可以将这一层细分，将这些部分纳入如图 1-3 所示的工作流程中：

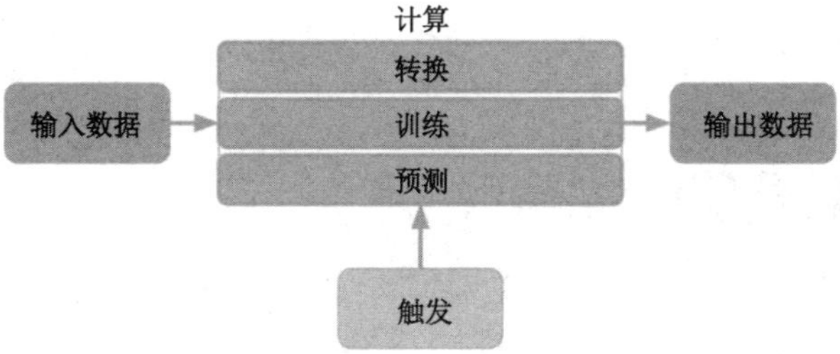

图 1-3　计算层的关键要素

重要提示

这些细节将在本书后面进行讨论，但这突显了一个基本事实，即在任何机器学习解决方案中，你的计算过程实际上只是将一些数据输入并产生一些数据输出。

应用层是你与其他系统共享机器学习解决方案结果的地方。这可以通过从应用程序数据库插入到 API 端点、消息队列或可视化工具等多种方式实现。这是客户最终使用结果的层面，因此你必须设计你的系统以提供清晰易懂的输出方式，这是我们将在后面讨论的内容。

总的来说，就是这样。我们将在后面详细讨论所有这些层和要点，但现在只需记住这些广泛的概念，你就会开始理解所有详细的技术部分是如何相互关联的。

为什么使用 Python?

在深入讨论更详细的主题之前,重要的是讨论为什么选择Python作为本书的编程语言。关于后续与更高级主题相关的内容，比如架构和系统设计，可以适用于使用任何一种或多种语言的解决方案，但在这里选择 Python 有一些原因。

Python 通俗地被称为数据领域的通用语言。它是一种非编译、非强类型且多范式的编程语言，具有清晰简单的语法。在分析和机器学习领域，它的工具生态系统也非常庞大。

诸如 scikit-learn、NumPy、SciPy 等一系列的包构成了全球技术和科学发展的支柱。几乎每个在数据领域使用的主要新软件库都提供了 Python API。截至本书撰写时（2023 年 8 月），根据 TIOBE 指数（https://www.tiobe.com/tiobe-index/），Python 是全球最流行的编程语言。

因此，能够使用 Python 构建系统则意味着你将能够利用该生态系统中所有出色的机器学习和数据科学工具，同时还确保你构建的应用程序能够与其他软件良好协作。

机器学习系统的高层设计

当你深入了解在机器学习系统中构建解决方案的实质时，会发现有许多工具、技术和方法可供选择，而这很容易让你感到不知所措。然而，正如前面所提到的，许多这种复杂性可以通过一些简单的架构和设计加以抽象化，以便理解更大的整体图景。一旦你确定了要解决的问题，这就始终是一项有益的练习，并且是我建议在做出任何关于实施的详细选择之前进行的步骤。

为了让你了解机器学习系统在实际应用中的运作方式，以下是一些详细说明的实例，展示了一个团队如何为一些典型的业务问题创建高层次的机器学习系统设计。这些问题类似于我之前遇到的问题，可能也类似于你在工作中会遇到的问题。

示例 1：批量异常检测服务

你在一家科技型出租车公司工作，这家公司拥有数千辆出租车。该公司希望致力于使乘车时间更加一致，同时深入了解更长的行程，以改善客户体验，提高客户的忠诚度和回头率。你的机器学习团队的任务是创建一个异常检测服务，用于发现具有异常乘车时间或行程长度行为的车辆行程。数据科学家们发现，通过使用乘车距离和时间的特征对一组行程进行聚类，可以清晰地识别值得运营团队调查的异常值。数据科学家们在向首席技术官和其他利益相关者呈现研究结果后，获得了进一步将其开发成为服务的批准。该服务将在公司内部分析工具的主要表格中添加一个新字段，用作异常标志。

在这个例子中，我们将模拟一些数据，以展示出租车公司的数据科学家可能如何工作。可以在本书的存储库中 https://github.com/PacktPublishing/Machine-Learning-Engineering-with-Python-Second-Edition 找到，如果你导航到 Chapter01 文件夹，将看到一个名为 clustering_example.py 的脚本。如果你已经通过提供的 mlewp-chapter01.yml 环境文件激活了 conda 环境，那么你可以运行这个脚本：

```
python3 clustering_example.py
```

运行成功后，你应该看到创建了三个文件：taxi-rides.csv、taxi-labels.json 和 taxi-rides.png。taxi-rides.png 中的图像应该类似于如图 1-4 所示。

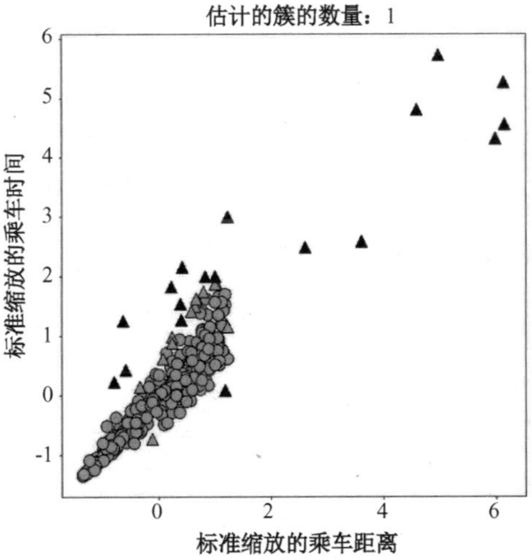

图 1-4　相关出租车行程数据进行聚类的结果示例

我们将逐步介绍这个脚本是如何构建的：

1．让我们定义一个函数，该函数将基于 NumPy 中给定的随机分布模拟一些乘车距离，并返回包含结果的 numpy 数组。这里使用重复的代码是为了我们能够在数据中创建一些基本行为和异常，以便你可以清晰地与我们在下一步为每组出租车生成的速度进行比较：

```
import numpy as np
from numpy.random import MT19937
from numpy.random import RandomState, SeedSequence
rs = RandomState(MT19937(SeedSequence(123456789)))

# 定义模拟乘车数据的函数
def simulate_ride_distances():
    ride_dists = np.concatenate(
        (
            10 * np.random.random(size=370),
            30 * np.random.random(size=10), # 较长的距离
            10 * np.random.random(size=10), # 相同的距离
            10 * np.random.random(size=10) # 相同的距离
        )
    )
    return ride_dists
```

2．我们可以对速度执行完全相同的操作。同样，我们将出租车分为四组，每组分别包含 370 辆、10 辆、10 辆和 10 辆，以便我们创建一些具有“典型”行为的数据和一些具有异常行为的数据集，同时确保与距离函数的值清晰匹配：

```
def simulate_ride_speeds():
    ride_speeds = np.concatenate(
        (
            np.random.normal(loc=30, scale=5, size=370),
            np.random.normal(loc=30, scale=5, size=10),
```

```
            np.random.normal(loc=50, scale=10, size=10),
            np.random.normal(loc=15, scale=4, size=10)
        )
    )
    return ride_speeds
```

3. 我们可以在一个函数中使用这两个辅助函数，该函数将调用它们并将它们结合起来，以创建一个包含乘车 ID、速度、距离和时间的模拟数据集。其结果作为 pandas DataFrame 返回，以供建模使用：

```
def simulate_ride_data():
    # 模拟一些乘车数据
    ride_dists = simulate_ride_distances()
    ride_speeds = simulate_ride_speeds()
    ride_times = ride_dists/ride_speeds

    # 组装成数据帧（DataFrame）
    df = pd.DataFrame(
        {
          'ride_dist': ride_dists,
          'ride_time': ride_times,
          'ride_speed': ride_speeds
        }
    )
    ride_ids = datetime.datetime.now().strftime("%Y%m%d") +\
               df.index.astype(str)
    df['ride_id'] = ride_ids
    return df
```

4. 我们来到数据科学家在项目中产生的核心内容，即一个简单的函数，它封装了一些 sklearn 代码，以返回包含聚类运行元数据和结果的字典。

这里为了方便，包含了相关的导入：

```
from sklearn.preprocessing import StandardScaler
from sklearn.cluster import DBSCAN
from sklearn import metrics

def cluster_and_label(data, create_and_show_plot=True):
    data = StandardScaler().fit_transform(data)
    db = DBSCAN(eps=0.3, min_samples=10).fit(data)
    # 从聚类中找到标签
    core_samples_mask = np.zeros_like(db.labels_,dtype=bool)
    core_samples_mask[db.core_sample_indices_] = True
    labels = db.labels_

    # 标签中的聚类数，如果存在噪声则忽略。
    n_clusters_ = len(set(labels)) -
                         (1 if -1 in labels else 0)
    n_noise_ = list(labels).count(-1)

    run_metadata = {
        'nClusters': n_clusters_,
        'nNoise': n_noise_,
        'silhouetteCoefficient':
         metrics.silhouette_score(data, labels),
        'labels': labels,
    }
    if create_and_show_plot:
        plot_cluster_results(data, labels, core_samples_mask,
                             n_clusters_)
    else:
        pass
    return run_metadata
```

请注意，步骤 4 中的函数利用了下面显示的用于绘图的实用函数：

```
import matplotlib.pyplot as plt

def plot_cluster_results(data, labels, core_samples_mask,
                         n_clusters_):
    fig = plt.figure(figsize=(10, 10))
    # 黑色标签被移除，并用于表示噪声。
    unique_labels = set(labels)
    colors = [plt.cm.cool(each) for each in np.linspace(0, 1,
              len(unique_labels))]
    for k, col in zip(unique_labels, colors):
        if k == -1:
            # 黑色用于表示噪声。
            col = [0, 0, 0, 1]
        class_member_mask = (labels == k)
        xy = data[class_member_mask & core_samples_mask]
        plt.plot(xy[:, 0], xy[:, 1], 'o',
                 markerfacecolor=tuple(col),
                 markeredgecolor='k', markersize=14)
        xy = data[class_member_mask & ~core_samples_mask]
        plt.plot(xy[:, 0], xy[:, 1], '^',
                 markerfacecolor=tuple(col),
                 markeredgecolor='k', markersize=14)
    plt.xlabel('Standard Scaled Ride Dist.')
    plt.ylabel('Standard Scaled Ride Time')
    plt.title('Estimated number of clusters: %d' % n_clusters_)
    plt.savefig('taxi-rides.png')
```

最后，所有这些都在程序的入口点汇聚在一起，如下所示：

```
import logging
logging.basicConfig()
logging.getLogger().setLevel(logging.INFO)
```

```
if __name__ == "__main__":
    import os
    # 如果数据存在，则读取它。
    file_path = 'taxi-rides.csv'
    if os.path.exists(file_path):
        df = pd.read_csv(file_path)
    else:
        logging.info('Simulating ride data')
        df = simulate_ride_data()
        df.to_csv(file_path, index=False)
    X = df[['ride_dist', 'ride_time']]

    logging.info('Clustering and labelling')
    results = cluster_and_label(X, create_and_show_plot=True)
    df['label'] = results['labels']

    logging.info('Outputting to json ...')
    df.to_json('taxi-labels.json', orient='records')
```

一旦运行了这个脚本，将会创建一个数据集，展示每次模拟出租车行程及其在 taxi-labels.json 中的聚类标签。同时，在 taxi-rides.csv 文件中存储了模拟数据集，并在 taxi-rides.png 中显示了聚类结果的图表，如图 1-4 所示。

既然你已经有了一个基本的可行模型，就需要开始考虑如何将其转化为一个工程化的解决方案，你该如何做呢？

鉴于该解决方案将支持其他团队进行长期调查，因此无须实现一个极低延迟的解决方案。相关方一致同意，聚类分析的洞察可以在每日结束时提供。在与团队的数据科学成员协作过程中，由你领导的机器学习工程师认识到，若每日执行聚类分析，将拥有充足的数据以产生恰当的聚类结果；然而，更为频繁地执行分析可能会因数据量较少而导致结果质量下降。因此，机器学习工程师决定采用每日批量处理的方式。

为了达到最佳效果，如何安排运行呢？你将需要一个编排层，这是一种工具或工具集，能够让你安排和管理预定义的任务。类似 Apache Airflow 这样的工具正是能够胜任这一任务的。

在完成了这个任务之后，接下来的步骤是什么呢？你已经知道运行的频率是每天一次，但是数据量仍然非常庞大，因此充分利用分布式计算范式是一个合理的选择。此时，立即浮现在脑海中的两个选择，也是团队内已有技能的选项，分别是 Apache Spark 和 Ray。为了尽量减少与底层基础设施的关联，并最小化所需的代码重构，你决定使用 Ray。你了解到数据的最终使用者是 SQL 数据库中的一个表，因此你需要与数据库团队合作，设计适当的结果交接方式。由于安全性和可靠性的考虑，直接向生产数据库写入数据并不是一个好主意。因此，你同意在云中使用另一个数据库作为数据的中间暂存区，主数据库可以在每天的构建中对这个区域进行查询。

在这里，看起来我们或许并未进行任何技术性的步骤，但实际上，你已经完成了项目的高层系统设计。本书的其余部分将为你提供如何填补空白部分的详细指导，如图 1-5 所示！

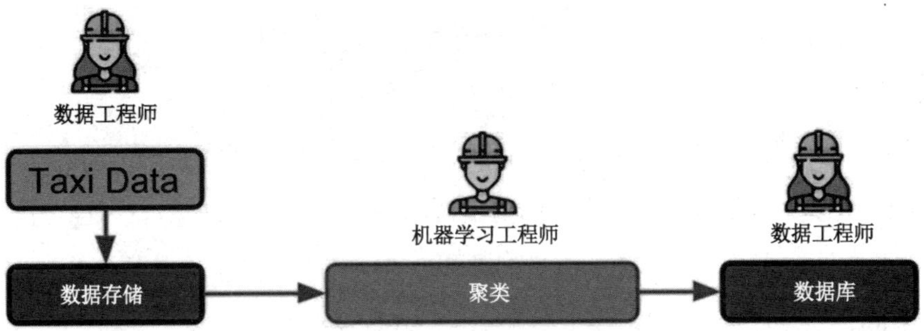

图 1-5　示例 1 的工作流程

现在让我们继续转向下一个例子吧！

示例 2：预测 API

这个例子中，你在一家大型零售连锁企业的物流部门工作。为了优化货物流动，公司希望你协助区域物流协调员提前了解特别繁忙时期的商品库存情况，以避免产品售罄。公司在与业务利益相关者和跨部门专业人士进行讨论后，一致同意通过托管在网络上的仪表板，使协调员能够动态请求和探索预测特定仓库的商品情况。这使得协调员在下订单之前能够充分了解未来需求的潜在情况。

数据科学家再次发挥了重要作用，并发现在任何单个店铺的层面上，数据呈现出非常可预测的行为。他们决定采用 Facebook Prophet 库进行建模，以加快训练多个不同模型的过程。在接下来的例子中，我们将展示他们如何实现这一点，但我们不会花时间优化模型以获得最佳的预测性能，因为这只是为了说明 Prophet 库在建模和加快训练多个不同模型过程中的作用。

这个例子将使用 Kaggle API 来获取一组不同零售店销售数据的示例数据集。本书存储库的 Chapter01/forecasting 目录下，有一个名为 forecasting_example.py 的脚本。如果你的 Python 环境已经适当配置，你就可以在命令行中使用以下命令运行这个例子：

```
python3 forecasting_example.py
```

该脚本会下载数据集，对其进行转换，然后利用它来训练 Prophet 预测模型，在测试集上运行预测并保存绘图结果。正如前面提到的，这仅用于说明目的，因此不会创建验证集，也不会执行比 Prophet 库提供的默认超参数调整更复杂的操作。

为了帮助你更好地理解这个例子是如何组织的，我们将逐步解析脚本的各个组成部分。由于篇幅原因，我们在这里省略了仅用于绘图或记录日志的所有功能，以保持简洁。

1. 观察脚本的主要部分，我们可以看到最初的步骤都涉及读取数据集，如果数据集已经位于正确的目录中，就直接读取；否则，将先下载数据集再读取。

```
import pandas as pd

if __name__ == "__main__":
    import os
    file_path = train.csv
    if os.path.exists(file_path):
        df = pd.read_csv(file_path)
```

```
    else:
        download_kaggle_dataset()
        df = pd.read_csv(file_path)
```

2. 负责下载的函数使用了 Kaggle API，你可以参考 Kaggle API 文档以确保其正确设置（这需要一个 Kaggle 账户），其定义如下：

```
import kaggle


def download_kaggle_dataset( kaggle_dataset: str ="pratyushakar/
                             rossmann-store-sales" ) -> None:
    api = kaggle.api
    kaggle.api.dataset_download_files(kaggle_dataset, path="./",
                                      unzip=True, quiet=False)
```

3. 脚本调用了一个用于转换数据集的函数，名为 prep_store_data。此函数使用了两个默认值，一个是商店 ID，另一个是指定我们只想查看商店营业时的数据。该函数的定义如下：

```
def prep_store_data(df: pd.DataFrame,
                    store_id: int = 4,
                    store_open: int = 1) -> pd.DataFrame:
    df['Date'] = pd.to_datetime(df['Date'])
    df.rename(columns= {'Date':'ds','Sales':'y'}, inplace=True)
    df_store = df[
        (df['Store'] == store_id) &
        (df['Open'] == store_open)
        ].reset_index(drop=True)
    return df_store.sort_values('ds', ascending=True)
```

4. Prophet 预测模型在数据的前 80%进行训练，并在剩余的 20%上进行预测。为了指导模型的优化，在模型中使用了季节性参数：

```
seasonality = {
```

```
    'yearly': True,
    'weekly': True,
    'daily': False
}

predicted, df_train, df_test, train_index = train_predict(
    df = df,
    train_fraction = 0.8,
    seasonality=seasonality
)
```

你可以看到 train_predict 方法包含一些额外的数据准备步骤以及对 Prophet 包的主要调用，其定义如下：

```
def train_predict(df: pd.DataFrame, train_fraction: float,
                  seasonality: dict) -> tuple[
                      pd.DataFrame,pd.DataFrame,pd.DataFrame, int]:

    train_index = int(train_fraction*df.shape[0])
    df_train = df.copy().iloc[0:train_index]
    df_test = df.copy().iloc[train_index:]
    model=Prophet(
        yearly_seasonality=seasonality['yearly'],
        weekly_seasonality=seasonality['weekly'],
        daily_seasonality=seasonality['daily'],
        interval_width = 0.95
    )
    model.fit(df_train)
    predicted = model.predict(df_test)
    return predicted, df_train, df_test, train_index
```

5．调用了一个实用的绘图函数，当其运行时将生成如图 1-6 所示的输出。这展示了对测试数据集的预测的放大视图。鉴于篇幅，此函数的详细信息在此不予提供，如前所述。

```
plot_forecast(df_train, df_test, predicted)
```

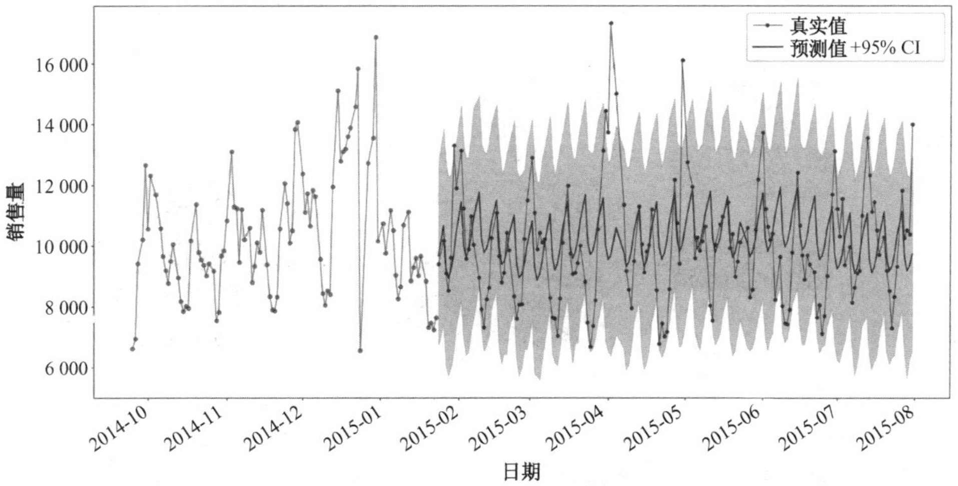

图 1-6　商店销售预测图

一个问题在于，为每家商店实施类似上述的预测模型，若该连锁店数据积累充足，可能很快就会涉及数百甚至上千个模型。另一个挑战是，并非所有商店都已经纳入公司使用的资源规划系统，因此一些协调员希望获取与他们自己相似的其他商店的预测数据。达成共识的观点是，如果像这样的用户能够探索他们认为与自己数据相似的区域概况，那么他们仍然能够做出最为优化的决策。

考虑到这一点以及客户对动态、临时请求的需求，你迅速排除了完整的批处理过程。这不会覆盖未纳入核心系统的区域的用例，并且不允许通过网站动态检索最新的预测结果，从而使你能够部署和预测各种未来时间范围的模型。这还意味着你可以节省计算资源，因为无须每天管理数千个预测结果的存储和更新，你的资源可以专注于模型训练。

因此，你最终决定实施一个托管在 Web 上的 API，该 API 具有能够根据用户需求返回预测结果的端点。为了提供高效的响应，必须仔细考虑典型用户会话的情况。通过与仪表板潜在用户的讨论，你迅速认识到尽管请求是动态的，但大多数协调员在某一个会话中将专注于特定的感兴趣项目。他们也不太可能查看很多区域。因此，你决定采用缓存策略，缓存你认为可能常见的某些请求，以便在应用程序中进行重用。

这意味着在用户首次选择之后，可以更快地返回结果，提供更好的用户体验。这形成了如图 1-7 所示的初步系统概貌。

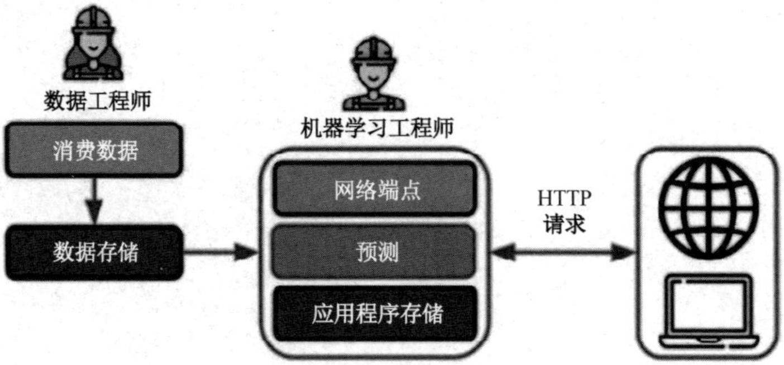

图 1-7　示例 2 的工作流程

接下来，让我们看看最后一个示例。

示例 3：分类流程

在这个最后的案例中，你效力于一家网络公司，该公司希望根据用户的使用方式，将其分类为不同类型广告的目标人群，更有效地定位市场支出的方向和范围。例如，如果用户网站使用频率较低，我们可能希望通过提供更具吸引力的折扣活动来促使他们更多地使用网站。业务方提出的一个关键要求是最终的分类结果需要成为嵌入数据存储中的一部分，以便其他应用程序能够使用这些数据。

基于这些需求，你的团队认为运行一个包含分类模型的流程是满足所有要求的最简单的解决方案。数据工程师们致力于构建摄取和存储数据基础设施，而机器学习工程师则努力封装数据科学团队在历史数据上训练的分类模型。数据科学团队最终确定的基础算法在 scikit-learn 中实现，下面我们通过将其应用于类似此用例中生成的市场数据集来详细解释。

这个假设的例子与许多经典数据集相符，其中包括来自 UCI ML 库的银行营销数据集：https://archive.ics.uci.edu/ml/datasets/Bank+Marketing#。与之前的例子一样，你可以从命令行运行一个脚本，它位于 Chapter01/classifying 文件夹下，名为 classify_example.py：

```
python3 classify_example.py
```

运行这个脚本将读取已下载的银行数据，重新平衡训练数据集，然后对随机森林分类器进行超参数优化运行，采用了随机网格搜索的方法。与之前类似，我们将展示这些步骤是如何运作的，以便展示一个数据科学团队会如何处理这个问题：

1. 脚本的主要部分包含所有相关的步骤，这些步骤被整齐地封装成我们将在接下来的几个步骤中详细解析的方法。

```
if __name__ == "__main__":
    X_train, X_test, y_train, y_test = ingest_and_prep_data()
    X_balanced, y_balanced = rebalance_classes(X_train, y_train)
    rf_random = get_randomised_rf_cv(
                  random_grid=get_hyperparam_grid()
                  )
    rf_random.fit(X_balanced, y_balanced)
```

2. 下面是 ingest_and_prep_data 函数，该函数假设 bank.csv 数据存储在当前文件夹的名为 bank_data 的目录中。它将数据读取到 pandas DataFrame 中，然后在对数据进行训练—测试拆分且对训练特征进行独热编码之后，返回所有的训练和测试特征以及目标。与其他示例一样，这些概念和工具的大部分将在整本书中进行解释，特别是在第 3 章“从模型到模型工厂”中将详细介绍。

```
def ingest_and_prep_data(
        bank_dataset: str = 'bank_data/bank.csv'
        ) -> tuple[pd.DataFrame, pd.DataFrame, pd.DataFrame,
                   pd.DataFrame]:
    df = pd.read_csv('bank_data/bank.csv', delimiter=';',
                     decimal=',')

    feature_cols = ['job', 'marital', 'education', 'contact',
                    'housing', 'loan', 'default', 'day']
    X = df[feature_cols].copy()
```

```
    y = df['y'].apply(lambda x: 1 if x == 'yes' else 0).copy()
    X_train, X_test, y_train, y_test = train_test_split(X, y, test_
                                       size=0.2, random_state=42)
    enc = OneHotEncoder(handle_unknown='ignore')
    X_train = enc.fit_transform(X_train)
    return X_train, X_test, y_train, y_test
```

3. 由于数据不平衡，我们需要使用过采样技术来重新平衡训练数据。这个例子中，我们将使用 imblearn 包中的合成少数类过采样技术（SMOTE）：

```
def rebalance_classes(X: pd.DataFrame, y: pd.DataFrame
                      ) -> tuple[pd.DataFrame, pd.DataFrame]:
    sm = SMOTE()
    X_balanced, y_balanced = sm.fit_resample(X, y)
    return X_balanced, y_balanced
```

4. 现在我们将转向脚本的主要机器学习组件。我们将执行一个超参数搜索（将在第 3 章“从模型到模型工厂”中详细介绍），因此需要定义一个搜索网格：

```
def get_hyperparam_grid() -> dict:
    n_estimators = [int(x) for x in np.linspace(start=200,
                    stop=2000, num=10)]
    max_features = ['auto', 'sqrt']
    max_depth = [int(x) for x in np.linspace(10, 110, num=11)]
    max_depth.append(None)
    min_samples_split = [2, 5, 10]
    min_samples_leaf = [1, 2, 4]
    bootstrap = [True, False]  # 创建随机搜索的网格
    random_grid = {
        'n_estimators': n_estimators,
        'max_features': max_features,
        'max_depth': max_depth,
        'min_samples_split': min_samples_split,
```

```
        'min_samples_leaf': min_samples_leaf,
        'bootstrap': bootstrap
    }
    return random_grid
```

5. 这个超参数的网格将用于定义一个 RandomisedSearchCV 对象，该对象允许我们在超参数值上优化一个估算器（这里是 RandomForestClassifier）：

```
def get_randomised_rf_cv(random_grid: dict) -> sklearn.model_
                                        selection._search.RandomizedSearchCV:
    rf = RandomForestClassifier()
    rf_random = RandomizedSearchCV(
        estimator=rf,
        param_distributions=random_grid,
        n_iter=100,
        cv=3,
        verbose=2,
        random_state=42,
        n_jobs=-1,
        scoring='f1'
    )
    return rf_random
```

以上的例子突显了创建典型分类模型的基本组件，但作为工程师，我们必须问自己的问题是“接下来呢？”很明显，我们必须实际运行已生成的模型进行预测，因此我们需要将其持久化地存储在某处，并在以后读取它。这类似于本章讨论的其他用例。这里更具挑战性的是，在这种情况下，工程师实际上可能考虑的不是在批处理或请求—响应场景中运行，而是在流处理环境中运行。这意味着我们需要考虑新技术，比如 Apache Kafka，它使你能够同时发布和订阅“主题”，其中包括可以共享称为“事件”的数据包。不仅如此，我们还需要就如何使用机器学习模型做出决策，以这种方式与数据进行交互，这引发了有关使用模型托管机制的问题。此外，还将有一些微妙之处，涉及你期望多久重新训练算法，以确保分类器不过时。这些还未考虑在这个截然不同的环境中潜在的延迟或监控模型性能的问题。正如你所看到的，这意味着在这里，机器学习工程师的工作相当复杂。图 1-8 将所有这些复杂性融入一个概括性的示意图中，使你能够开始考虑如果你是这个项目的工程师，将需要构建的系统交互。

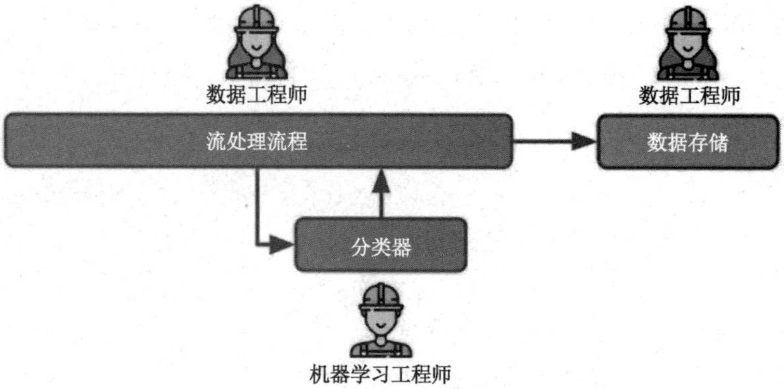

图 1-8　示例 3 的工作流示意图

本书中，我们不会详细介绍流处理，但我们将详细介绍所有其他关键组件，这将帮助你把这个例子拓展为一个真正的解决方案。有关流处理机器学习应用的更多详细信息，请参阅 Joose Korstanje 的著作 *Machine Learning for Streaming Data with Python* Packt，2022。

现在，我们已经探讨了三种高级机器学习系统设计，并讨论了我们工作流程选择背后的理由。我们还详细探讨了数据科学家在建模时通常会产生的代码类型，但这些代码将作为未来机器学习工程的输入。因此，这一部分应使我们能够了解在典型项目中，我们的工程工作从哪里开始以及旨在解决哪种类型的问题。现在，你已经踏上了成为机器学习工程师的道路！

本章小结

本章中，我们介绍了机器学习工程的概念，以及它在一个团队中如何构建基于数据的有价值解决方案并发挥作用。我们讨论了机器学习工程的焦点如何与数据科学和数据工程优势互补，以及这些学科的重叠之处。此外，本章还提到了如何利用这些信息组建一个适当资源的团队来开展项目。

随后，本章讨论了在现代实际组织中构建机器学习产品所面临的挑战，以及一些建议来帮助你克服其中的部分挑战。同时，本章特别强调了合理估计价值和与利益相关者有效沟通的概念。

接着，本章通过讨论典型机器学习解决方案的外观及其在一些常见用例中的高级设计，为后续章节的技术内容提供了一个预览。

我们深入探讨本书的其他部分之前，覆盖这些主题是至关重要的。这些主题将帮助你理解为什么机器学习工程是如此关键的学科，以及它是如何与以数据为中心的团队和组织的复杂生态系统相互关联的。它还有助于了解机器学习工程所涵盖的复杂挑战，同时为你提供了一些概念性的工具，帮助你开始思考这些挑战。我希望这不仅能激发你对本书其余内容的兴趣，而且还能引导你迈出探索和自学之路，这对于成为一名成功的机器学习工程师是必不可少的。

下一章将着重介绍如何设置和实施你的开发流程，以构建你想要的机器学习解决方案，为你提供一些了解其与标准软件开发流程不同之处的见解。然后，将讨论一些工具，这些工具可以帮助你管理项目中的任务和工件，而不会引发主要问题。这将为你提供如何在后续章节中构建机器学习解决方案的关键元素的技术细节。

加入我们在 Discord 上的社区

加入我们的社区 Discord 空间，与作者和其他读者进行讨论：https://packt.link/mle。

第 2 章　机器学习开发流程

本章将定义成功的机器学习（ML）软件工程项目的工作是如何划分的。简而言之，我们将回答如何实际组织一个成功的机器学习项目的问题。我们不仅将讨论流程和工作流，还将为每个流程阶段设置你所需的工具，并通过真实的机器学习代码示例突显一些重要的最佳实践。

我们将更详细地介绍一种重要的数据科学和机器学习项目管理方法：跨行业标准数据挖掘流程（CRISP-DM）。这将包括讨论这种方法与传统的敏捷和瀑布方法的比较，并为你的机器学习项目应用它提供一些建议和技巧。此外，还提供了更多详细的示例，帮助你使用 GitHub Actions 实现持续集成/持续部署（CI/CD），包括如何运行自动化模型验证等面向机器学习的流程。关于在交互式开发环境（IDE）中入门的建议也更注重通用性，以适应使用任何合适的 IDE 的用户。与以往一样，本章将重点介绍我提出的“四步”方法论，该方法论包括发现、实验、开发、部署四个步骤，适用于你的机器学习项目。这个项目工作流将与 CRISP-DM 方法进行比较，后者在数据科学领域非常流行。我们还将讨论适当的开发工具及其配置和集成，以确保项目的成功。此外，本章还将涵盖版本控制策略及其基本实施，以及为你的机器学习 L 项目设置 CI/CD。然后，我们将介绍一些潜在的执行环境，作为机器学习解决方案的目标。通过本章的学习，你将为成功进行 Python ML 工程项目做好准备，这是我们在后续章节中构建一切的基础。

照例，我们将通过总结主要观点，并强调这在我们深入阅读本书时的重要性来结束本章。

最后，值得注意的是，尽管我们在这里以 ML 挑战为基础进行讨论，但本章中大部分的知识也同样适用于其他 Python 软件工程项目。我希望在详细构建这些基础概念方面的投入将成为你在所有工作中反复利用的宝贵资产。

我们将在接下来的各个小节中详细探讨所有的这些内容：

- 配置我们的工具
- 四步走，从概念到解决方案
  - 发现
  - 实验
  - 开发
  - 部署

有很多令人兴奋的内容需要学习，让我们开始吧！

技术要求

与第 1 章一样，如果想运行这里提供的示例，可以使用书籍 GitHub 存储库中 Chapter02 文件夹中提供的环境 YAML 文件创建一个 Conda 环境：

```
conda env create -f mlewp-chapter02.yml
```

除此之外，本章的许多示例也将使你在阅读本书其他部分的示例时受益匪浅，具体需要使用以下软件和包：

- Anaconda
- PyCharm Community Edition、VS Code 或其他兼容 Python 的 IDE
- Git

还将需要以下内容：

- 一个 Atlassian Jira 账户。我们稍后在本章将更详细地讨论这一点，但你可以在 https://www.atlassian.com/software/jira/free 免费注册一个账户。
- 一个 AWS 账户。这也将在本章中涵盖，但你可以在 https://aws.amazon.com/注册一个账户。你需要添加付款详细信息以注册 AWS 账户，但本书中的所有操作都只需要免费套餐即可使用。

本章中的技术步骤已在运行 Ubuntu 22.04 LTS 的 Linux 机器上，并在具有管理员权限的用户配置文件上进行了测试，还在一台安装了第 1 章中描述相关设置的 Macbook Pro M2 上进行了测试。在不同的系统上运行这些步骤，如果步骤不能如计划般运行，那么你可能需要查阅该特定工具的文档。即使如此，对于大多数系统来说，大多数步骤都将是相同的或非常相似的。你还可以在书籍存储库 https://github.com/PacktPublishing/Machine-Learning-Engineering-with-Python-Second-Edition/tree/main/Chapter02 中查看本章的所有代码。该存储库还包含了获取代码示例正常运行所需的其他资源。

配置我们的工具

为了准备本章后续内容以及整本书的学习，搭建一些工具会很有帮助。从高层次来看，我们需要以下内容：

- 编码的环境
- 跟踪代码变更的工具
- 管理任务的辅助工具
- 提供基础设施和部署解决方案的地方

让我们逐一看看如何应对这些方面：

- 编码的环境：首先，尽管数据科学家在编码时通常选择使用 Jupyter Notebook，可是一旦你开始朝着机器学习工程方向发展，拥有一个集成开发环境（IDE）将变得至关重要。IDE 基本上是一个带有一系列内置工具和功能的应用程序，旨在帮助你开发出最佳质量的软件。对于 Python 开发者而言，PyCharm 集成开发环境是一个出色的选择，它提供了各种插件、附加组件和对机器学习工程师非常有用的集成功能。你可以从 JetBrains 的官方网站 https://www.jetbrains.com/pycharm/下载 Community Edition。另一个备受欢迎的开发工具是轻量而功能强大的源代码编辑器 VS Code。PyCharm 安装成功后，你可以从“Welcome to PyCharm”窗口创建新项目或打开现有项目，如图 2-1 所示：

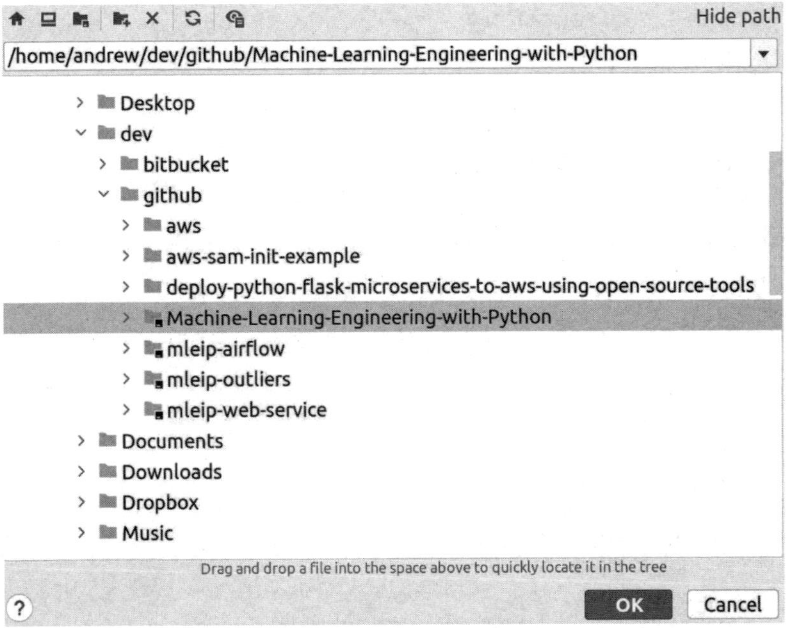

图 2-1　打开或创建你的 PyCharm 项目

- 跟踪代码变更的工具：接下来是代码版本控制系统。本书中，我们将使用 GitHub 远程存储库，但有各种基于相同底层开源 Git 技术的免费解决方案。后面的部分将讨论如何将它们作为开发工作流的一部分使用，但首先，如果你还没有设置版本控制系统，那么可以访问 github.com 并创建一个免费账户。按照网站上的说明创建你的第一个存储库，你将看到类似于如图 2-2 所示的屏幕。为了以后方便，你应选择 Add a README file 和 Add .gitignore（然后选择 Python）。README 文件提供了一个初始的 Markdown 文件供你开始使用，并提供一个描述项目的地方。.gitignore 文件告诉你，Git 分发忽略了一些通常对版本控制不重要的文件类型。你可以选择使存储库公开还是私有，以及希望使用的许可证。本书的存储库使用 MIT 许可证。

一旦你设置了 IDE 和版本控制系统，就需要通过使用 PyCharm 提供的 Git 插件使它们进行交互，导航到 VCS | Enable Version Control Integration 并选择 Git 即可。你可以通过导航到 File | Settings | Version Control 来编辑版本控制设置，如图 2-3 所示：

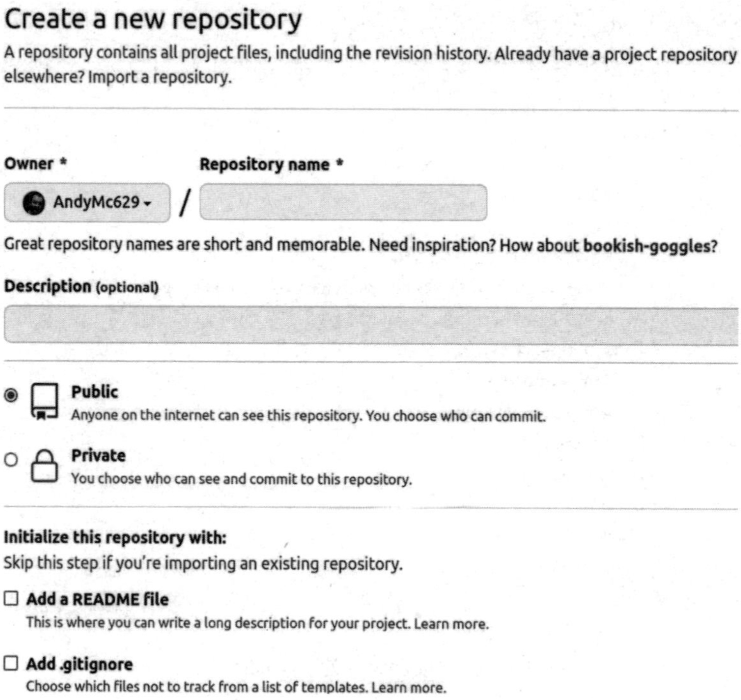

图 2-2　设置你的 GitHub 远程存储库

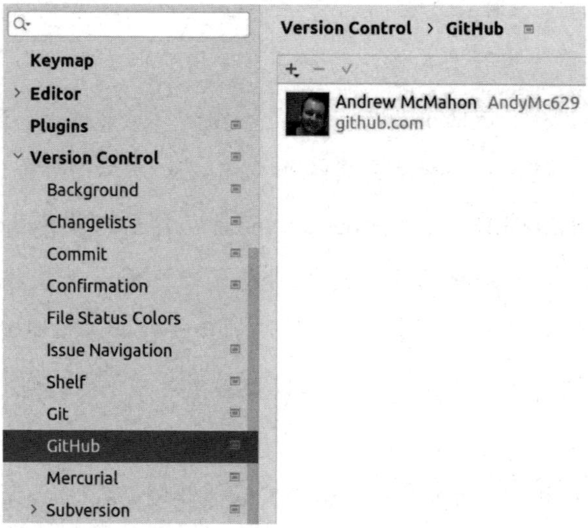

图 2-3　使用 PyCharm 配置版本控制

- 管理任务的辅助工具：你现在已经准备好编写 Python 代码并跟踪代码更改，但是否已经做好准备管理或参与具有其他团队成员的复杂项目呢？为了应对这个挑战，通常需要一个解决方案，它能够跟踪任务、问题、错误、用户场景以及其他文档和工作事项。此外，这个解决方案最好能够与你将要使用的其他工具良好集成。本书中，我们将以 Jira 为例。如果你访问 https://www.atlassian.com/software/jira，可以创建一个免费的 Jira 云账户，然后按照解决方案内的交互式教程设置你的第一个看板并创建一些任务。图 2-4 展示了本书项目的任务看板，名为 Machine Learning Engineering in Python (MEIP)：

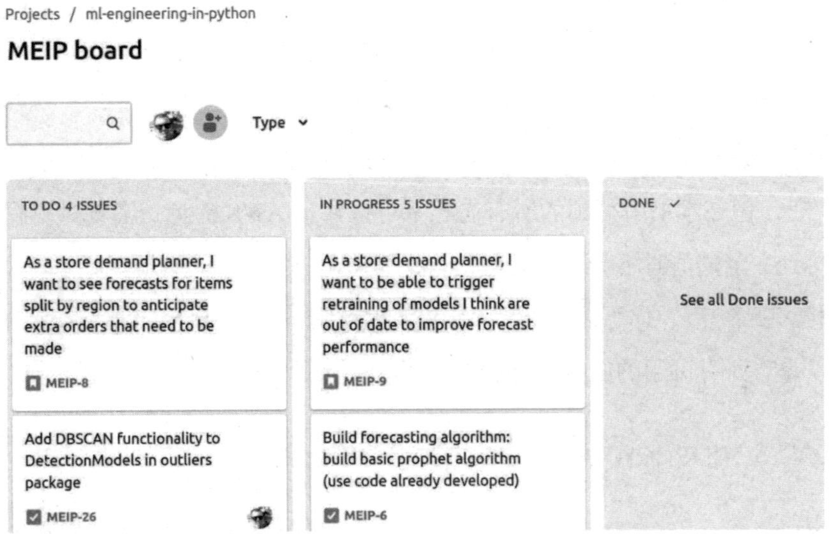

图 2-4　Jira 中本书项目的任务看板

- 提供基础设施和部署解决方案的地方：你刚刚安装和配置的所有工具将极大地提升你的工作流程和软件开发实践水平。谜题的最后一步是拥有工具、技术和基础设施，以部署最终的解决方案。长期以来，应用程序的计算基础设施管理是专门的基础设施团队的职责，但随着公有云的出现，这种能力在跨软件角色的人群中得到了真正的普及。特别是现代机器学习工程对云技术的成功实施有很大的依赖，通常通过主要的公有云提供商，如亚马逊云服务（AWS）、微软 Azure 或谷歌云平台（GCP）。

本书将使用 AWS 生态系统中的工具，但这里介绍的所有工具和技术在其他云中也有相应的替代方案。

云计算所带来的广泛分配能力的另一层面是负责解决方案部署的团队需要获得新的技能和理解。我坚信“你构建它，你拥有它，你运行它”的原则，但这也意味着作为一名 ML 工程师，你需要熟悉各种潜在的新工具和原则，并负责所部署解决方案的性能。权力越大，责任越重。在第 5 章中，我们将详细探讨这个主题。

现在，让我们详细讨论如何设置这一点。

设置 AWS 账户

如先前所述，你不必使用 AWS，但这是我们在整本书中将要使用的工具。一旦在这里设置好，你就可以将其应用于我们将要进行的所有操作：

1．创建 AWS 账户，请访问 aws.amazon.com 并选择 Create Account。你需要添加一些付款详细信息，但在本书中提到的所有内容都可以通过 AWS 的免费套餐进行探索，该套餐在消费未达到一定阈值时不会产生费用。

2．创建完账户后，你可以导航至 AWS 管理控制台（AWS Management Console），在那里你可以查看所有可用的服务（如图 2-5 所示）：

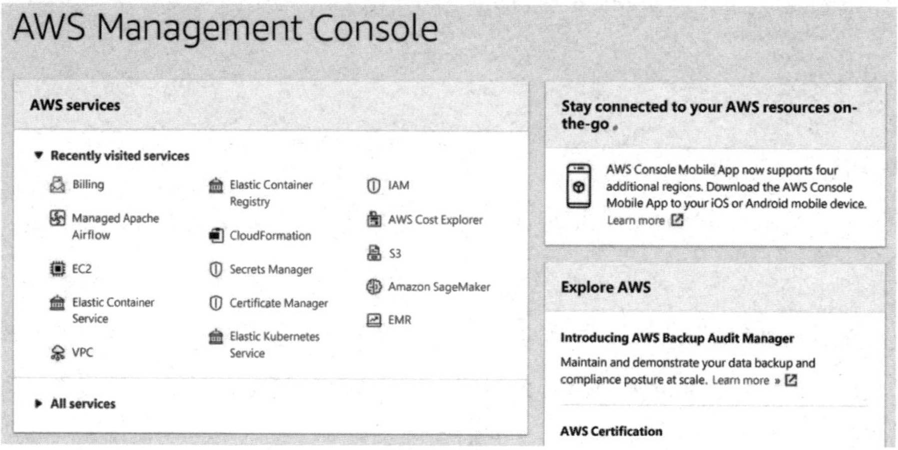

图 2-5　AWS 管理控制台

随着我们的 AWS 账户准备就绪，让我们深入了解涵盖整个过程的四个步骤。

从概念到解决方案的四个步骤

所有的机器学习项目在某种程度上都是独一无二的：组织、数据、人员以及所使用的工具和技术在任何两个项目中都不会完全相同。这一点非常重要，因为它既代表了进步，也体现了这个领域所具有的令人愉悦的自然多样性。

总体而言，尽管细节各异，但所有成功的机器学习项目都有很多共同之处。它们要求将业务问题转化为技术问题，进行大量的研究和深刻理解，进行概念验证、分析和迭代，整合工作成果，构建最终产品，并将其部署到适当的环境。这就是机器学习工程的要点！

通过深入探讨这一点，你可以逐渐将这些活动划分为大致的类别或步骤，每个步骤的结果都是后续步骤所必需的输入。图 2-6 对此进行了展示：

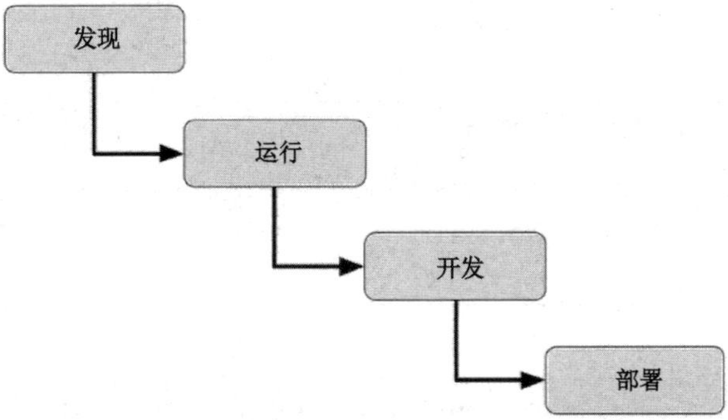

图 2-6　机器学习项目经历的步骤

每个工作类别都带有略有不同的特质，但整体而言，它们构成了所有出色机器学习项目的支柱。接下来的几节将深入探讨每个类别的细节，并开始展示它们如何用于构建你的机器学习工程解决方案。正如我们稍后将讨论的那样，不必像这样在四个步骤中完成整个项目；实际上，你可以逐步完成每个步骤，专注于特定功能或整个项目的一部分。这将在选择软件开发方法论的章节中详细介绍。

让我们将这个问题变得更加实际。每个步骤的主要关注点和输出总结见表 2-1：

表 2-1　机器学习开发过程中不同步骤的输出

步　骤	输　出
发现	明确业务问题； 清晰阐述机器学习相较于其他方法的优势； 定义希望优化的关键绩效指标（KPI）和度量标准； 描绘价值实现的路径草图
运行	对数据的深入理解； 工作概念验证； 对解决问题的关键模型/算法/逻辑达成一致； 有证据表明在现实的资源场景下可以完成解决方案； 有证据表明可以实现良好的投资回报率
开发	一个可以托管在合适和可用基础设施上的可行解决方案； 详尽的测试结果和性能指标（针对算法和软件）； 达成一致的重新训练和模型部署策略； 单元测试、集成测试和回归测试； 解决方案打包和流程
部署	经过测试的部署过程； 具备适当安全性和性能特征的基础设施； 模式重新训练和管理流程； 一个端到端的可行解决方案！

重要提示

你可能认为机器学习工程师实际上只需要考虑后两个步骤，即开发和部署，而前期步骤则由数据科学家甚至业务分析师负责。本书中，我们确实主要关注这些步骤，并且这种分工可以很好地发挥作用。然而，非常重要的是，如果你打算构建一个机器学习解决方案，必须理解之前所有的动机和开发步骤——就像你不会在不了解目的地的情况下构建新型火箭一样，不是吗？

将这与 CRISP-DM 进行比较

本章余下的部分将概述项目步骤的高级分类，它与一种重要的方法学 CRISP-DM 有很多相似之处，同时也存在一些差异。该方法学于 1999 年发布，此后已被广泛接受，被视为理解如何构建任何数据项目的重要方式。CRISP-DM 中包括六个不同的活动阶段，涵盖了前一节描述的四个步骤中提到的内容。

1. 业务理解：这涉及了解业务问题和业务领域，成为四步模型中的“发现”步骤的一部分。

2. 数据理解：将对业务领域的了解扩展到包括数据的状态、位置以及它与问题的相关性，也包括在“发现”步骤。

3. 数据准备：开始获取数据并为下游使用进行转换，通常需要进行迭代，被纳入“实施”步骤。

4. 建模：获取准备好的数据，然后在其基础上开发分析模型。这可能包括各种复杂程度的机器学习，是在四步方法学的“实施”和“开发”步骤都发生的活动。

5. 评估：这个阶段的目标是确认解决方案是否符合业务需求，并对之前的工作进行全面审查，有助于确认是否有遗漏或需要改进的地方。这个阶段在“开发”和“部署”步骤中非常关键；在本章我们描述的方法中，这些任务在整个项目里都得到了更为全面的整合。

6. 部署：在 CRISP-DM 中，最初的重点是部署简单的分析解决方案，例如仪表板或定期运行已确定的分析模型的 ETL 流程。

机器学习工程的模型世界里，这个阶段可以代表本书讨论的任何内容！CRISP-DM 建议围绕规划和部署审查进行子阶段的划分。

正如你从列表中看到的，CRISP-DM 中的许多阶段涵盖了我提出的四个步骤中概述的相似主题。CRISP-DM 在整个数据科学社区中非常流行，因此其优点绝对受到全球范围内众多数据专业人员的赞赏。考虑到这一点，你可能会想：“那么，为什么还要开发其他的呢？”让我说服你为什么，这是一个好主意。

CRISP-DM 方法学只是以另一种方式对任何数据项目的重要活动进行分组，以赋予它们一些结构。正如你可能从我对各个阶段的简要描述中看到的，如果你进一步深入研究，就会发现在现代机器学习工程项目中使用 CRISP-DM 时可能存在一些潜在的缺点：

- CRISP-DM 所描述的流程相对较为严格且线性。这在提供结构方面是有益的，但可能会制约项目的迅速推进。
- 该方法学非常注重文档编写，大多数步骤都详细说明了撰写某种报告、审查或总结。在项目中编写和维护良好的文档绝对至关重要，但有时可能存在过度的风险。
- CRISP-DM 是在“大数据”和大规模机器学习之前的时代编写的。在这样一个截然不同的世界中，经典的提取-转换-加载模式只是众多模式之一，因此不清楚它的细节是否仍然适用。
- CRISP-DM 明显起源于数据领域，然后试图在最后一个阶段朝着可部署解决方案的方向发展。这值得赞赏，但在我看来还不够。从我的观点来看，机器学习工程在某种程度上更接近于经典软件工程而非其他。这本书将一再论证这一点。因此，拥有一个方法论，其中部署和开发的概念与整个软件和现代机器学习技术保持一致是非常重要的。

四步骤方法学试图以一种不断参考软件工程与机器学习技能和技术的方式，缓解一些挑战。这并不意味着在你的项目中永远不应该使用 CRISP-DM，它可能正是最合适的选择！就像本书中介绍的许多概念一样，重要的是在工具箱中拥有多种工具，以便你可以选择最适合当前任务的工具。

有了这个背景，现在让我们详细介绍四个步骤。

发现

在你着手构建任何解决方案之前，深刻理解你要解决的问题非常重要。这个活动在业务分析中通常被称为发现，如果你的机器学习项目要取得成功，这一步骤是至关重要的。

在发现步骤，关键的操作包括以下几点：

- 与客户沟通！然后再与他们交流一次：只有详细了解最终用户的需求，你才能设计和构建出合适的系统。
- 进行详细的文档记录是至关重要的：你将根据对需求的满足程度来接受评判，因此务必确保记录讨论中的所有关键点，并得到团队成员、客户或其适当代表的签署确认。这样的做法不仅确保了所有重要信息的清晰记录，也为后续的工作提供了有力的支持。
- 明确关键指标：在项目初期，很容易被激情驱使，觉得可以用即将构建的惊艳新工具解决所有问题。因此要尽量坚决抵制这种倾向，因为它很容易在后期带来重大问题。相反，引导讨论的方向，明确定义一个或者非常有限的几个关键指标，这些指标将决定项目的成功标志是什么。
- 着手查找数据存储的位置！如果能够明确需要访问哪些系统以获取所需数据，这将在后期为你节省时间，同时有助于在问题变得棘手之前及时发现和解决潜在的重大难题。

使用用户故事

与客户沟通（多次）后，你可以开始定义一些用户故事。用户故事是对用户或客户想要看到的内容以及该功能或工作单元的验收标准进行简洁而一致的格式化表达。例如，我们可以基于第 1 章中的出租车乘车示例定义一个用户故事：“作为我们内部 Web 服务的用户，我希望看到异常的出租车乘车记录，并能够进一步调查它们。”

让我们开始吧！

1. 要在 Jira 中添加这个，选择“Create”按钮。
2. 接下来，选择 Story。
3. 随后，填写你认为合适的详细信息。

你现在已经将用户故事添加到你的工作管理工具中！这使你能够执行一些操作，如创建新任务并将其与此用户故事关联，或随着项目的进行更新其状态，如图 2-7 所示：

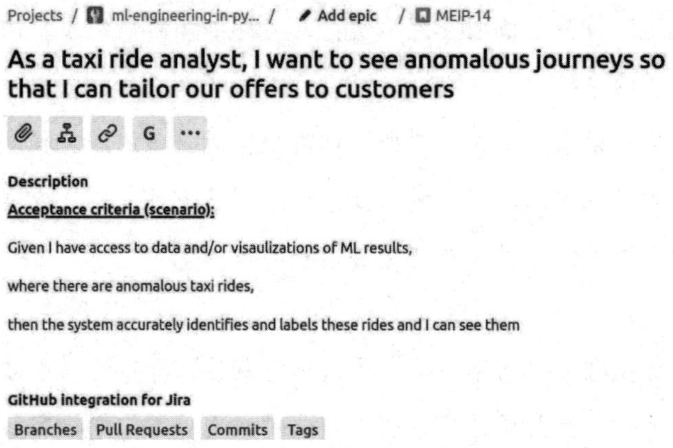

图 2-7　Jira 中的一个用户故事示例

你使用的数据源尤为关键，需要深入了解。正如你所知，垃圾进，垃圾出，甚至更糟糕的是没有数据就无法进行！关于数据，你需要回答的具体问题主要集中在可访问性、技术、质量和相关性方面。

在访问性和技术方面，你正在尝试预先了解数据工程师需要做多少工作来启动他们的工作流程，以及这将如何阻碍项目的其余部分。因此，确保准确理解这一点至关重要。

一个典型的例子是，如果你很快发现你需要的主要数据存储在一个传统的内部财务系统中，它没有真正现代的 API，也没有为非财务团队成员提供访问请求机制。如果这个系统的主要后端在本地，并且你需要将受到限制的财务数据迁移到云端，但这让你的业务感到不安，那么你就知道在编写代码之前有很多工作要做。如果数据已经存储在你的团队可以访问的企业数据湖中，那么你显然处于更有利的位置。无论面临多大的挑战，只要价值主张足够强大，都是可以克服的。然而，早期了解所有的这些将在后期为你节省时间、精力和金钱。

在开始之前，了解数据的相关性可能有些困难，但你可以开始有所了解。例如，我们在执行第 1 章中讨论的库存预测时，你是否需要获取客户账户信息？如果你想创建第 1 章中提到的高端或非高端客户的分类器作为营销目标，你是否需要具有社交媒体信息的数据？关于什么是相关的问题通常可能没有这些例子那么明确，但重要的是要记住，如果你真的遗漏了重要的事情，可以随时回头处理。你正努力在早期捕捉最重要的设计决策，因此尝试与利益相关者以及主题专家的密切合作将发挥重要作用。

在深入推进项目之前，你可以通过向当前数据的使用者、消费者或参与其录入过程的人群提出一些问题，试图在一定程度上提前预测数据质量的情况。然而，要更深入地了解数据质量，通常需要让你的数据科学家亲自动手处理数据。

接下来的部分，我们将探讨在研究程度较高的阶段——运行阶段，如何开发机器学习的概念验证（PoC）解决方案。

运行

在项目的运行步骤，你的目标是确定在概念验证级别解决任务是否可行。为了做到这一点，你可能会运用常见的数据科学技术，如探索性数据分析和解释性建模，这些在第 1 章中提到过，然后继续创建满足需求的机器学习模型。

在这个过程的这一部分，你并不过分关注实现的细节，而是探索可能性的领域，深入了解数据和问题，这超出了最初的发现工作。由于这里的目标不是创建生产就绪的代码或构建可重用的工具，你无须担心你所编写的代码是否具有最高质量或使用了复杂的模式。例如，你可能会看到类似如图 2-8 所示的代码示例（实际上摘自本书的存储库）：

Prep for Prophet

```
df.rename(columns= {'Datetime': 'ds', 'AEP_MW': 'y'}, inplace=True)
```

```
df['ds']=df['ds'].astype('datetime64[ns]')
```

```
df.dtypes
```

```
#Initialize Split Class, we'll split our data 5 times for cv
ts_splits = TimeSeriesSplit(n_splits=5)
```

Train and Forecast

```
tmp = time_split_train_test(df.sort_values('ds', ascending=True).iloc[-1000:], ts_splits)
```

```
tmp.head()
```

Plot

```
nrow = 5; ncol = 1;
fig, axs = plt.subplots(nrows=nrow, ncols=ncol, figsize=(20,30))
fig.subplots_adjust(hspace=0.4, wspace=0.4)
for i, ax in enumerate(fig.axes):
    split_rmse = tmp[(tmp['split']==i) & (tmp['train']==False)]['rmse'].iloc[0]

    ax.set_title('Split '+str(i)+' - RMSE: '+"{:.2f}".format(split_rmse))

    tmp[(tmp['split']==i) & (tmp['train']==True)].plot(x='ds', y='y', ax=ax, color='blue', marker='o')
    tmp[(tmp['split']==i) & (tmp['train']==False)].plot(x='ds', y='y', ax=ax, color='red', marker='o')
    tmp[(tmp['split']==i) & (tmp['train']==False)].plot(x='ds', y='yhat', ax=ax, color='orange', marker='^')
```

图 2-8　运行步骤将创建的一些原型代码示例

即使快速浏览这些截图，也能告诉你一些事情：

- 这段代码是在 Jupyter 笔记本中编写的，用户可以在 Web 浏览器中以交互方式运行。
- 这段代码间歇性地调用方法，简单地检查或探索数据的元素［例如，df.head( )和 df.dtypes］。
- 有用于绘图的临时代码（而且不太直观！）。
- 有一个名为 tmp 的变量，不太具有描述性。

在这更具探索性的阶段，所有这些都是完全可以接受的，但本书的目标之一是帮助你理解如何将这样的代码转化为适用于生产机器学习流程的代码。接下来的部分将引导我们朝这个方向迈进。

开发

正如我们已经多次提到的，本书的一个目标是让你意识到你正在构建的是具有机器学习功能的软件产品。这意味着对于我们当中一些来自数学和算法背景的人来说，可能是一个陡峭的学习曲线。这可能看起来令人生畏，但不要绝望！好消息是，我们可以借鉴软件工程社区数十年磨炼的许多最佳实践和技术。太阳底下无新事。世间万象，无奇不有。

本节探讨了在我们的机器学习工程项目的开发阶段可以采用的多种方法、流程和考虑因素。

选择软件开发方法论

作为机器学习工程师，我们可以毫不羞愧地模仿并借鉴全球项目中采用的软件开发方法论。其中一类被称为瀑布模型，它涵盖了与构建复杂事物（比如建筑或汽车）的概念非常自然契合的项目工作流。在瀑布模型中，有清晰的、顺序进行的工作阶段，每个阶段都有一组明确定义的产出物，必须在进入下一阶段之前完成。例如，一个典型的瀑布项目可能包括需求收集、分析、设计、开发、测试、部署等阶段（听起来是不是有点熟悉？）。关键之处在于，在瀑布模型项目中，当你处于需求收集阶段时，应该只是致力于收集需求；在测试阶段时，你应该只是专注于测试，以此类推。在介绍另一组方法论后，我们将在接下来的几段里讨论瀑布模型在机器学习中的优缺点。

另一组方法学被称为敏捷方法，它于 2001 年《敏捷宣言》发布后开始流行（https://agilemanifesto.org/）。敏捷开发的核心理念包括灵活性、迭代、渐进更新、快速失败以及适应不断变化的需求。如果你具有研究或科学背景，那么基于结果和新发现的灵活性和适应性的概念可能会听起来很熟悉。

如果你有科学或学术背景，可能对于你而言不太熟悉的是，你仍然可以在一个相对严格的框架内接受这些概念，而这个框架是以交付成果为中心的。敏捷软件开发方法主要是在实验和交付之间找到平衡。通常，这是通过引入仪式（如 Scrum 和 Sprint 回顾）和角色（如 Scrum Master 和 Product Owner）的概念来实现的。

在敏捷开发领域，备受瞩目的两大变体为 Scrum 和 Kanban。Scrum 方法的核心是以 Sprints 为代表的短时工作单元，其理念在于在这有限的时间框架内，从构思到部署，全方位完成对产品的迭代增补。相较之下，在 Kanban 方法中，其主要理念在于通过精心组织的待办事项，实现任务从积压状态有序流转至进行中，直至最终完成。

所有这些方法论（以及其他许多方法）都有它们的优点和缺点。你无须拘泥于其中任何一种；你可以在它们之间灵活切换。以机器学习项目为例，可能在 Kanban 框架下进行一些部署后的工作是有意义的，重点是维护已存在的服务（有时被称为业务常规活动），比如进一步改进模型或进行软件优化。或者，在 Sprints 中明确交付核心工作的主要成果也可能更合适。但你可以灵活变通，选择最符合你用例、团队和组织的方式。

然而，将这些工作流程应用于机器学习项目有何不同之处？在这个机器学习的领域，有哪些以前未曾考虑的因素需要我们思考呢？以下是其中一些关键点：

- 你无法预知自身的无知：只有在查看数据后，你才能确定是否能够解决问题。与传统软件工程相比，ML 工程更加依赖于系统中流动的数据。我们或许知道如何在原则上解决问题，但如果没有足够的数据或数据质量较差，那么在实际应用中我们就无法解决这个问题。
- 系统充满活力：如果你构建一个经典的网站，具备后端数据库、引人注目的前端、卓越的负载平衡以及其他功能，实际上只要资源充足，它可以一直稳定运行。关于网站及其运行方式的基本特性在这些年间并未发生实质性变化，点击仍然能够转化为操作，页面导航仍然以相同的方式进行。现在，你应考虑在其中添加一些基于典型用户资料的机器学习生成的广告内容。什么是典型用户资料，它是否会随时间而改变？随着流量和用户的增加，以前未曾见过的行为是否会成为新的常态？你的系统一直在不断学习，这导致了模型漂移和分布变化的问题，以及更为复杂的更新和回滚场景。

- 一切皆不确定：在你构建一个使用基于规则逻辑的系统时，每次都能确切地知道将得到什么。如果有 X，则始终得到 Y，这是确定的。而对于机器学习模型而言，当你提出问题时，很难确定问题的答案是什么，实际上也正是这些算法如此强大的原因。

然而，这并不意味着算法的行为是可以预测的，可能是由于前面讨论过的原因，也可能仅仅是因为算法学到了对人类观察者不明显的信息，或者是因为 ML 算法基于概率和统计概念，其结果伴随着一定的不确定性或模糊性。一个经典的例子是应用逻辑回归并得到数据点属于某个类别的概率。这只是一个概率，因此我们不能确定地说它一定如此，只能说发生的可能性有多大！尤其是当你的 ML 系统的输出将被用户或其他系统用于做决策时，考虑到这一点尤为重要。

考虑到这些问题，在接下来的部分中将尝试理解构建机器学习解决方案时可以采用哪些开发方法论。从表 2-2 中可以看到每种敏捷方法在不同阶段和类型的机器学习工程项目中的一些优势和劣势：

表 2-2　敏捷与瀑布模型在机器学习开发中的比较

方法论	优势	劣势
敏捷	期望灵活性； 更快地开发到部署周期	如果管理不当，容易发生范围漂移； 对于某些项目，Kanban 或 Sprints 可能效果不佳
瀑布	更清晰地部署路径； 任务有清晰的分阶段和责任归属	缺乏灵活性； 较高的管理成本

让我们进入下一节！

软件包管理（conda 和 pip）

如果我告诉你编写一个在数据科学或机器学习中可以执行任何任务的程序，但不能使用任何库或包，只能使用纯粹的 Python，你可能会发现在合理的时间内实现这一目标相当困难，而且非常乏味！这实际上是一种好事。在 Python 中开发软件的一个非常强大的特性是你可以相对轻松地利用一个庞大的工具和功能生态系统。然而，与此同时，管理代码库的依赖关系可能变得非常复杂且难以复制。这就是包和环境管理工具（如 pip 和 conda）发挥作用的地方。

pip 是 Python 的标准软件包管理器，也是由 Python 软件包管理机构推荐使用的工具。

它从 Python 软件包索引（PyPI）检索并安装 Python 软件包。pip 非常易于使用，通常在教程和书籍中被推荐为安装软件包的方式。

conda 是随 Anaconda 和 Miniconda Python 发行版一同提供的软件包和环境管理器。conda 的一个关键优势在于，尽管它起源于 Python 生态系统并在该领域拥有出色的功能，但实际上它是一个更为通用的软件包管理器。因此，如果你的项目需要 Python 以外的依赖项（比如 NumPy 和 SciPy 库等），尽管 pip 可以安装它们，但无法跟踪所有非 Python 依赖项，也无法管理它们的版本。而使用 conda，这个问题就得以解决。

你还可以在 conda 环境中使用 pip，以充分发挥两者的优势，或者根据项目需要选择使用任何一个。我通常采用的典型工作流程是使用 conda 来管理创建的环境，然后使用它来安装任何可能需要非 Python 依赖项的包，这些依赖项在 pip 中可能捕捉得不太好。然后，在创建的 conda 环境中，我的大部分时间都在使用 pip。因此，在整本书中，你可能会看到 pip 或 conda 的安装命令可以互换使用，这是完全合理的。

若你尚未使用 Conda，可以从 Anaconda 官网（https://www.anaconda.com/products/individual）下载个人版发行安装程序。Anaconda 已经预装了一些 Python 软件包，但如果你想从一个完全空白的环境开始，可以在同一网站下载 Miniconda（它们具有完全相同的功能，只是起始点不同）。

Anaconda 的文档对迅速掌握相关命令非常有帮助，但在这里，我将简要介绍一些关键命令。

首先，如果想要创建一个名为 mleng 的 conda 环境，并安装 Python 版本为 3.8，只需在终端执行以下命令：

```
conda env --name mleng python=3.10
```

接下来，我们可以通过运行以下命令激活 conda 环境：

```
source activate mleng
```

这意味着任何新的 conda 或 pip 命令将在此环境中安装软件包，而不是系统范围。

我们通常希望与在同一项目上工作的其他人分享环境的详细信息，因此将所有软件包配置导出到一个.yml 文件可能是很有帮助的：

```
conda export env > environment.yml
```

本书的 GitHub 存储库中包含一个名为 mleng-environment.yml 的文件，供你创建 mleng 环境的实例。以下命令将使用此文件创建一个具有相同配置的环境：

```
conda env create --file environment.yml
```

使用环境文件创建 conda 环境的这种模式是为了在本书的每个章节中设置环境以运行示例的一种便捷方式。因此，每个章节中的“技术要求”部分将指向存储在书籍存储库中的正确环境 YAML 文件的名称。

这些命令，再加上经典的 conda 或 pip install 命令，将为你的项目提供良好的设置！

```
conda install <package-name>
```

或者

```
pip install <package-name>
```

我认为，拥有多种执行某项任务的选项始终是一种良好的实践，通常来说，这是一种良好的工程实践。因此，在介绍了经典的 Python 环境和 conda、pip 包管理器之后，我们将介绍另一种包管理器。这是一款我喜欢的工具，因为它易于使用且功能多样。我认为它为 conda 和 pip 的能力提供了很好的扩展，可以很好地与它们相辅相成。这个工具被称为 Poetry，我们将详细介绍它。

Poetry

Poetry 是近年来备受欢迎的另一款包管理器。它允许你将项目的依赖项和软件包信息整合到一个单一的配置文件中，类似于我们在 Conda 部分讨论的环境 YAML 文件。Poetry 的强大之处在于它卓越的能力，帮助你管理复杂的依赖关系并确保“确定性”构建，这意味着你无须担心包的依赖在后台更新并破坏你的解决方案。它通过“锁定文件”作为核心功能以及深入的依赖关系检查来实现这一点。这意味着在 Poetry 中往往更容易实现可重现性。需要注意的是，Poetry 专注于特定的 Python 软件包管理，而 Conda 还可以安装和管理其他软件包，例如 C++库。将 Poetry 视为 pip Python 安装包的升级版本，但它还具有一些环境管理功能。接下来的步骤将解释如何为一个非常基本的用例设置和使用 Poetry。

我们将在本书的后续示例中深入讨论这一点。首先，请按照以下步骤操作：

1. 像往常一样，我们将安装 Poetry：

```
pip install poetry
```

2. 在安装 Poetry 之后，你可以使用 poetry new 命令创建一个新项目，然后输入你的项目名称：

```
poetry new mleng-with-python
```

3. 这将在当前目录下创建一个名为 mleng-with-python 的新目录，并包含一个 Python 项目所需的文件和子目录。如果要管理项目的依赖关系，你可以将它们添加到项目根目录下的 pyproject.toml 文件中。该文件包含项目的所有配置信息，包括依赖关系和包元数据。

例如，如果你正在构建一个机器学习项目并希望使用 scikit-learn 库，就可以将以下内容添加到你的 pyproject.toml 文件中：

```
[tool.poetry.dependencies]
scikit-learn = "*"
```

4. 你可以通过运行以下命令安装项目的依赖项，这将安装 scikit-learn 库和在你的 pyproject.toml 文件中指定的所有其他依赖项：

```
poetry install
```

5. 要在项目中使用依赖项，你只需在 Python 代码中导入它，如下所示：

```
from sklearn import datasets
from sklearn.model_selection import train_test_split
from sklearn.linear_model import LogisticRegression
```

如你所见，使用 Poetry 轻而易举。我们将在整本书中再次使用 Poetry，为你提供我们即将深入探讨的与 Conda 知识相辅相成的实例。第 4 章将详细讨论这一点，并向你展示如何充分利用 Poetry。

代码版本控制

如果你打算为实际系统编写代码，那么你几乎肯定会作为团队的一部分来完成这项工作。如果你能够保持变更、编辑和更新的清晰审计线索，那么你将使自己的工作变得更加容易，从而可以了解并解决方案是如何发展的。最后，你将希望清晰且安全地将构建的解决方案的稳定版本与可以部署的版本以及更短暂的开发版本区分开来。幸运的是，所有这一切都可以通过源代码版本控制系统来管理，其中最流行的是 Git。

我们不会在这里深入讨论 Git 的内部工作原理（这是一个庞大的主题！），但我们将集中精力理解其关键实用元素：

1. 你在本章的前面已经有了 GitHub 账户，因此首先要做的是创建一个使用 Python 语言的存储库，并初始化 README.md 和.gitignore 文件。接下来要做的是通过在 Bash、Git Bash 或其他终端运行以下命令，以获取此存储库的本地副本：

```
git clone <repo-name>
```

2. 现在你已经完成了这一步骤，请进入 README.md 文件并进行一些编辑（可以是任何编辑）。接着，运行以下命令告诉 Git 监视此文件，并将你的更改在本地保存，同时附上一个简要的消息，简要说明这些更改：

```
git add README.md
git commit -m "I've made a nice change …"
```

这意味着你的本地 Git 实例已经存储了所做的更改，并准备与远程存储库共享。

3. 你可以通过执行以下操作将这些更改合并到 main 分支中：

```
git push origin main
```

如果现在返回到 GitHub 网站，你会看到更改已经在你的远程存储库中生效，并且你添加的注释已经随着更改一起显示。

4. 你团队中的其他成员可以通过运行以下命令获取更新后的内容：

```
git pull origin main
```

这些步骤是 Git 的基础内容，你可以在互联网中深入学习更多内容。然而，现在我们将开始以与机器学习工程相关的方式设置我们的存储库和工作流程。

Git 策略

在项目中，对于使用版本控制系统的策略，往往是数据科学和机器学习工程两个方面的关键区别。在探索性和基本建模阶段（发现和实践）定义严格的 Git 策略有时可能显得过于烦琐，但如果你希望为部署构建某些东西（而且你正在阅读本书，所以这可能是你的关注点），那么这是至关重要的。

但是，Git 策略是指什么呢？

好的，让我们设想一下，如果我们试图在没有共享关于如何组织版本控制和代码的方向的情况下开发我们的解决方案。

ML 工程师 A 想要开始将一些数据科学代码构建成 Spark ML 流程（稍后详细介绍），因此从 main 分支创建了一个名为 pipeline1spark 的分支：

```
git checkout -b pipeline1spark
```

然后，他们开始在该分支上工作，并编写了一些出色的代码，存储在一个名为 pipeline.py 的新文件中：

```
# Configure an ML pipeline, which consists of three stages: tokenizer,
hashingTF, and lr.
tokenizer = Tokenizer(inputCol="text", outputCol="words")
```

```
hashingTF = HashingTF(inputCol=tokenizer.getOutputCol(),
                      outputCol="features")
lr = LogisticRegression(maxIter=10, regParam=0.001)
pipeline = Pipeline(stages=[tokenizer, hashingTF, lr])
```

配置一个机器学习流程，其中包含三个阶段：分词器（tokenizer）、哈希 TF（hashing TF）和逻辑回归（lr）。

他们在将之前的一些 sklearn 代码转化为更适用于该用例的 Spark 方面取得了一些出色的进展。接着，他们继续在这个分支上工作，因为它包含了所有的修改，而且他们认为在一个地方完成所有工作更为方便。当他们想要将这个分支推送到远程存储库时，他们执行了以下命令：

```
git push origin pipeline1spark
```

ML 工程师 B 出现了，他们希望使用 ML 工程师 A 的流程代码，并在其基础上添加一些额外的步骤。他们了解到工程师 A 的代码位于一个分支上，因为工程师 A 非常熟悉 Git，因此能够创建另一个包含 A 的代码的分支，工程师 B 将其命名为 pipeline：

```
git pull origin pipeline1spark
git checkout pipeline1spark
git checkout -b pipeline
```

然后，他们添加了一些代码，用于从一个变量中读取模型的参数：

```
lr = LogisticRegression(maxIter=model_config["maxIter"],
                        regParam=model_config["regParam"])
```

很好，工程师 B 进行了一次更新，开始逐步抽象出一些参数。接着，他们将新的分支推送到远程存储库：

```
git push origin pipeline
```

最后，ML 工程师 C 加入团队，并希望开始编写代码。打开 Git 并查看分支，他们看到有三个分支：

```
main
pipeline1spark
pipeline
```

那么,哪一个应该被视为最新的呢？如果他们想进行新的编辑,应该从哪里创建分支？这并不明确，但比这更为危险的是，如果他们的任务是将部署代码推送到执行环境，那么他们可能会认为 main 分支包含了所有相关的代码更改。在一个更为繁忙的项目中，该项目已经运行了一段时间，他们甚至可能会从 main 分支出去，并且重复了 B 和 C 的一些工作！在一个小型项目中，这会浪费时间进行无谓的查找；而在一个涉及多个不同工作流的大型项目中，保持良好的工作流几乎是不可能的：

```
# 分支pipeline1spark - 提交1（工程师A）
lr = LogisticRegression(maxIter=10, regParam=0.001)
pipeline = Pipeline(stages=[tokenizer, hashingTF, lr])
# 分支pipeline - 提交 2（工程师 B）
lr = LogisticRegression(maxIter=model_config["maxIter"],
                        regParam=model_config["regParam"])
pipeline = Pipeline(stages=[tokenizer, hashingTF, lr])
```

如果这两个工作流提交同时推送至 main 分支，将会引发合并冲突。在每种情况下，工程师需选择保留哪部分代码——是当前的版本还是新的示例。若工程师 A 先将其修改的代码推送至 main 分支，则情形可能如下所示：

```
<<<<<<< HEAD
lr = LogisticRegression(maxIter=10, regParam=0.001)
pipeline = Pipeline(stages=[tokenizer, hashingTF, lr])
=======
lr = LogisticRegression(maxIter=model_config["maxIter"],
                        regParam=model_config["regParam"])
pipeline = Pipeline(stages=[tokenizer, hashingTF, lr])
>>>>>>> pipeline
```

代码中的定界符表明存在合并冲突，由开发人员决定保留两个版本中的某一个。

> **重要提示**
>
> 然而，在这种简单情况下，我们或许可以信任工程师选择更优秀的代码，但对项目而言让类似情况频繁发生会带来巨大的风险。这不仅浪费了大量宝贵的开发时间，还可能导致最终采用较差的代码！

避免混淆和类似额外工作的方法是制定一个非常明确的版本控制系统使用策略，如我们将要探讨的策略。

Gitflow 工作流

前述示例的最大问题在于我们假设的工程师实际上都在不同的地方操作同一段代码。为了避免这样的情况发生，你需要建立一个整个团队都能遵循的流程，换句话说，一个版本控制策略或工作流。

这种策略中最受欢迎的一种是 Gitflow 工作流。它基于拥有专门用于特性的分支的基本思想，并将其扩展以纳入发布版本和热修复的概念，这对于具有持续部署元素的项目尤其重要。

主要思想是，我们有几种类型的分支，每一种都有其清晰和特定存在的理由：

- Main 分支包含你的正式发布版本，应该只包含代码的稳定版本。
- Dev 分支充当仓库中大部分工作分出和合并的主要节点；它包含代码库的持续开发，并作为 main 之前的过渡区域。
- Feature 分支不应直接合并到 main 分支，而是应该从 dev 分支分出，然后再合并回 dev。
- Release 分支是从 dev 创建的，用于开始构建或发布过程，然后合并到 main 和 dev 中，最后被删除。
- 热修复（Hotfix）分支用于移除已部署或生产软件中的缺陷。你可以在完成后从 main 分出，然后合并回 main 和 dev。

所有这些都可以如图 2-9 所示进行总结，该图展示了在 Gitflow 工作流中各个分支如何对代码库的演变做出贡献：

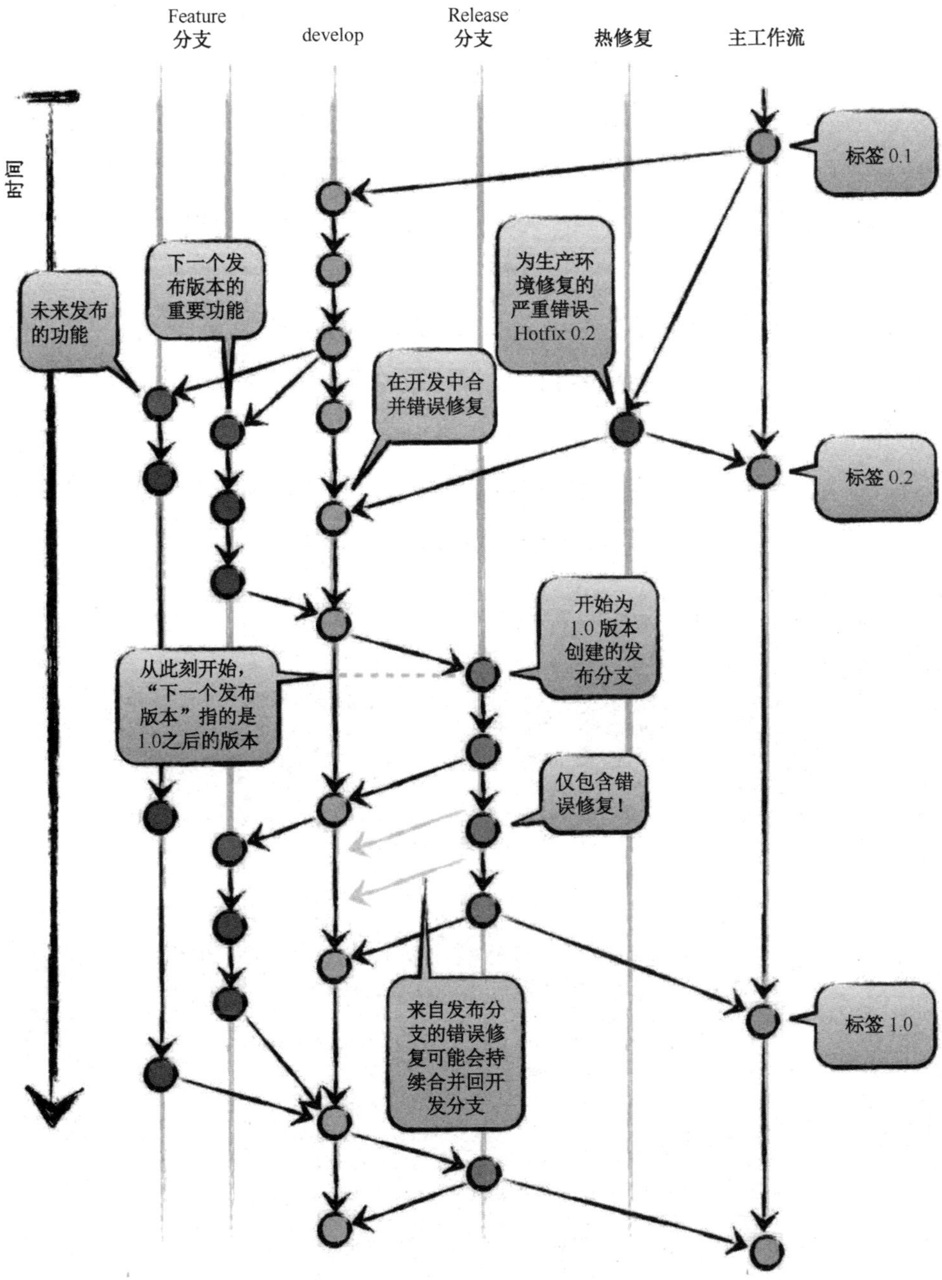

图 2-9　Gitflow 工作流

此图摘自 https://lucamezzalira.com/2014/03/10/git-flow-vs-githubflow/，更多详细信息可在 https://www.atlassian.com/git/tutorials/comparingworkflows/gitflow-workflow 找到。

如果你的机器学习项目能够遵循这种策略(如果你希望进行调整，不必完全严格遵循)，那么你可能会看到生产力、代码质量甚至文档方面的显著改善。

我们尚未讨论的一个重要方面是代码审查的概念。在这个过程中，通过拉取请求触发，你会告知你的意图要合并到另一个分支，并允许另一位团队成员在执行之前审查你的代码。这是引入代码审查到你的工作流程的自然方式。你可以在希望合并更改并将其更新到开发或 main 分支时执行此操作。然后，提议的更改可以展示给团队的其余成员，在那里可以进行辩论，并在完成合并之前通过进一步的提交进行迭代。

这可以促进代码审查以提高质量，同时创建审计跟踪和更新保护措施。图 2-10 显示了在 GitHub 的拉取请求期间如何使代码更改可见以进行讨论的示例。

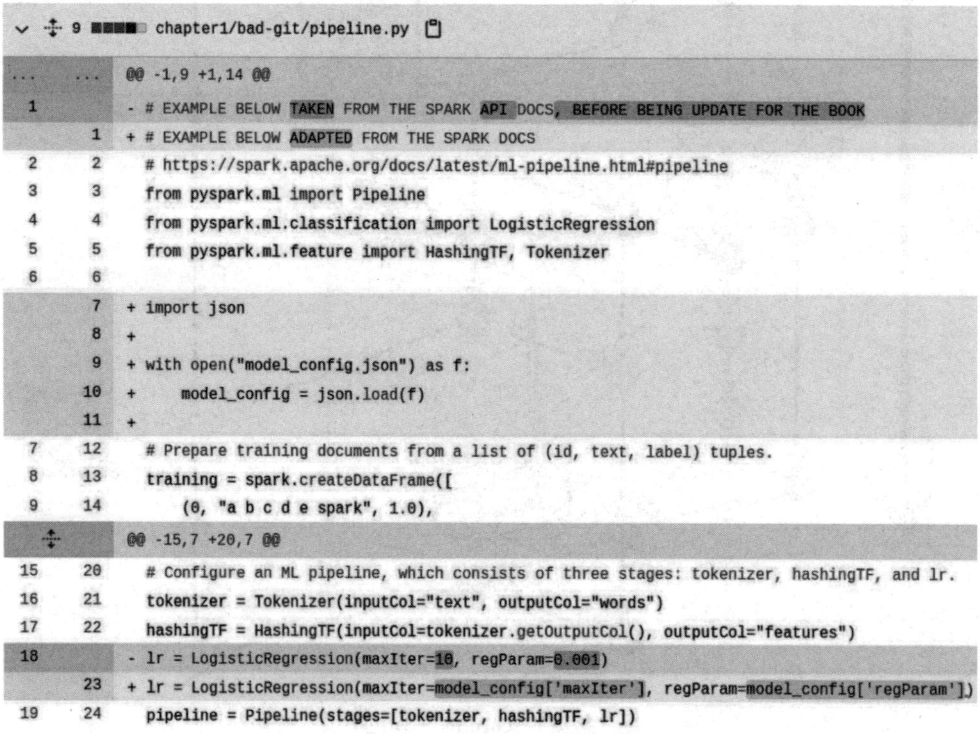

图 2-10　在 GitHub 上提交拉取请求时示例代码的变化

现在我们已经讨论了一些将版本控制应用于代码的最佳实践，接下来让我们探讨如何对机器学习项目中生成的模型进行版本控制。

模型版本控制

在所有机器学习工程项目中，你不仅需要清晰地跟踪代码更改，还需要跟踪模型的更改。你希望跟踪的不仅仅是建模方法的变化，还包括当新数据或不同数据输入到所选算法时的性能变化。用于跟踪这些类型的更改并提供机器学习模型的版本控制的最佳工具之一是 MLflow，这是 Databricks 在 Linux 基金会的指导下开发的开源平台。

要在你选择的 Python 环境中安装 MLflow，运行以下命令：

```
pip install mlflow
```

MLflow 的主要目标是通过 Python Mlflow 库提供的一些非常简单的 API，通过一系列由中心开发和社区插件进行接口化的选择存储解决方案，以提供记录模型实验、工件和性能指标的平台。它还具有通过图形用户界面（GUI）查询、分析和导入/导出数据的功能，界面可能类似于如图 2-11 所示：

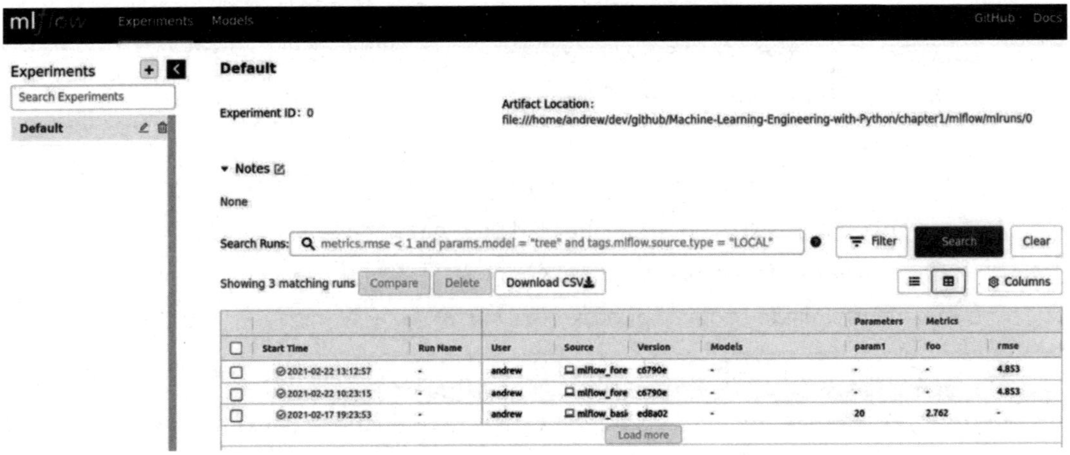

图 2-11　MLflow 跟踪服务器的用户界面，展示了一些预测运行

这个库的使用非常简单。在下面的示例中，我们将采用第 1 章中的销售预测示例，并

添加一些基本的 MLflow 功能，以追踪性能指标并保存经过训练的 Prophet 模型：

1．我们进行相关的导入，其中包括 MLflow 的 pyfunc 模块，该模块充当保存和加载可作为 Python 函数编写的模型的通用接口。这有助于处理在 MLflow 中非原生支持的库和工具（如 fbprophet 库）的情况：

```
import pandas as pd
from fbprophet import Prophet
from fbprophet.diagnostics import cross_validation
from fbprophet.diagnostics import performance_metrics
import mlflow
import mlflow.pyfunc
```

2．为了与来自 fbprophet 的预测模型更无缝地集成，我们定义了一个小的包装类，该类继承自 mlflow.pyfunc.PythonModel 对象：

```
class FbProphetWrapper(mlflow.pyfunc.PythonModel):
    def __init__(self, model):
        self.model = model
        super().__init__()
    def load_context(self, context):
        from fbprophet import Prophet
        return
    def predict(self, context, model_input):
        future = self.model.make_future_dataframe(
            periods=model_input["periods"][0])
        return self.model.predict(future)
```

现在，我们将用于训练和预测的功能封装到一个名为 train_predict( )的单一辅助函数中，以简化多次运行的过程。我们将不在此处定义该函数的所有详细信息，但让我们简要地了解其中包含的 MLflow 功能的主要部分。

3．我们需要让 MLflow 知道现在开始了一个我们希望跟踪的训练运行：

```
with mlflow.start_run():
    # 实验代码和MLflow日志记录都放在这里。
```

4．在此循环内，我们定义并训练模型，使用代码中其他地方定义的参数：

```
# 创建Prophet模型。
model = Prophet(
    yearly_seasonality=seasonality_params['yearly'],
    weekly_seasonality=seasonality_params['weekly'],
    daily_seasonality=seasonality_params['daily']
)
# 训练和预测
model.fit(df_train)
```

5．我们执行一些交叉验证以计算我们希望记录的一些指标：

```
# 评估指标。
df_cv = cross_validation(model, initial="730 days",
                         period="180 days", horizon="365 days")
df_p = performance_metrics(df_cv)
```

6．我们可以记录这些指标，例如，将均方根误差（RMSE）记录到我们的 MLflow 服务器中：

```
# 将参数、指标和模型记录到MLflow。
mlflow.log_metric("rmse", df_p.loc[0, "rmse"])
```

7．我们可以使用我们的模型包装类将模型记录下来，并打印一些关于运行的信息：

```
mlflow.pyfunc.log_model("model", python_
model=FbProphetWrapper(model))
print(
    "Logged model with URI: runs:/{run_id}/model".format(
        run_id=mlflow.active_run().info.run_id
    )
)
```

8．通过仅添加一些额外的代码行，我们已经开始对模型进行版本控制，并跟踪不同运行的统计信息！

一般情况下，将你构建的机器学习模型保存到 MLflow 有许多不同的方式，尤其在跟踪模型版本时至关重要。以下是一些主要的选择：

- pickle：pickle 是 Python 中用于对象序列化的库，通常用于导出在 scikit-learn 中编写的 ML 模型或在更广泛的 scipy 生态系统中使用的流程（https://docs.python.org/3/library/pickle.html#module-pickle）。尽管它通常速度很快且非常易于使用，但在将模型导出到 pickle 文件时必须小心，因为存在以下问题：
  - 版本控制：当你使用 pickle 将对象进行序列化时，由于稳定性原因，你必须在其他程序中使用相同版本的 pickle 进行反序列化。这为项目管理增加了更多复杂性。
  - 安全性：pickle 的文档明确指出它不是安全的，很容易构造恶意的 pickle，在反序列化时执行危险代码。这是一个非常重要的考虑，特别是在你转向生产环境时。

总体而言，只要你使用的 pickle 文件来源可信，它们就是安全且非常简便快捷的共享模型的方式！

- joblib：joblib 是 Python 中一个强大而轻量级的通用流程库。它具有许多围绕缓存、并行化和压缩等方面的实用功能，使其成为保存和读取 ML 流程的多功能工具。它对于存储大型 NumPy 数组也特别快速，因此在数据存储方面非常实用。在后续章节中，我们将更多地使用 joblib。需要注意的是，与 pickle 一样，joblib 也存在安全性问题，因此了解你的 joblib 文件的传承至关重要。
- JSON：如果 pickle 和 joblib 不合适，你可以使用 JSON 格式序列化你的模型及其参数。这是因为 JSON 是一种标准的文本序列化格式，广泛用于各种解决方案和平台。使用 JSON 序列化模型的注意事项是，你通常需要手动定义 JSON 结构，包括你想要存储的相关参数。因此，这可能会增加很多额外的工作。Python 中的几个 ML 库都有其自身导出到 JSON 的功能，例如深度学习包 Keras，但它们可能会产生风格迥异的格式。
- MLeap：MLeap 是基于 Java 虚拟机（JVM）的序列化格式和执行引擎。它与 Scala、PySpark 和 Scikit-Learn 集成，但通常在保存 Spark 流程的示例和教程中看到它的使用，尤其是对于使用 Spark ML 构建的模型。虽然它不是最灵活的格式，但在 Spark

生态系统中工作时非常有用。

- ONNX：开放神经网络交换（Open Neural Network Exchange，ONNX）格式旨在完全跨平台，并允许在主要机器学习框架和生态系统之间交换模型。ONNX 的主要缺点是（正如你从名称中可以猜到的那样），尽管提供了 scikit-learn API 的支持，它主要针对基于神经网络的模型，但如果你正在构建神经网络模型，它是一个极佳的选择。

在第 3 章中，我们将使用这些格式中的某些格式将我们的模型导出到 MLflow。它们都与 MLflow 兼容，因此你应该可以放心地将它们作为你机器学习工程工作流程的一部分使用。

本章的最后部分将介绍一些规划部署解决方案时的重要概念，为书中后文的更详细讨论做铺垫。

部署

机器学习开发过程的最后阶段才是最关键的：你如何将你所构建的卓越解决方案推向现实世界，从而解决你最初的问题？这个问题的答案包含多个方面，其中一些将在本书的后面部分详细讨论，但将在本节中概述。如果我们想要成功部署我们的解决方案，首先，我们需要了解我们的部署选项：有哪些基础设施可用，以及哪些适合任务？然后，我们需要将解决方案从我们的开发环境迁移到这个生产基础设施，以便在适当的管理和控制下，它可以执行我们需要它完成的任务，并在必要的地方输出结果。这就是 DevOps 和 MLOps 的概念发挥作用的地方。

让我们详细阐述这两个核心概念，为后续章节奠定基础，并探讨如何开始部署我们的工作。

了解你的部署选项

第 5 章中，我们将详细讨论如何将你的机器学习工程项目从开发阶段顺利过渡到部署阶段。为了预先介绍即将展开的内容，让我们探索一下可供选择的不同部署选项：

- 本地部署：我们首要选择是完全忽略公有云，在公司内部使用自有基础设施来部署我们的解决方案。这个选择在许多拥有大量传统软件、对数据位置和处理有严格监管约束的大型机构中非常流行且必要。尽管在本地部署的基本步骤与在云上部署相同，但通常需要更多其他团队的协助，这些团队具有特定的专业知识。例如，在云上，你通常不需要花费大量时间配置网络或实施负载均衡器，而在本地部署的解决方案则需要这些额外的步骤。在公司内部部署的重要优势在于安全性和确保数据不会穿越公司防火墙，为你提供了更多的安全感。然而，其主要劣势在于需要在硬件上进行较大的前期投资，并且你必须付出大量努力来成功配置和有效管理这些硬件。本书中，我们不会详细讨论本地部署，但我们将应用于软件开发、打包、环境管理以及培训和预测系统的所有概念仍然适用。
- 基础设施即服务（IaaS）：若你决定使用云服务，部署时可以访问的最底层抽象之一就是 IaaS 解决方案。这些解决方案通常建立在虚拟化的理念上，使用户可以按需启动具有各种规格的服务器。这些解决方案往往将维护和运营作为服务的一部分进行了抽象。最为重要的是，它们允许你的基础设施在需要时实现极大的可扩展性。下周需要运行 100 台服务器？没问题，只需扩展你的 IaaS 请求即可。尽管 IaaS 解决方案较完全托管的本地基础设施有很大提升，但仍有一些需要考虑和配置的方面。在云计算中，始终需要权衡的是你希望事情变得多么简单，以及你希望拥有多少控制权。IaaS 最大限度地提升了控制力，但相对于其他一些解决方案，牺牲了一定的易用性。在 AWS 中，简单存储服务（S3）和弹性计算云（EC2）是 IaaS 提供的良好示例。
- 平台即服务（PaaS）：在抽象程度上，PaaS 解决方案是更高级的选择，通常会为你提供许多功能，而无须详细了解底层运作。这意味着你可以专注于平台旨在支持的开发任务，而无须担心底层基础设施。一个典型的例子是 AWS Lambda 函数，这是一种无服务器函数，几乎可以无限扩展。

你需要做的只是将要执行的主要代码输入到函数中。另一个出色的例子是 Databricks，该平台在 Spark 集群基础设施之上提供了一个非常直观的用户界面，具备以几乎无缝衔接的方式提供、配置和扩展这些集群的能力。

了解这些不同选项及其能力可以协助你设计出更加合理的机器学习解决方案，并确保团队工程师将精力集中在最需要和最有价值的领域。例如，如果你的机器学习工程师正在配置路由器，那么肯定是某处出现了问题。

但是，一旦你选择要使用的组件并配置了基础设施，如何将它们集成在一起并管理部署和更新周期呢？这是我们将要探讨的内容。

理解 DevOps 和 MLOps

现代软件开发中一个非常强大的理念是，你的团队应该能够根据需要不断更新代码库，同时测试、集成、构建、打包和部署解决方案应尽可能自动化。这意味着这些流程可以几乎持续不断地进行，而无须为更新周期分配大量预先计划的时间。这就是 CI/CD 的主要理念。CI/CD 是 DevOps 的核心组成部分，同时也是其与机器学习相关的关联领域 MLOps 的核心部分，二者都旨在将软件开发与部署后的运维无缝整合。本书中，我们将会逐步展开一些概念和解决方案，以确保它们与 MLOps 框架的整体融合更加自然。

CI 部分的核心是稳定地整合正在发生的代码库的变更，而 CD 部分则是将生成的稳定解决方案版本部署到相应的基础设施。

图 2-12 展示了这个过程的高层视图：

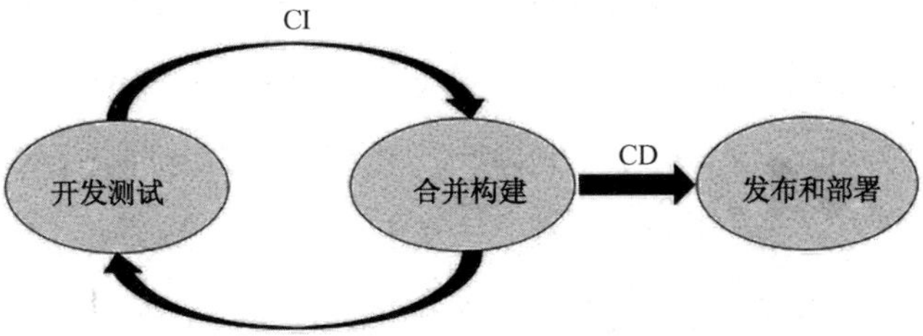

图 2-12　CI/CD 流程的高层视图

为了实现持续集成/持续部署（CI/CD），你需要整合一些工具，以自动化在开发和部署过程中通常需要手动执行的任务。例如，如果能够在代码合并后自动化运行测试，或者将代码工件/模型推送到适当的环境，那么你就迈出了实现 CI/CD 的重要步伐。本书中提到的技术和工具可以在这一过程中发挥重要作用，特别是在自动化和优化机器学习模型的部署方面。

我们可以进一步拆分并考虑涉及解决方案的 DevOps 或 MLOps 生命周期的不同类型任务。开发任务通常涵盖从计算机上的空白屏幕到一个可工作软件的所有活动。这意味着在 DevOps 或 MLOps 项目中，大部分时间都会花在开发阶段。这包括从编写代码到正确格式化和测试的所有内容。

表 2-3 将这些典型任务拆分开来，并提供了它们如何相互建立的一些细节，以及你在 Python 技术栈中用于实现它们的典型工具。

表 2-3　任何 DevOps 或 MLOps 项目中进行的开发活动详细情况

生命周期阶段	活　动	细　节	工　具
开发	测试	单元测试：旨在测试代码中最小功能单元的测试	pytest 或 unittest
		集成测试：确保代码内部与其他解决方案之间的接口正常工作	Selenium
		验收测试：以业务为重点的测试	Behave
		UI 测试：确保任何前端表现符合预期	
	代码静态分析	提出次要的风格错误和 bug	flake8 或 bandit
	代码格式化	自动强制执行格式良好的代码	black 或 sort
	构建	将解决方案汇总的最终阶段	Docker、twine 或 pip

接下来，我们可以思考一下 MLOps 中的机器学习活动，本书将对此非常关注。这包括所有经典的 Python 软件工程师无须担心的任务，但对于像我们这样的机器学习工程师却至关重要。其中涵盖了开发能够自动训练机器学习模型的能力，运行模型应该生成的预测或推断，以及将它们在代码流程中整合的任务。此外，还包括模型版本的分阶段和管理，这与通过 Git 等工具对应用程序代码进行版本控制的概念密切相关。最后，机器学习工程师还必须考虑他们必须为解决方案的运行模式构建特定的监控能力，这是传统 DevOps 工作流中没有涵盖的。对于机器学习解决方案，你可能需要考虑监控精度、召回率、F1 分数、

种群稳定性、熵以及数据漂移等指标，以了解解决方案的模型部分是否在可接受的范围内运行。这与传统的软件工程非常不同，因为它需要了解机器学习模型的工作原理、可能出现的问题，以及对数据质量的真正重视。这就是为什么机器学习工程如此令人兴奋的地方！请查阅表 2-4，获取有关这些活动类型的更多详细信息。

表 2-4　MLOps 项目中的机器学习活动详情

生命周期阶段	活　动	细　节	工　具
机器学习	训练	训练模型	任何机器学习包
	预测	运行预测或推理步骤	任何机器学习包
	构建	创建包含模型的流程和应用程序逻辑	scikit-learn 流程、Spark ML 流程、ZenML
	分阶段	为你的模型和流程打上标签，发布相应版本	MLflow 或 Comet.ml
	监控	跟踪解决方案的性能，并在必要时触发警报	Seldon、Neptune.ai、Evidently.ai 或 Arthur.ai

最后，在 DevOps 或 MLOps 中，有一个关键的运维部分，即运营（Operations）。这一部分涉及解决方案的实际运行方式，它如何在出现问题时向你发出警报，并确定是否能够成功恢复。因此，运维涉及解决方案的最终打包、构建和发布。此外，它还必须覆盖另一种监控，与机器学习模型性能监控有所不同。这种监控更注重基础设施利用、稳定性和可扩展性，解决方案延迟，以及更广泛的解决方案运行情况。在 DevOps 和 MLOps 生命周期中，这一部分在工具方面已相当成熟，因此有许多可选项。表 2-5 中提供了一些入门信息。

表 2-5　DevOps 或 MLOps 项目中使解决方案投入运行所进行的活动

生命周期阶段	活　动	细　节	工　具
运营	发布	将构建的软件存储在某个中央位置以供重复使用	Twine、pip、GitHub 或 BitBucket
	部署	将构建的软件推送到相应的目标位置和环境	Docker、GitHub Actions、Jenkins、TravisCI 或 CircleCI
	监控	追踪底层基础设施的性能和利用率，以及总体软件性能，在必要时发出警报	DataDog、Dynatrace 或 Prometheus

既然我们已经详细说明了 MLOps 生命周期中的核心概念，接下来的章节里，我们将讨论如何实施 CI/CD 实践，以便在我们的 ML 工程项目中将这一切付诸实践。我们还将扩展

讨论，涵盖 ML 模型和流程性能的自动化测试，并实施 ML 模型的自动重新训练。

使用 GitHub Actions 构建第一个 CI/CD 示例

本书中，将使用 GitHub Actions 作为 CI/CD 工具，但也有其他几种可以完成相同任务的工具。GitHub Actions 对于任何拥有 GitHub 账户的人都是可用的，提供了非常实用的文档 https://docs.github.com/en/actions，并且非常容易上手，正如我们接下来将展示的那样。

在使用 GitHub Actions 时，需要创建一个.yml 文件，以指导 GitHub 何时执行所需的操作，当然也包括要执行的具体操作。这个.yml 文件应该放在名为.github/workflows 的文件夹中，该文件夹位于存储库的根目录下。如果该文件夹不存在，你需要创建它。我们将在一个名为 feature/actions 的新分支上执行这些步骤。你需要通过运行以下命令，创建这个分支：

```
git checkout -b feature/actions
```

接下来，创建一个名为 github-actions-basic.yml 的.yml 文件。在接下来的步骤中，我们将逐步构建这个示例的.yml 文件，并将其应用于一个 Python 项目。在这个项目中，我们将自动安装依赖项、运行语法检查器（检查错误、语法错误和其他问题的解决方案），然后执行一些单元测试。这个示例源自 GitHub Starter Workflows 仓库（https://github.com/actions/starter-workflows/blob/main/ci/python-package-conda.yml）。你需要打开 github-actions-basic.yml 文件，然后执行以下步骤：

1. 你定义 GitHub Actions 工作流的名称以及触发它的 Git 事件：

```
name: Python package
on: [push]
```

2. 列出要在工作流中执行的作业以及它们的配置。例如，在这里，我们定义了一个名为 build 的作业，我们希望在最新的 Ubuntu 发行版上运行，并尝试使用多个不同版本的 Python 进行构建：

```
jobs:
  build:
    runs-on: ubuntu-latest
    strategy:
      matrix:
        python-version: [3.9, 3.10]
```

3．你定义作业中执行的各个步骤。每个步骤由连字符分隔，并作为独立的命令执行。需要注意的是，uses 关键字引用标准的 GitHub Actions。例如，在第一个步骤中，工作流使用了 checkout action 的 v2 版本，而第二个步骤则设置了我们想要在工作流中运行的 Python 版本：

```
steps:
- uses: actions/checkout@v3
- name: Set up Python ${{ matrix.python-version }}
uses: actions/setup-python@v4
with:
  python-version: ${{ matrix.python-version }}
```

4．使用 pip 和一个 requirements.txt 文件（当然，你也可以使用 conda！）来安装解决方案所需的相关依赖。

```
- name: Install dependencies
run: |
  python -m pip install --upgrade pip
  pip install flake8 pytest
  if [ -f requirements.txt ]; then pip install -r requirements.txt; fi
- name: Lint with flake8
```

5．进行一些代码静态分析：

```
- name: Lint with flake8
run: |
  # 如果存在 Python 语法错误或未定义的名称，则停止构建
```

```
flake8 . --count --select=E9,F63,F7,F82 --show-source --statistics
# exit-zero 将所有错误视为警告。GitHub 编辑器宽度为 127 字符
flake8 . --count --exit-zero --max-complexity=10 --max-line-
length=127 --statistics
```

6. 我们使用 Python 测试库运行测试。在这个步骤中，我们不希望运行整个代码库，因为它相当庞大，所以在这个例子中，我们使用 working-directory 关键字，只在指定的目录中运行 pytest。

该测试将自动通过，因为它在 test_basic.py 中包含了一个简单的测试函数：

```
- name: Test with pytest
run: pytest
working-directory: Chapter02
```

我们现在已经构建了 GitHub Actions 工作流，接下来的步骤是展示其运行情况。这由 GitHub 自动处理，你只需添加、提交修改后的.yml 文件，然后推送到远程存储库即可：

```
git add .github/workflows/github-actions-basic.yml
git commit -m "Basic CI run with dummy test"
git push origin feature/actions
```

在终端运行这些命令后，你可以进入 GitHub 的用户界面，然后在顶部菜单栏点击 Actions。接下来，你将看到一个显示存储库中所有操作运行的视图，如图 2-13 所示。

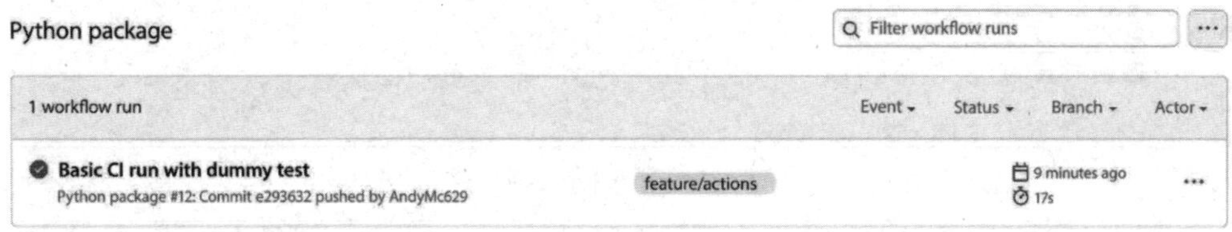

图 2-13　GitHub 用户界面上查看的 GitHub Actions 运行

如果你点击**运行**，将会看到所有在 Actions 运行中执行的作业的详细信息，如图 2-14 所示。

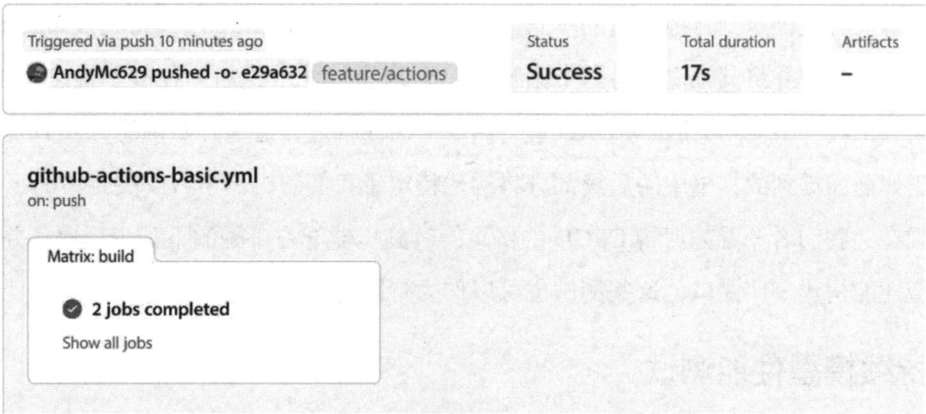

图 2-14　GitHub 用户界面中的 GitHub Actions 运行详情

最后，你可以进入每个作业，查看执行的步骤，如图 2-15 所示。如果点击这些步骤还将显示每个步骤的输出，这对于分析运行中的失败非常有用。

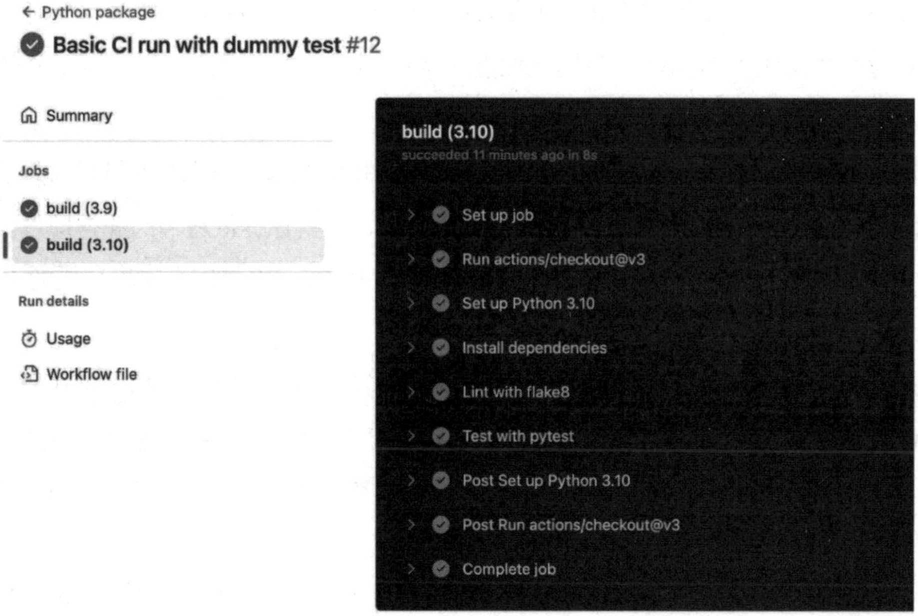

图 2-15　GitHub UI 上显示的 GitHub Actions 运行步骤

截至目前，我们展示的是 CI 的一个例子。为了将其扩展到包含 CD，我们需要添加将生成的解决方案推送到目标主机的步骤。例如，构建一个 Python 包并将其发布到 pip，或者创建一个流程并将其推送到另一个系统，以便接收并运行。这后一种例子将在第 5 章“部署模式和工具”中使用 Airflow DAG 进行讲解。简而言之，这是开始构建 CI/CD 流程的方式。正如前面提到的，书中的后续部分将构建特定于我们的机器学习解决方案的工作流。

现在，我们看一看如何将 CI/CD 的概念提升到机器学习工程的下一个层次，并为我们的模型性能构建一些测试，这些测试也可以作为持续过程的一部分触发。

持续模型性能测试

作为机器学习工程师，我们不仅关心编写的代码的核心功能行为，还必须关心正在构建的模型。这是容易被忽视的事情，因为传统的软件项目不必考虑这个组件。

我将引导你通过以下过程，演示如何利用一些基准参考数据，并开始创建不同类型的测试，以确保在部署模型时能够更有信心。

我们已经介绍了如何使用 Pytest 和 GitHub Actions 进行自动化测试，好消息是我们可以将这个概念扩展到包括一些模型性能指标的测试。要实现这一点，你需要确保以下几点：

1. 在操作或测试中，你需要获取执行模型验证所需的参考数据。这可以通过从远程数据存储（如对象存储或数据库）中提取数据来完成，只要你提供适当的凭据即可。我建议将这些凭据作为 GitHub 中的机密信息存储。在这里，我们将使用在现场生成的由 sklearn 库创建的数据集作为一个简单的示例。

2. 你需要从某个位置检索你想要测试的模型。这可能是一个完整的模型注册表或其他存储机制。第一点中提到的访问和密钥管理的相关要点同样适用。在这里，我们将从 Hugging Face Hub（关于 Hugging Face 的更多信息将在第 3 章介绍）拉取一个模型，但这同样可以使用 MLflow Tracking 实例或其他工具。

3. 你需要定义你想要运行的测试，并确信它们能够达到预期的结果。你不想编写过于敏感的测试，因为一些无关紧要的原因导致构建失败，同时你还想要尝试定义那些对捕获你想要标记的失败类型有用的测试。

针对第一点，我们从 sklearn 库中获取一些数据，并通过 pytest fixture 使其可供测试使用。

```
@pytest.fixture
def test_dataset() -> Union[np.array, np.array]:
    # 载入数据集
    X, y = load_wine(return_X_y=True)
    # 创建一个数组，如果值为2则为True，否则为False
    y = y == 2
    # 训练集与测试集划分
    X_train, X_test, y_train, y_test = train_test_split(X, y,
                                                        random_state=42)
    return X_test, y_test
```

对于第二点，我将使用 Hugging Face Hub 包来检索已存储的模型。正如上述要点中所提到的，你需要根据正在访问的模型存储机制进行适配。在这种情况下，存储库是公开的，因此无须存储任何密钥信息；如果你确实需要存储密钥，请使用 GitHub Secrets 存储。

```
@pytest.fixture
def model() -> sklearn.ensemble._forest.RandomForestClassifier:
    REPO_ID = "electricweegie/mlewp-sklearn-wine"
    FILENAME = "rfc.joblib"
    model = joblib.load(hf_hub_download(REPO_ID, FILENAME))
    return model
```

现在，我们只需要编写测试。让我们从一个简单的测试开始，确认模型的预测产生了正确的对象类型：

```
def test_model_inference_types(model, test_dataset):
    assert isinstance(model.predict(test_dataset[0]), np.ndarray)
    assert isinstance(test_dataset[0], np.ndarray)
    assert isinstance(test_dataset[1], np.ndarray)
```

然后，我们可以编写一个测试，断言模型在测试数据集上达到了一些特定的性能条件：

```python
def test_model_performance(model, test_dataset):
    metrics = classification_report(y_true=test_dataset[1],
                                    y_pred=model.predict(test_dataset[0]),
                                    output_dict=True)
    assert metrics['False']['f1-score'] > 0.95
    assert metrics['False']['precision'] > 0.9
    assert metrics['True']['f1-score'] > 0.8
    assert metrics['True']['precision'] > 0.8
```

前面的测试可以被看作一种数据驱动的单元测试，它将确保如果你更改模型中的某些内容（也许你更改了流程中的某个特征工程步骤或者更改了一个超参数），将不会违反期望的性能标准。一旦这些测试成功地添加到仓库中，在下一次推送时，GitHub Action 将被触发，你将看到模型性能测试成功运行，如图 2-16 所示。

这意味着我们正在作为 CI/CD 过程的一部分执行持续的模型验证！

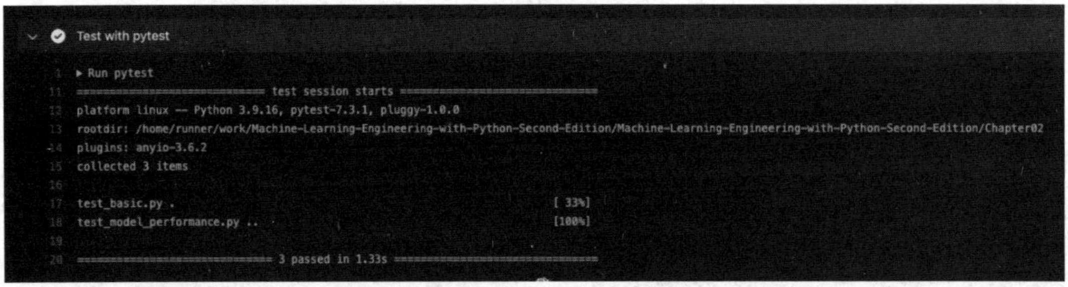

图 2-16　成功地在使用 GitHub Actions 的 CI/CD 过程中执行模型验证测试

你可以在这个简单的概念基础上构建更复杂的测试，并且可以调整环境和使用的软件包以满足自己的需求。

持续模型训练

在机器学习工程中，“持续”概念的一个重要扩展是进行持续训练。前一部分展示了如何在推送代码时触发一些用于测试的机器学习过程；现在，我们将讨论如何将这一概念扩展到你希望基于代码更改触发模型重新训练的情况。本书的后续章节将深入探讨基于不同触发器（如数据或模型漂移）进行训练和重新训练机器学习模型的内容，详见第 3 章“从模型到模型工厂”；以及一般性地如何部署机器学习模型的内容，详见第 5 章“部署模式和工具”。考虑到这一点，我们在这里不会详细介绍不同目标的部署细节，而是向你展示如何将持续训练步骤整合到你的 CI/CD 流程中。

实际上，这比你想象得要简单。如果你现在注意到了，CI/CD 实际上是关于在开发过程中特定事件发生时自动执行的一系列步骤。这些步骤可能非常简单或者更复杂，但基本上它总是我们在触发事件发生时按指定顺序执行的其他程序。

在这种情况下，由于我们关注的是持续训练，我们应该问自己，代码开发过程中我们希望何时进行再训练？记住，我们忽略了按计划或在模型性能或数据质量漂移时进行再训练的最明显情况，因为这些将在后续章节中讨论。如果目前我们只考虑代码的变化，那么答案就是仅在代码发生重大变化时进行训练。

例如，如果我们每次将代码提交到版本控制时都触发一次训练，这很可能导致大量昂贵的计算资源支出却收益甚微，因为机器学习模型在每次提交中的性能可能并没有太大差异。我们可以改为仅在拉取请求合并到主分支时才触发再训练。在项目中，这是一个事件，意味着新的软件功能或特性已被添加，并且现已被纳入解决方案的核心部分。

提醒一下，在 GitHub Actions 中构建 CI/CD 时，你需要创建或编辑包含在你的 Git 仓库的.github 文件夹中的 YAML 文件。如果我们想在拉取请求时触发一个训练过程，那么我们可以添加一些如下所示的内容：

```
name: Continous Training Example
on: [pull_request]
```

然后，我们需要定义推送适当的训练脚本到目标系统并运行它的步骤。首先，这可能需要获取一些访问令牌。让我们假设这是针对 AWS 的，并且你已经将你的 AWS 凭证作为 GitHub Secrets 加载；欲了解更多信息，请参阅第 5 章“部署模式和工具”。其次，我们将能够在 deploy-trainer 任务的第一步中检索这些凭证：

```
jobs:
  deploy-trainer
```

```
    runs-on: [ubuntu-latest]
    steps:
    - name: Checkout       uses: actions/checkout@v3
    - name: Configure AWS Credentials
      uses: aws-actions/configure-aws-credentials@v2
      with:
        aws-access-key-id: ${{ secrets.AWS_ACCESS_KEY_ID }}
        aws-secret-access-key: ${{ secrets.AWS_SECRET_ACCESS_KEY }}
        aws-region: us-east-2
        role-to-assume: ${{ secrets.AWS_ROLE_TO_ASSUME }}
        role-external-id: ${{ secrets.AWS_ROLE_EXTERNAL_ID }}
        role-duration-seconds: 1200
        role-session-name: TrainingSession
```

你可能想要将你的仓库文件复制到一个目标 S3，也许它们包含了主训练脚本需要运行的模块。然后，你可以做类似这样的事情：

```
    - name: Copy files to target destination
    run: aws s3 sync . s3://<S3-BUCKET-NAME>
```

最后，你会想要运行某种使用这些文件进行训练的过程。做这件事的方法有很多，所以我在这个例子中省略了具体细节。许多机器学习过程的部署方法将在第 5 章中讨论：

```
    - name: Run training job
      run: |
        # 在这里使用你选择的工具放置你的自定义运行命令！
```

有了这些，你就拥有了运行持续的机器学习模型训练的所有关键要素，以丰富和完善关于持续模型性能测试的内容。这是将 CI/CD 的 DevOps 概念引入 MLOps 领域的方式！

本章小结

本章都是关于为未来的工作打下坚实的基础。我们讨论了所有机器学习工程项目共有的开发步骤，称之为“发现、探索、开发、部署”，并将这种思维方式与传统的方法论（如

CRISP-DM）进行了对比。特别是，我们概述了这些步骤的目标及其期望的输出。

接下来是一个关于工具使用的概要讨论和主要设置步骤的演示。我们设置了开发代码的工具、跟踪代码的变化、管理机器学习工程项目，最后部署解决方案。

在本章的余下部分，我们深入探讨了先前概述的四个步骤中每一步的具体细节，特别聚焦于开发和部署阶段。我们的讨论涵盖了从瀑布式与敏捷开发方法的利弊比较到环境管理，再到软件开发的最佳实践。我们探索了如何打包机器学习解决方案，以及可以使用哪些部署基础设施，并简要介绍了建立 DevOps 和 MLOps 工作流程的基本知识。然后，我们通过详细讨论如何将测试应用于机器学习代码来结束本章，包括如何将这些测试自动化，作为 CI/CD 管道的一部分。最后，我们将讨论扩展到持续模型性能测试和持续模型训练的概念上。

在接下来的章节中，将会聚焦于如何使用前面讨论的众多技术构建用于模型自动训练和再训练的软件。

加入我们在 Discord 上的社区

加入我们的社区 Discord 空间，与作者和其他读者进行讨论：https://packt.link/mle。

第 3 章　从模型到模型工厂

本章的核心内容是探讨机器学习工程中一个至关重要的概念：如何将训练和微调模型的复杂过程转变为能够自动化、复现，并能针对生产系统进行扩展的实用技术？

我们将重述在理论与实践层面训练不同机器学习模型背后的主旨，并阐释重新训练的必要性，即认识到机器学习模型的性能不会永恒不变。这一现象亦称为模型漂移。继而，我们深入探讨特征工程的核心概念，这是完成任何机器学习任务不可或缺的一环。此后，我们展开对机器学习本质的讨论——一系列优化问题的集合，并探索在着手解决这些优化问题时，如何利用多层次抽象的工具。我们特别讨论了直接定义所欲训练模型的方法，本人称之为手工调整，或者进行超参数优化乃至自动化机器学习（AutoML）的方式。我们还将通过示例展示如何使用不同的库和工具来实现上述过程，进而探究如何在后续的训练流程中实施它们。基于第 2 章“机器学习开发流程”中的初步工作，我们进一步指导你如何与 MLflow 的不同 API 接口对接，以便在 MLflow 的模型注册表中管理模型并更新其状态。

本章的结尾将讨论那些实用程序，它们使你得以将所有机器学习模型训练步骤串联成称为管道（pipelines）的单一单元，这有助于更紧凑地表征我们之前讨论的所有步骤。章末总结将重申核心要义，并概述本书第 4 章及第 5 章中将进一步构建的内容。

本质上，本章将告诉你在解决方案中需要紧密结合的内容，而后续章节则会指导你如何稳健地将它们结合起来。我们将在以下部分讨论这些内容：

- 定义模型工厂
- 掌握学习的方法

- 为机器学习设计特征
- 设计你的训练系统
- 需要重新训练
- 持久化你的模型
- 使用管道构建模型工厂

技术要求

与前几章一样，本章所需的软件包列表在存储库的 Chapter03 文件夹中的一个 conda 环境的.yml 文件里，因此要创建本章的 conda 环境，只需运行以下命令：

```
conda env create -f mlewp-chapter03.yml
```

这将安装包括 MLflow、AutoKeras、Hyperopt Optuna、auto-sklearn、Alibi Detect 和 Evidently 在内的软件包。

注意，如果你在带有苹果芯片的 Macbook 上运行这些示例，直接使用 pip 或 conda 安装 TensorFlow 和 auto-sklearn 可能无法马上使用。相反，你需要安装以下软件包来使用 TensorFlow：

```
pip install tensorflow-macos
```

然后，安装如下软件包：

```
pip install tensorflow-metal
```

要安装 auto-sklearn，你需要先运行：

```
brew install swig
```

或者使用你所用的任何 Mac 包管理器安装 swig，然后你可以运行：

```
pip install auto-sklearn
```

定义模型工厂

如果我们希望开发的解决方案摆脱临时的、手动的、不一致的执行方式，转向可以自动化、健壮、可扩展的机器学习系统，那么我们就必须解决一个问题，即如何创建和管理这个主角：模型本身。

本节中，我们将讨论必须集成在一起的关键组件，以实现向这一愿景迈进，并提供了一些示例，展示这些组件在代码中的实际呈现。这些示例并非实现这些概念的唯一方式，但它们将有助于我们开始构建机器学习解决方案，使其达到在现实世界中部署所需的复杂水平。

我们在这里讨论的主要组件如下：

- 训练系统：一个在自动化方式下，稳健地对我们手头的数据进行模型训练的系统。这包括我们开发的所有代码，用于在数据上训练我们的机器学习模型。
- 模型存储库：用于持久保存成功训练的模型，也是与执行预测任务的组件分享可投入生产环境使用的模型的地方。
- 漂移检测器：一个用于检测模型性能变化以触发训练运行的系统。

这些组件及其与部署的预测系统的交互，共同构成了模型工厂的概念，如图 3-1 所示：

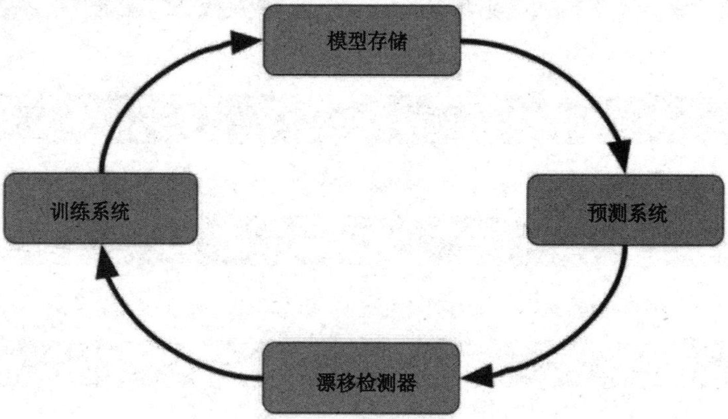

图 3-1　模型工厂的组件

在本章的剩余部分，我们将详细探讨之前提到的三个组件。预测系统将是后续章节的重点，特别是在第 5 章中。

首先，让我们探讨训练一个机器学习模型意味着什么，以及我们如何构建系统来做到这一点。

掌握学习的方法

在其核心，机器学习算法都包含一个关键特征：某种形式的优化。这些算法能够学习（意味着它们在接触到更多的观察数据时，会迭代地提升其在适当指标上的表现）的事实，是使它们如此强大和令人兴奋的原因。我们所说的训练指的就是这种学习过程。

本节中，我们将涵盖支撑训练的关键概念、我们可以在代码中选择的选项，以及这些对训练系统的潜在性能和能力意味着什么。

定义目标

我们刚刚提到训练是一种优化，但究竟在优化什么？让我们考虑监督学习。在训练中，我们提供标签或希望为给定特征预测的值，以便算法可以学习特征和目标之间的关系。为了在训练过程中优化算法的内部参数，它需要知道使用当前参数集的错误程度。然后优化就是更新参数，使得这种错误指标越来越小。这正是损失函数概念所捕捉的内容。

损失函数有多种形式，如果你需要，甚至可以在许多软件包中定义自己的损失函数，但有一些标准的函数值得了解。这里提到了一些这样的函数的名称。

对于回归问题，可以使用以下方法：

- 均方误差/L2 损失
- 平均绝对误差/L1 损失

对于二元分类问题，可以使用以下方法：

- 对数损失/逻辑损失/交叉熵损失
- 合页损失

对于多类分类问题，可以使用以下方法：

- 多类交叉熵损失
- Kullback-Leibler 散度损失

在无监督学习中，损失函数的概念仍然适用，但现在的目标是输入数据的正确分布。定义了损失函数之后，接下来需要对其进行优化。这就是下一节中讨论的内容。

减小损失

至此，我们已经明白训练的核心在于优化，也明确了应当优化的目标，但尚未讨论如何执行优化。

像往常一样，有很多选项可供选择。这一部分将探讨一些主要的方法。

以下为固定学习率方法：

- **梯度下降算法**：通过计算损失函数关于参数的导数，然后使用这个导数构建一个更新，使我们朝着减少损失的方向移动。
- **批量梯度下降法**：我们在参数空间中前进的每一步都是基于所有样本梯度平均值来确定的。这种方法会审视训练集中的每一个数据点，并确保数据集的规模适中且损失函数相对光滑、凸向性良好。这样，算法几乎总能触及全局最小值。
- **随机梯度下降**：在每次迭代中，使用随机选择的一个数据点来计算梯度。这种方法在接近损失函数的全局最小值方面速度更快，但是在每次优化步骤之后，损失更容易出现剧烈波动。
- **小批量梯度下降**：这是批量梯度下降和随机梯度下降的结合。这种方法中，每次更新参数时使用的梯度都是基于多个数据点计算得出的，这些数据点多于一个但少于整个数据集。这就意味着批量大小成了一个需要调整的参数。批量越大，就越接近于批量梯度下降，可以提供更准确的梯度估计，但速度较慢。批量越小，则越倾向于随机梯度下降，速度更快，但稳定性较差。通过小批量，我们可以自主决定这两者之间的平衡点。在选择批量大小时，可以考虑多种标准，包括内存占用等。并行处理的大批量会消耗更多内存，而小批量则能提供更好的泛化性能。更多细节可以参考 Ian Goodfellow、Yoshua Bengio 和 Aaron Courville 所著的《深度学习》一书的第 8 章，网址为 https://www.deeplearningbook.org/。

接下来，我们看一看自适应学习率方法。其中一些最常见的包括：

- AdaGrad：学习率参数会根据优化过程中学习更新的特性动态调整。
- AdaDelta：这是 AdaGrad 的扩展，它不使用所有之前的梯度更新。相反，它采用了一个在更新上的滚动窗口。
- RMSprop：其运作机制是维护所有梯度步骤平方的移动平均值，然后将最新的梯度除以这个值的平方根。
- Adam：这是一种旨在结合 AdaGrad 和 RMSprop 优势的算法。

作为机器学习工程师，了解所有这些优化方法的限制和能力至关重要，因为我们希望确保训练系统为现有的问题使用正确的工具并达到最佳状态。若仅仅意识到内部优化有多种选择，也会帮助你集中努力并提高性能，如图 3-2 所示。

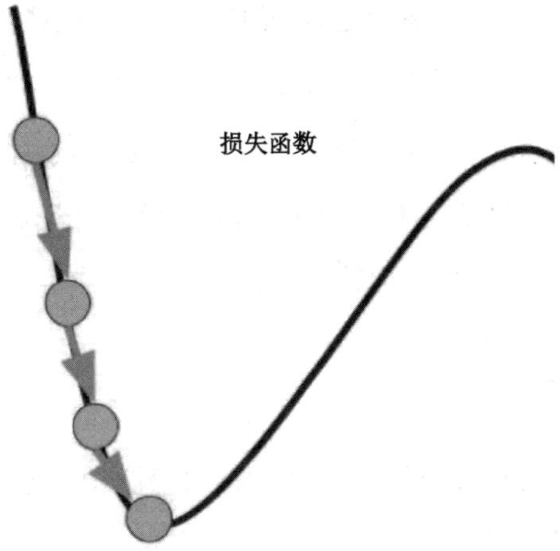

图 3-2　将训练简化为损失函数的优化过程

现在讨论如何通过特征工程的过程准备模型工厂所需的原材料——数据。

准备数据

数据可以有各种类型和质量。它可以是来自关系数据库的表格数据，也可以是从一个网站上抓取的非结构化文本，一个 REST API 的格式化响应，一张图片，一个音频文件，或者你能想到的任何其他形式。

不过，如果你想对这些数据使用机器学习算法，首先必须让这些数据能够被算法读取。这个过程被称为特征工程，接下来的几个部分将会讨论这一主题，以帮助你理解其主要原则。由于特征工程有许多深入的优质资源，因此我们在这里只会简要介绍一些主要概念。你想要了解更多信息，可以参考像 Soledad Galli 2022 年由 Packt 出版的 *Python Feature Engineering Cookbook* 这样的书籍。

为机器学习设计特征工程

我们向机器学习模型输入任何数据之前，必须先将数据转换成模型能够理解的状态。我们也需要确保只为我们认为对提升模型性能有用的数据进行这样的处理，因为特征数量的激增很容易导致维度的诅咒。这指的是在高维问题中，随着特征空间的增加，数据变得越来越稀疏，因此要达到统计显著性可能需要呈指数级增长的数据量。在这一节中，我们不会讨论特征工程的理论基础。相反，我们将专注于我们作为机器学习工程师如何能够帮助自动化生产中的一些步骤。为此，我们将快速回顾特征准备和特征工程步骤的主要类型，以便我们在本章后面添加必要的组件到管道中。

设计分类特征工程

分类特征是形成非数字的独特对象集合的特征，比如星期几或头发颜色。它们可以通过多种方式分布在你的数据中。

为了使机器学习算法能够处理类别特征，需要将该特征转化为数字形式，同时确保数字表示不会产生偏见或不适当地赋予权值。一个例子是，如果我们有一个包含超市中不同产品的特征：

```
data = [['Bleach'], ['Cereal'], ['Toilet Roll']]
```

在这里，我们可以使用 sklearn 的 OrdinalEncoder 将每个类别映射到一个正整数：

```
from sklearn import preprocessing

ordinal_enc = preprocessing.OrdinalEncoder()
ordinal_enc.fit(data)
# 打印返回 [[0.]
#    [1.]
#    [2.]]
print(ordinal_enc.transform(data))
```

这就是我们所说的序数编码。我们已经将这些特性映射到了数字，看起来是个进步，但这样的表示真的恰当吗？仔细想想，似乎并不尽然。这些数字暗喻着谷类食品与漂白剂的关系就像卫生纸与谷类食品的关系，并且暗示卫生纸和漂白剂的平均结果就是谷类食品。这些说法显然毫无意义（而且我也不愿意早餐吃漂白剂和卫生纸），因此这表明我们需要尝试一种不同的方法。然而，如果我们希望在分类特征中保持一定的顺序性，这种表示方式则是恰当的。例如，如果我们进行了一项调查，询问参与者对于“早餐是一天中最重要的一餐”这一观点的看法。如果参与者需要在“强烈反对、反对、中立、同意、非常同意”这几个选项中做出选择，并且我们将这些数据进行序数编码，对应到数字1、2、3、4和5，那么我们就能更直观地解答诸如“平均而言，参与者是更倾向于同意还是反对？”以及“对这个声明的看法分布有多广泛？”等问题。在这种情况下，序数编码会有所帮助。但正如前文提到的，它并不是所有情况下都适用的正确方法。

我们可以做的是考虑这个特征中的一系列项目，然后提供一个二进制数字来表示该值是否为原始列表中的特定值。所以，在这里，我们将决定使用sklearn的OneHotEncoder：

```
onehot_enc = preprocessing.OneHotEncoder()
onehot_enc.fit(data)
# 打印返回 [[1. 0. 0.]
#    [0. 1. 0.]
#    [0. 0. 1.]]
print(onehot_enc.transform(data).toarray())
```

这种表示被称为独热编码。这种编码方法有几个好处，包括以下几点：

- 值之间没有强制性的顺序。

- 所有特征向量都具有单位范数（稍后会详细说明）。
- 每个独特的特征都与其他特征正相交，因此在表示中没有隐含的异常均值或距离声明。

这种方法的一个缺点是，如果你的分类列表包含大量实例，那么你的特征向量的大小很容易激增，这将导致在算法层面上需要存储和处理极度稀疏的向量和矩阵。这可能会在多种实现中引发问题，并且是令人忧虑的维度灾难的又一体现。

下一节中，将讨论数值特征。

设计数值特征工程

准备数值特征相对容易一些，因为我们已经有了数字，但是在为许多算法做准备时，我们仍然需要采取一些步骤。对于大多数机器学习算法来说，特征必须具有相似的尺度；例如，它们的幅度必须在-1～1 或 0～1。这是出于一个相对明显的原因，即有些算法在处理高达百万美元的房屋价格特征和另一个房屋平方英尺的特征时，会自动给予较大的美元值更多的权重。这也意味着我们失去了特定值在其分布中的位置这一有用概念。例如，某些算法会从特征缩放中受益，以至于中位数美元值和中位数平方英尺值都由 0.5 表示，而不是 500 000 和 350。或者，如果它们是正态分布的话，我们可能希望所有的分布都具有相同的含义，这允许算法关注分布的形状而不是它们的位置。

那么，应该怎么做呢？像往常一样，并不是从零开始，有一些标准技术可以应用。这里列出了一些非常常见的方法，但实际上有太多的技术无法全部包括：

- 标准化：这是对数值特征进行的一种转换，假设在缩放方差至 1 和平均值至 0 之前，数值的分布是正态或高斯的。如果你的数据确实是正态或高斯分布的，那么这是一个很好的技术。标准化的数学公式非常简单，我在这里提供了它，其中 z 表示转换后的值，x 是原始值，μ 和 σ 分别是平均值和标准差：

$$Z_i = \frac{x_i - \mu}{\sigma}$$

- 最小-最大归一化：在这种情况下，我们希望缩放数值特征，使它们始终介于 0～1，而不管它们遵循的分布类型如何。

这一步骤在操作上相当直观易行，首先只需从给定值中减去分布的最小值，然后除以数据的范围(最大值减去最小值)。这一过程可被视为确保所有数值均大于或等于零的步骤。其次，通过第二步骤确保这些数值的最大尺度为 1。这可以通过一个简单的公式表达，其中 x_i 代表原始数值，而 x_i' 代表该特征的整体分布：

$$x_j' = \frac{x_j - \min(x)}{\max(x) - \min(x)}$$

- 特征向量归一化：在这里，你会对数据集中的每个样本进行缩放，使它们的范数等于 1。如果你使用的算法中，特征之间的距离或余弦相似性是重要组成部分，比如在聚类中，这一步骤可能非常重要。它在文本分类中与其他特征工程方法结合使用时也很常见，比如 TF-IDF 统计。在这种情况下，假设整个特征都是数值型的，你只需计算特征向量的适当范数，然后将每个分量都除以该值。例如，如果我们使用特征向量的欧氏范数或 L2 范数，表示为 $\|x\|$，那么我们可以通过以下公式转换每个分量 x_j：

$$x_j' = \frac{x_j}{\|x\|}$$

为了突出这些简单步骤可以为你模型的性能带来的改进，我们将从 sklearn 的葡萄酒数据集中看一个简单的例子。在这里，我们将在未经标准化的数据上训练一个岭回归分类器，然后在已经过标准化的数据上训练。完成这些后，我们将比较结果：

1. 我们必须导入相关库并设置训练和测试数据：

```
from sklearn.model_selection import train_test_split
from sklearn.preprocessing import StandardScaler
from sklearn.linear_model import RidgeClassifier
from sklearn import metrics
from sklearn.datasets import load_wine
from sklearn.pipeline import make_pipeline
X, y = load_wine(return_X_y=True)
```

2. 我们必须做一个典型的 70/30 训练/测试分割：

```
X_train, X_test, y_train, y_test =\
train_test_split(X, y, test_size=0.30, random_state=42)
```

3. 我们必须在未经特征标准化的数据上训练一个模型，并在测试集上预测：

```
no_scale_clf = make_pipeline(RidgeClassifier(tol=1e-2,
                                             solver="sag"))
no_scale_clf.fit(X_train, y_train)
y_pred_no_scale = no_scale_clf.predict(X_test)
```

4. 我们必须做相同的操作，但在其中加入一个标准化步骤：

```
std_scale_clf = make_pipeline(StandardScaler(),
RidgeClassifier(tol=1e-2, solver="sag"))
std_scale_clf.fit(X_train, y_train)
y_pred_std_scale = std_scale_clf.predict(X_test)
```

5. 如果我们打印出一些性能指标，我们将看到未经缩放的预测准确率（accuracy）为0.76，而其他指标，如精确度（precision）、召回率和F1分数的加权平均值分别为0.83、0.76和0.68：

```
print('\nAccuracy [no scaling]')
print('{:.2%}\n'.format(metrics.accuracy_score(y_test, y_pred_no_
      scale)))
print('\nClassification Report [no scaling]')
print(metrics.classification_report(y_test, y_pred_no_scale))
```

6. 输出结果如下所示：

```
Accuracy [no scaling]75.93%
Classification Report [no scaling]
             precision    recall  f1-score   support
           0       0.90      1.00      0.95        19
           1       0.66      1.00      0.79        21
           2       1.00      0.07      0.13        14
    accuracy                           0.76        54
   macro avg       0.85      0.69      0.63        54
```

```
   macro avg       0.85      0.69      0.63        54
weighted avg       0.83      0.76      0.68        54
```

7. 在数据标准化的情况下，各项指标都有了显著的提高，准确率以及精确度、召回率、F1 分数的加权平均值均为 0.98：

```
print('\nAccuracy [scaling]')
print('{:.2%}\n'.format(metrics.accuracy_score(y_test, y_pred_std_
scale)))
print('\nClassification Report [scaling]')
print(metrics.classification_report(y_test, y_pred_std_scale))
```

8. 输出结果如下所示：

```
Accuracy [scaling]
98.15%
Classification Report [scaling]
              precision    recall  f1-score   support
           0       0.95      1.00      0.97        19
           1       1.00      0.95      0.98        21
           2       1.00      1.00      1.00        14
    accuracy                           0.98        54
   macro avg       0.98      0.98      0.98        54
weighted avg       0.98      0.98      0.98        54
```

在这里，我们仅仅通过在机器学习训练过程中添加一个简单步骤，就能看到性能有显著的提升。

现在，让我们深入探讨一下训练的设计和核心工作原理。了解这些内容将有助于我们为算法和训练方法做出明智的选择。

设计训练系统

从宏观角度审视，机器学习（ML）模型的生命周期包含两个主要阶段：训练和输出。

在训练阶段，模型通过数据集学习以吸收信息。在预测阶段，拥有已优化参数的模型接收新数据，并产生所需的输出结果。

这两个阶段在计算和处理需求上有着显著的差异。在训练阶段，我们必须让模型接触到尽可能多的数据以获得最佳性能，同时确保保留数据的子集用于测试和验证。模型训练从根本上来说是一个优化问题，它需要多个逐步的过程来完成解决方案。

因此，这个过程的计算量很大，在数据相对庞大（或计算资源相对较少）的情况下，可能需要很长时间。即便你拥有一个小数据集和大量的计算资源，训练仍然不是一个低延迟的过程。一方面，这是一个经常分批运行的过程，小幅度增加数据集对模型性能的影响并不大（尽管也有例外）。另一方面，预测是一个更直接的过程，可以像你在代码中运行任何计算或函数一样来看待：输入，计算，然后出来结果。这通常来说计算要求不高，延迟也较低。

综合来看，这意味着，首先，从逻辑上和代码中将这两个步骤（训练和预测）分开是有意义的；其次，我们需要考虑这两个阶段的不同执行要求，并将其构建到解决方案设计中；最后，需要对训练机制做出选择，包括是否分批安排训练，使用增量学习，或者应该根据模型性能标准触发训练。这些是训练系统的关键部分。

训练-系统设计选项

为训练系统创建任何详细设计之前，总会有一些普遍适用的问题：

- 是否有适合该问题的基础设施可用？
- 数据在哪里，我们如何将其提供给算法？
- 如何测试模型的性能？

在基础设施方面，这可能非常依赖于你用于训练的模型和数据。如果你打算在只有三个特征的数据上训练一个线性回归模型，并且数据集只包含10 000条表格记录，你很可能在笔记本级别的硬件上运行这个任务，而不需要太多考虑。这不是很多数据，而且你的模型也没有很多自由参数。如果你在更大的数据集上进行训练，例如包含1亿条表格记录的数据集，那么你可能会从像Spark集群这样的并行化中受益。然而，如果你正在对1 000张图片训练一个100层的深度卷积神经网络，那么你可能想要使用GPU。这里有许多选项可供选择，但关键是选择适合这项工作的正确工具。

关于我们如何将数据提供给算法的问题，这可能并不简单。我们是否要针对远程托管的数据库运行 SQL 查询？如果是这样，我们将如何链接到它？我们运行查询的机器有足够的 RAM 来存储数据吗？

如果不是这样，我们是否需要考虑使用能够增量学习的算法呢？对于经典算法性能测试而言，我们需要采用机器学习领域中广为人知的方法，并在数据上进行训练/测试/验证的分割。我们还需要决定采用哪种交叉验证策略。接下来，我们需要选择适合我们的模型性能度量标准，并进行适当的计算。然而，作为机器学习工程师，我们还会对其他性能指标感兴趣，例如训练时间、内存的有效利用、延迟以及（我敢说）成本。我们需要了解如何衡量并优化这些指标。

只要我们在进行过程中牢记这些事情，便能打下坚实的基础。现在，让我们转向设计。

正如我们在本节引言中提到的，需要考虑两个基本部分：训练和输出过程。可以将这两个过程以两种方式结合起来为解决方案服务，将在下一节讨论这个问题。

训练–运行模式

选项一是在同一个进程中执行训练和预测，训练可以批处理或增量模式进行。这在图 3-3 中示意性地展示出来。这种模式被称为训练–运行模式（train-run）：

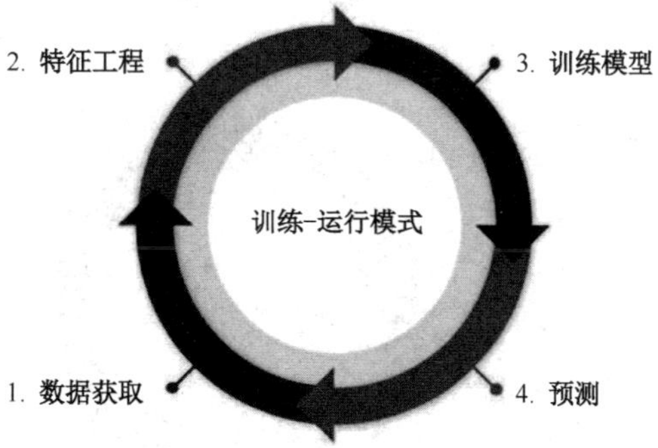

图 3-3　训练–运行模式

这种模式是两者中更为简单的一种，但对于现实世界的问题来说却并不理想，因为它没有体现之前提到的关注点分离原则。这并不意味着它是一种无效的模式，它的优点通常在于实现起来更简单。这种情况下，我们在进行预测之前完全运行整个训练过程，中间没有真正的间断。根据之前的讨论，如果需要以非常低的延迟方式提供预测，比如通过事件驱动或流式解决方案（稍后会详细介绍），可以自动排除这种方法。

然而，在以下情况中，这种方法可能完全有效（我在实践中看到过几次）：要么是应用的算法实际上非常轻量级，训练起来很简单，而且需要不断使用非常新的数据；要么是在相对不经常运行的大规模批处理过程中。

尽管这是一种简单的方法，并不适用于所有情况，但它确实具有明显的优势：

- 由于你训练的频率与预测的频率一样，你在尽一切努力防止当前性能下降，这意味着你正在对抗漂移（请参见本章后面的章节）。
- 你正在显著降低解决方案的复杂性。虽然通常应该避免将两个组件紧密耦合，但训练和预测阶段可能编码非常简单，如果你只是简单地将它们结合起来，将会节省大量的开发时间。这一点非常重要，因为开发时间也涉及金钱成本。

现在，让我们看看另一种情况。

训练-持久化

选项二是训练以批处理模式运行，而预测则以认为合适的任何模式运行，预测解决方案从存储中读取训练好的模型。我们将这种设计模式称为训练-持久化（train-persist），如图 3-4 所示：

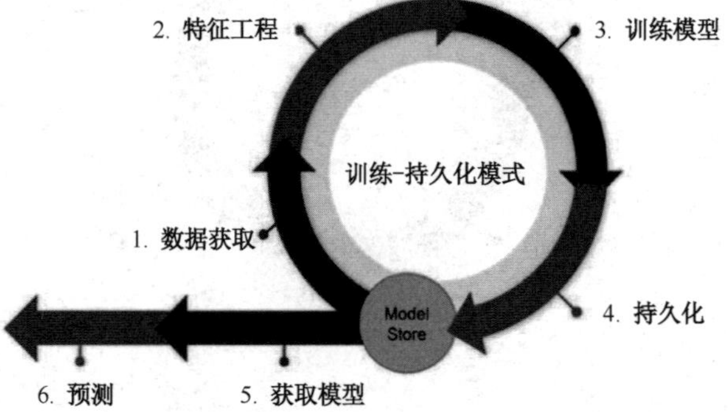

图 3-4　训练-持久化模式

如果要训练模型，然后持久化模型以便稍后由预测流程使用，那么需要确保几件事情已经就绪：

- 模型存储选项有哪些？
- 是否有明确的机制来访问模型存储（写入和读取）？
- 应该多久训练一次模型，以及多久进行一次预测？

在我们的例子中，将通过使用 MLflow 来解决前两个问题，我们在第 2 章中介绍过它，但在后面的章节中还会再次讨论。此外还有很多其他可用的解决方案。关键点是，无论你使用什么作为模型存储和在训练与预测过程之间的交接点，都应该以稳健且易于访问的方式使用它。

第三点更棘手。你可以一开始就决定你想要按照一个时间表进行训练，并坚持这样做。或者你可以更精细一些，制定在训练发生之前必须满足的触发条件。同样，这是你作为机器学习工程师需要和团队一起做出的选择。在本章后面，将讨论安排训练运行的机制。

在接下来的部分中，我们将探讨如果你想要基于模型性能随时间变化而可能下降的情况来触发训练运行，需要做些什么。

模型重训练

你不会期望在完成教育后就再也不阅读任何论文或书籍，或者再也不和任何人交流，这将意味着你无法对世界上发生的事情做出明智的决策。因此，你也不应期望一个机器学习模型被训练一次之后就能永远保持高性能。

这个想法很直观，但它代表了机器学习模型的一个严肃问题，称为漂移。漂移是一个涵盖模型性能随时间下降的各种原因的术语。它可以分成两个主要类型：

- 概念漂移：当数据特征与你要预测的结果之间的基本关系发生变化时，就会发生这种情况。有时，这也被称为协变量漂移。一个例子可能是在训练时，你只有一部分数据样本，这些样本似乎显示了特征和结果之间的线性关系。如果在部署后收集到更多数据却发现关系是非线性的，那么就发生了概念漂移。缓解措施是用更能代表正确关系的数据重新训练模型。

- 数据漂移：当你使用的特征变量的统计特性发生变化时，就会发生这种情况。例如，你可能在其中一个模型中使用年龄作为特征，但在训练时，你只有 16～24 岁人群的数据。

如果模型部署后，你的系统开始获取更广泛年龄群体的数据，那么你就遇到了数据漂移。

事实上，漂移是机器学习工程师生活中的一部分，因此我们将花相当多的时间来了解如何检测和缓解它。但为什么会发生漂移呢？正如你所预料的，漂移的原因有很多，考虑这些原因是重要的。来看一些例子：假设用于抽样训练数据的机制在某些方面不恰当；也许对特定的地理区域或人群进行了子抽样，但希望模型能够在更普遍的情况下应用。

在我们操作的问题领域中可能存在季节性效应，就像在销售预测或天气预测中所预期的那样。异常可能是由“黑天鹅”或罕见事件引入的，例如地缘政治事件甚至 Covid-19 大流行。数据收集过程可能在某个时刻引入错误，例如，如果上游系统中存在漏洞，或者过程本身没有被遵循或已经改变。最后这个例子在需要手动输入数据的流程中尤其普遍。如果信任销售人员在客户资源管理（CRM）系统中正确标记销售状态，那么经验较少的销售人员可能无法准确或及时地标记数据。尽管软件开发的许多领域都取得了进步，但这种数据收集过程仍然非常普遍，因此在你自己的机器学习系统开发中必须防范这一点。通过尝试加强数据收集的自动化或为输入数据的人提供指南（比如使用下拉菜单），可以稍微缓解这个问题，但几乎可以肯定的是，很多数据仍然是以这种方式收集的，并且在可预见的未来仍将如此。

模型漂移是系统考量中不可忽视的重要环节，你现在应该很清楚这一点。然而，应对漂移实际上是一连串的步骤。首先，需要察觉到漂移的存在。在机器学习模型中识别漂移是机器学习运维（MLOps）的关键部分，作为机器学习工程师，这应当是关注的重点。接下来，要找出漂移的源头；通常这需要监控人员进行某种形式的事后分析。不过，即将介绍的工具和技术能帮你构建初步自动化的工作流程，这样一来，一旦发现问题，所有重复性的任务都能得到处理。最后，我们需要采取措施来减轻漂移的影响：通常会用更新或修正后的数据集来重新训练模型，但有时可能需要重新开发或重写模型的关键部分。总的来说，如果能构建一个训练系统，在对模型漂移有深入了解的基础上触发重训，就能在只在必要时训练，节省大量计算资源。

接下来的部分将讨论检测模型漂移的一些方法，这将帮助我们开始构建解决方案中的智能重训策略。

检测数据漂移

截至目前，我们已经定义了漂移，并且知道如果想要构建复杂的训练系统，检测它将是非常重要的。下一个合乎逻辑的问题是，如何做到这一点？

在前一节中，我们提供的漂移定义相当定性；随着我们探索可以检测漂移的计算和概念，我们可以开始使这些陈述更加量化。

在这一节中，我们将大量使用来自 Seldon 公司的 alibi-detect Python 包，截至撰写本书时，该包尚未在 Anaconda.org 上提供，但可以在 PyPI 上获取。若要获取此包，请使用以下命令：

```
pip install alibi
pip install alibi-detect
```

因此，使用 alibi-detect 包非常简单。在接下来的示例中，将使用 sklearn 中的 wine 数据集，该数据集将在本章的其他地方使用。在第一个示例中，我们将数据拆分为 50/50，将一个集合称为参考集，另一个集合称为测试集。然后，我们将使用 Kolmogorov-Smirnov 检验来表明这两个数据集之间没有发生数据漂移，正如预期的那样，然后人为地添加一些漂移以展示成功检测到了漂移：

1. 必须从 alibi-detect 包中导入 TabularDrift 检测器，以及用于加载和拆分数据的相关包：

```
from sklearn.datasets import load_wine
from sklearn.model_selection import train_test_split
import alibi
from alibi_detect.cd import TabularDrift
```

2. 我们需要获取并拆分数据：

```
wine_data = load_wine()
feature_names = wine_data.feature_names
X, y = wine_data.data, wine_data.target
X_ref, X_test, y_ref, y_test = train_test_split(X, y, test_size=0.50,
                                                random_state=42)
```

3. 我们需要使用参考数据初始化漂移检测器，并提供我们希望在统计显著性测试中使用的 P 值。如果希望在数据分布发生较小差异时触发漂移检测器，则必须选择较大的 P 值：

```
cd = TabularDrift(X_ref=X_ref, p_val=.05 )
```

4. 现在可以针对测试数据集和参考数据集检查漂移情况：

```
preds = cd.predict(X_test)
labels = ['No', 'Yes']
print('Drift: {}'.format(labels[preds['data']['is_drift']]))
```

5. 程序运行结果为 Drift: No。

6. 因此，在这里没有检测到漂移，这是符合预期的（有关此事的更多重要说明，请参阅以下内容）。

7. 虽然在这个案例中没有发生漂移，我们可以轻松地模拟一个场景，即用于测量化学特性的化学仪器经历了校准错误，并且所有记录的值比它们的真实值高出了 10%。在这种情况下，如果我们再次在同一参考数据集上运行漂移检测，将得到以下输出：

```
X_test_cal_error = 1.1*X_test
preds = cd.predict(X_test_cal_error)
```

```
labels = ['No', 'Yes']
print('Drift: {}'.format(labels[preds['data']['is_drift']]))
```

8. 程序运行结果为 Drift: Yes，表明成功检测到了漂移。

重要提示

本示例虽然带有人为构造的痕迹，但适宜于阐释相应概念。在标准的数据集当中，随机抽取的半数数据与另外半数数据之间通常不会发生数据漂移。正因如此，我们不得不人为地移动部分数据点以验证检测器确实有效。然而，在现实世界的应用中，数据漂移可能因多种因素自然产生，包括但不限于用于测量的传感器升级、消费者行为模式的变化，以及数据库软件或架构的更新。所以，必须保持警惕，因为许多数据漂移案例并不像本例一样易于识别！

这个例子展示了通过几行简单的 Python 代码，我们可以检测到数据集的变化，这意味着如果我们不重新训练以考虑数据的新属性，机器学习模型的性能可能会开始下降。我们还可以通过 Similar techniques 来跟踪模型的性能指标（例如，准确性或均方误差）是否也在漂移。在这种情况下，我们必须定期在新测试或验证数据集上计算性能。

第一个漂移检测示例非常简单，向我们展示了如何检测一种基本的一次性数据漂移，即特征漂移。现在我们将展示一个检测标签漂移的例子，这基本上是一样的，但现在我们只是将标签作为参考和比较数据集。我们将忽略前几个步骤，因为它们是相同的，从我们有参考和测试数据集可用的地方继续。

1. 如同在特征漂移的例子中，我们可以配置表格型数据漂移检测器，但这次我们将使用初始标签作为我们的基线数据集：

```
cd = TabularDrift(X_ref=y_ref, p_val=.05 )
```

2. 我们可以检测测试标签相较于参考数据集的漂移情况：

```
preds = cd.predict(y_test)
labels = ['No', 'Yes']
```

```
print('Drift: {}'.format(labels[preds['data']['is_drift']]))
```

3．程序运行结果为 Drift: No。

4．因此，正如预期的那样，我们没有检测到漂移。请注意，此方法也可用于确认训练数据和测试数据的标签是否具有相似的分布，同时确保我们对测试数据的抽样是合理的，这是一种有效的合理性检验。

5．如同前一个例子，可以在数据中模拟一些漂移，然后确认这确实可以被检测到：

```
y_test_cal_error = 1.1*y_test
preds = cd.predict(y_test_cal_error)
labels = ['No', 'Yes']
print('Drift: {}'.format(labels[preds['data']['is_drift']]))
```

现在，我们将转向一个复杂得多的场景，即检测概念漂移。

检测概念漂移

概念漂移在前面已经描述过，并且强调了这种类型的漂移实际上与模型中变量之间的关系变化有关。这就意味着，这类情况本质上往往较为复杂，诊断起来可能相当困难。

捕捉概念漂移最常见的方法是通过时间监控模型性能。例如，如果我们再次处理葡萄酒分类问题，可以查看告诉我们模型分类性能的指标，通过时间绘制这些指标，然后根据可能在这些值中看到的趋势和异常值构建逻辑。

`alibi_detect`软件包提供了若干有效的在线漂移检测方法，这些方法能够实时捕捉概念漂移并评估其对模型性能的影响。此处所说的“在线”指的是，漂移检测针对的是单个数据点的处理，这意味着即使数据在生产环境中是顺序输入的，也可以实施检测。这些方法中的一部分假定 PyTorch 或 TensorFlow 作为后端框架是可用的，因为它们采用了未经训练的自编码器（UAE）作为现成的预处理手段。

作为一个例子，让我们逐步了解如何创建和使用这些在线检测器之一——在线最大均值差异（Maximum Mean Discrepancy，MMD）方法。以下示例假设除了参考数据集`X_ref`，我们还定义了预期运行时间 ert 和窗口大小`window_size`的变量。预期运行时间是一个变量，表示检测器在发出错误阳性检测之前应该运行的数据点平均数量。这里的关键是你希望预期运行的时间更长，但随着其变长，检测器对实际漂移的反应变得不那么敏感，因此必须取得平衡。窗口大小是用于计算适当漂移测试统计量的滑动数据窗口的大小，较小的窗口大小意味着你正在调整检测器以发现数据或性能在短时间内的急剧变化，而较长的窗口大小则意味着你正在调整以寻找在更长时间范围内更为微妙的漂移效应。

1. 导入该方法：

```
from alibi_detect.cd import MMDDriftOnline
```

2. 使用前一段讨论的变量设置初始化漂移检测器。我们还设定了想要应用的自举模拟的次数，以便该方法计算检测漂移的一些阈值。

根据用于深度学习库的硬件设置和数据的大小，这可能需要一些时间。

```
ert = 50
window_size = 10
cd = MMDDriftOnline(X_ref, ert, window_size, backend='pytorch',
                    n_bootstraps=2500)
```

3. 我们可以模拟生产环境中的漂移检测，方法是从葡萄酒数据集中逐条特征向量地提取测试数据。对于任意给定的数据实例，如果其特征向量是 $\boldsymbol{x}$，我们就可以调用漂移检测器的 predict 方法，并像这样从返回的元数据中提取出'is_drift'值：

```
cd.predict(x)['data'] ['is_drift']
```

4. 对测试数据的所有行执行步骤 2，并在检测到漂移的地方绘制一个垂直的条形图，可以得到如图 3-5 所示的图表。

在这个例子中，我们可以从模拟数据的图中看到，数据的准确性随时间发生了变化。然而，如果我们想要自动检测这样的行为，不仅需要绘制这些数据，还需要开始以系统的方式分析它们，并确保这种分析能够被整合进我们的模型监控流程中，这些流程是在生产环境下运作的。

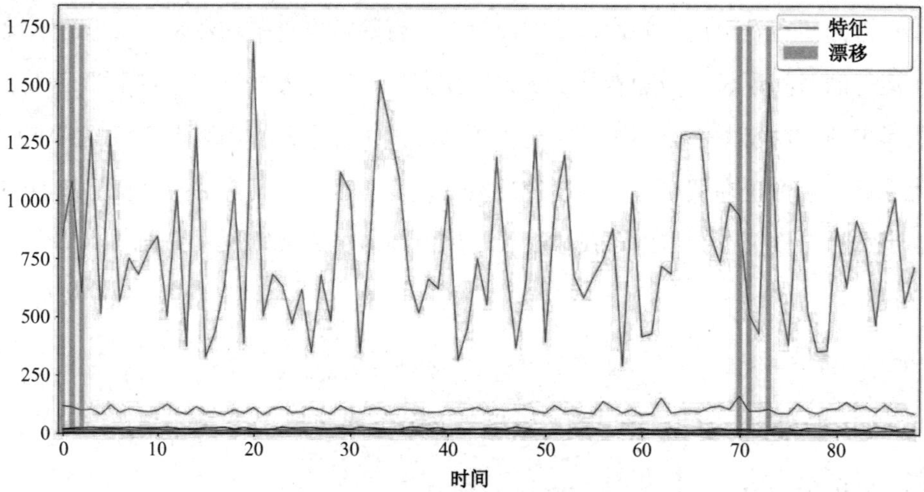

图 3-5　模拟漂移检测的葡萄酒数据测试集的特征

> 葡萄酒数据集的测试数据在漂移示例中仅作为例子使用。在生产环境中，这种漂移检测将运行在以前从未见过的数据上，但原理是相同的。

既然你已经知晓正在发生漂移，我们将继续讨论如何开始决定漂移检测器设置限制，然后介绍一些流程和技巧，帮助诊断漂移的类型和来源。

设置限制

在这一节中讨论的许多关于漂移的技术，与统计学和机器学习中的常规技术高度一致。借助这些技术，几乎可以直接应用它们来诊断各种不同类型的问题。然而，我们尚未探讨如何将这些技术融合成一个连贯的漂移检测机制。在着手实施之前，最重要的考虑之一是确定数据和模型可接受行为的界限，以便你知道何时系统应该发出警告或采取行动。我们将这个过程叫作为你的漂移检测系统“设定限制”。

那么，应该从何处着手呢？此时，讨论的内容变得不那么注重技术性，并且更多地集中于业务环境中的实际操作，让我们来探讨一些关键要点。首先，重要的是要明确哪些因素是需要关注的。对所有能想到的指标偏差发出警报听起来可能是个不错的主意，但这可能只会创建一个过于嘈杂的系统，在这个系统中，真正值得关注的问题反而难以被发现。

因此，在挑选我们想要跟踪和监控的对象时，我们必须慎重。接下来，我们需要理解检测问题所需的及时性。这与软件领域的服务水平协议（SLA）概念紧密相关，它规定了所讨论系统的要求和预期性能。如果你的业务是在苛刻条件下使用的设备上运行实时异常检测和预测性维护模型，那么警报发出的及时性和采取行动的迅速性可能会非常高。然而，如果你的机器学习系统每周进行一次财务预测，那么及时性约束可能就没那么严格了。最后，你需要设定限制。这意味着你需要仔细考虑你正在跟踪的指标，并思考“这里的不良表现是什么？”或者“我们希望被通知什么？”可能是作为项目发现阶段的一部分，你知道业务部门能够对一个回归模型的预测准确性的广泛波动持宽容态度，只要该模型能够提供适当的置信区间，从而确保整体结果的可靠性和实用性。

另一种情况下，可能你正在构建的分类模型必须有一个波动范围相对较小的召回率；否则，它将危及下游流程的有效性。

诊断漂移

尽管我们在另一节中讨论了模型漂移可能有多种原因，但归根结底，我们必须记住，机器学习模型只能通过特征来进行预测。这意味着，如果想要诊断漂移的源头，就需要仔细检查模型的特征。

那么，应该从哪里开始呢？首先应考虑的是，任何特征实际上都可能发生漂移，但并非所有特征在模型中的重要性都相同。这意味着我们需要先了解哪些特征更为重要，然后优先对它们采取补救措施。

特征重要性可以通过模型相关的或模型无关的方法计算。模型相关的方法特指基于树的模型，比如决策树或随机森林。在这些情况下，可以根据用于开发模型的软件包从模型中提取特征重要性以进行检查。举个例子，如果我们采用在 Scikit-Learn 中训练的随机森林分类器，就可以使用下面给出的语法提取其特征重要性。在这个例子中，我们检索随机森林模型的默认特征重要性，这些重要性是使用 Mean Decrease in Impurity（MDI）计算的，等价地称为“基尼重要性”，然后将它们放入一个有序的 pandas series 以供后续分析：

```
import pandas as pd
feature_names = rf[:-1].get_feature_names_out()
```

```
mdi_importances = pd.Series(rf[-1].feature_importances_,
                            index=feature_names).sort_values(ascending=True)
```

尽管这种方法非常简单，但有时会因为几个原因给出错误的结果。这里计算的特征重要性是使用一种称为不纯度度量的方法得出的，这是一类可能对具有高基数（例如数值型）的特征产生偏见的度量方法，并且仅基于训练集数据计算，这意味着它们不考虑模型对未见过的测试数据的泛化能力。在使用这种重要性度量时，应始终记住这一点。

另一种标准的特征重要性度量是置换重要性，它是与模型无关的，并且缓解了一些 MDI 或基尼重要性的问题。

此方法通过选取我们关注的特征，并将其打乱（在特征矩阵的列中对数值进行上移、下移或采用其他重新组织的方式），随后重新评估模型的准确率或误差。准确率或误差的变化量可作为衡量该特征重要性的指标，因为若特征的重要性较低，则在打乱操作后，模型性能的变化应当较小。以下是基于 Scikit-Learn，在我们前述示例中使用的同一模型上应用该方法的例证：

```
from sklearn.inspection import permutation_importance

result = permutation_importance(
    rf, X_test, y_test, n_repeats=10, random_state=42, n_jobs=2
    )
sorted_importances_idx = result.importances_mean.argsort()
importances = pd.DataFrame(
    result.importances[sorted_importances_idx].T,
    columns=X.columns[sorted_importances_idx])
```

最终，另一个非常流行的方法用于确定特征重要性是计算特征的 SHAP（SHapley Additive exPlanation）值。这种方法借鉴了博弈论的思想，考虑特征如何结合来影响预测结果。SHAP 值是通过在所有包含或排除所考虑特征的特征排列上训练模型，然后计算该特征对预测值的边际贡献得出的。这与置换重要性不同，因为我们不再是仅仅置换特征值；我们现在实际上是在运行一系列不同的潜在特征集合，这些集合包括或排除了该特征。

你可以通过安装 shap 包开始在你的模型上计算 SHAP 值：

```
pip install shap
```

然后，我们可以执行以下语法，使用前面示例中相同的随机森林模型来定义一个 SHAP 解释器对象，并计算测试数据集特征的 SHAP 值。我们在这里假设 X_test 是一个带有特征名称作为列名的 pandas DataFrame：

```
explainer = shap.Explainer(rf, predict, X_test)
shap_values = explainer(X_test)
```

请注意，由于需要运行所有的排列组合，SHAP 值的计算可能需要一些时间。shap_values 本身并不是特征重要性，而是包含了在所有不同的特征组合实验中为每个特征计算出的 SHAP 值。为了确定特征重要性，你应该取每个特征的 shap_values 的绝对值平均数。如果你执行以下命令，这一过程将自动完成，并且相应的结果会以图形方式展示出来：

```
shap.plots.bar(shap_values)
```

在机器学习模型中，我们现在已经讨论了三种不同的方式来计算特征重要性，其中两种完全与模型无关。特征重要性对于帮助你迅速找到数据漂移的根本原因极为有用。如果你发现模型性能发生漂移或超出了你设定的阈值，就可以利用特征重要性将诊断工作集中在最重要的特征上，并忽略那些并非关键特征的漂移。

既然我们已经讨论了如何有效挖掘数据漂移的方法，接下来我们将讨论一旦你发现了似乎引起最大问题的特征或特征集后，你可以如何进行修正。

修正数据漂移

我们可以采取几种措施来对抗数据漂移，以保持系统性能：

- **移除特征并重新训练模型**：若某些特征出现了漂移或展现出其他形式的性能退化，我们可以考虑将这些特征剔除，并对模型进行重新训练。这一过程可能颇为耗时，因为数据科学家们或许需要重新进行一系列分析和测试，以确保从建模的视角来看，这种做法仍旧是合理的。同时，我们还须考虑到所移除特征的重要性等相关问题。
- **使用更多数据重新训练**：如果我们观察到概念漂移，可能只是在注意到模型相较于数据中的分布及其相互关系变得过时了。一种选择是，重新训练模型并加入更多最近的数据可能会提升性能；还有一种选择是，仅在一部分较新的数据上重新训练模型。如果你能够诊断出数据中的重大变动或转折，例如新冠疫情封锁措施的引入，这种方法尤其有用。然而，这种方法难以自动化，因此有时也可以采用时间窗口方法，即在预定数量的最新数据上进行训练。

- **回滚模型**：我们可以将当前模型替换为之前的版本，甚至是某个基线模型。如果你的基线模型更简单，同时在性能上也更加稳定和可预测——因为它应用了一些简单的商业逻辑，例如——这可以是一个非常好的方法。回滚到模型的先前版本要求你围绕你的模型注册表建立了一套良好的自动化流程。这与通用软件开发中的回滚非常相似，是构建健壮系统的关键组成部分。
- **重写或调试解决方案**：我们可能遇到的漂移非常显著，以至于现有模型无法应对上述任何方法。重写模型的想法可能听起来很激进，但这比你想象的要常见。例如，假设你最初部署了一个调优良好的 LightGBM 模型，用于每天对五特征集进行二元分类。在运行了数月的解决方案，可能在多次检测到模型性能漂移后，你决定最好是进行调查，看看是否有更好的方法。在这种情况下，这一点尤其有帮助，因为现在你对生产中将要遇到的数据有了更多的了解。然后你可能会发现，实际上随机森林分类器在同样的生产数据场景中平均表现不如 LightGBM 模型，但它更稳定，行为更一致，触发漂移警报的频率较低。然后你可能决定，实际上对于企业来说，将这个不同的模型部署到同一系统中会更好，因为它将减少处理漂移警报的运营开销，并且企业可以更加信任它。重要的是要注意，如果你需要编写一个新的管道或模型，通常很重要的是，在团队进行这项工作时能回滚到之前的模型。
- **修正数据源**：有时，最具挑战性的问题实际上与底层模型无关，而更多地与数据收集方式的变化以及如何将数据传输到下游系统有关。在许多商业场景中，由于引入新流程、系统更新，甚至是因为负责输入某些源数据的人员变动，数据的收集、转换或数据特性可能会发生变化。作者亲身经历的一个很好的例子是，在客户资源管理（CRM）系统中，销售团队输入的数据质量可能取决于许多因素，以至于可以合理预期数据质量、一致性和及时性会发生缓慢或突然的变化。

在此情形下，正确的解答可能并非源自技术工程领域，而应出自对流程的精细管理。与相关团队和关键利益相关者协作，保障数据品质的持续稳定，并确保标准作业流程得到恪守，乃是至关重要的。如此做法无疑将为客户及企业带来益处，然而，说服他人接受这一方案仍可能是一场艰难的推销过程。

现在，我们可以开始构建这样的解决方案：当触发条件满足时，我们的机器学习模型会自动进行重新训练，如图 3-6 所示。

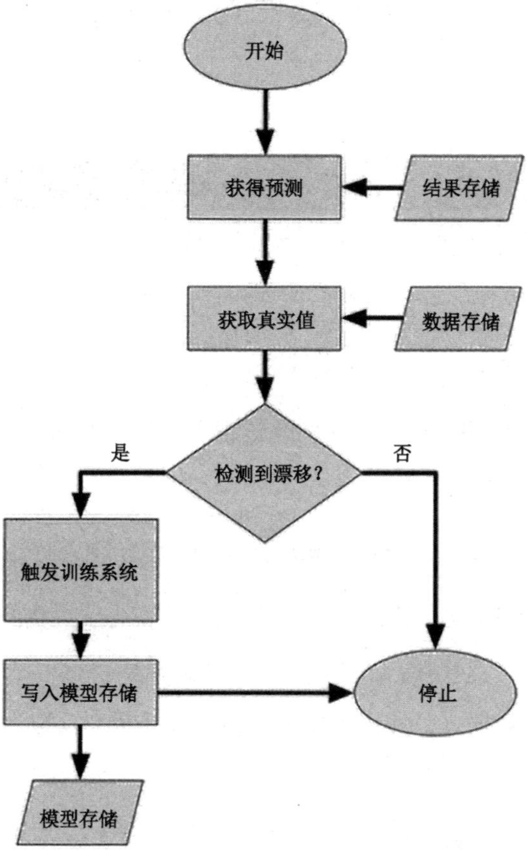

图 3-6　漂移检测的示例以及训练系统的流程

其他监控工具

本章中的示例主要使用了`alibi-detect`包，但现在我们正处于开源机器学习运维（MLOps）工具的黄金时代。有许多不同的软件包和解决方案可供选择，你可以开始使用这些工具来构建你的监控解决方案，而无须花费任何费用。

本小节中，我们将迅速概览这些工具中的部分，并阐述它们语法的基本要点。这样做的目的是，若你有意构建监控流程，即可立即着手实施，并了解这些多样化工具各自最适宜的使用环境。

首先，我们将介绍 Evidently AI（https://www.evidentlyai.com/），这是一个非常易于使用的 Python 软件包，它不仅允许用户监控他们的模型，还可以通过几行语法创建可定制的仪表板。以下是来自文档的入门指南的改编。

1．安装 Evidently：

```
pip install evidently
```

2．导入报告功能。报告是一个对象，它收集了多个指标的计算结果，以便进行可视化输出或作为 JSON 对象输出。我们将在后面展示后一种行为：

```
from evidently.report import Report
```

3．导入所谓的指标预设，在这个案例中是用于数据漂移的。我们可以将其视为一个模板化的报告对象，稍后可以进行自定义：

```
from evidently.metric_preset import DataDriftPreset
```

4．假设你手头有数据，那么你可以生成数据漂移报告。让我们假设你手上有之前例子中的葡萄酒数据集。如果我们使用 scikit-learn 的 train_test_split( )方法将葡萄酒数据按 50/50 划分，我们将得到两个数据集，并再次使用这两个数据集来模拟参考数据集 X_ref 和当前数据集 X_curr：

```
data_drift_report = Report(metrics=[
DataDriftPreset(),
    ])
report.run(
    reference_data=X_ref,
   current_data=X_ref
)
```

5. Evidently 随后提供了一些非常实用的功能，用于在报告中对结果进行可视化。你可以通过几种不同的方法导出或查看这些结果。你可以将报告导出为 JSON 或 HTML 对象，以供后续使用或其他应用程序中审查。图 3-7 和图 3-8 展示了使用以下命令创建这些输出时的结果片段：

```
data_drift_report.save_json('data_drift_report.json')
data_drift_report.save_html('data_drift_report.html')
```


```
{
    "version": "0.3.1",
    "timestamp": "2023-05-01 14:55:28.221095",
    "metrics": [
        {
            "metric": "DatasetDriftMetric",
            "result": {
                "drift_share": 0.5,
                "number_of_columns": 13,
                "number_of_drifted_columns": 0,
                "share_of_drifted_columns": 0.0,
                "dataset_drift": false
            }
        },
        {
            "metric": "DataDriftTable",
            "result": {
                "number_of_columns": 13,
                "number_of_drifted_columns": 0,
                "share_of_drifted_columns": 0.0,
                "dataset_drift": false,
                "drift_by_columns": {
                    "alcalinity_of_ash": {
                        "column_name": "alcalinity_of_ash",
                        "column_type": "num",
                        "stattest_name": "K-S p_value",
                        "stattest_threshold": 0.05,
                        "drift_score": 0.39530698914758006,
                        "drift_detected": false,
                        "current": {
                            "small_distribution": {
                                "x": [
                                    14.6,
                                    15.99,
                                    17.38,
                                    18.77,
                                    20.16,
                                    21.55,
                                    22.939999999999998,
                                    24.33,
                                    25.72,
                                    27.11,
                                    28.5
                                ],
                                "y": [
                                    0.06466736722981163,
                                    0.16975183897825574,
```


图 3-7　来自 Evidently 报告的 JSON 输出中关于 50/50 划分的葡萄酒特征集

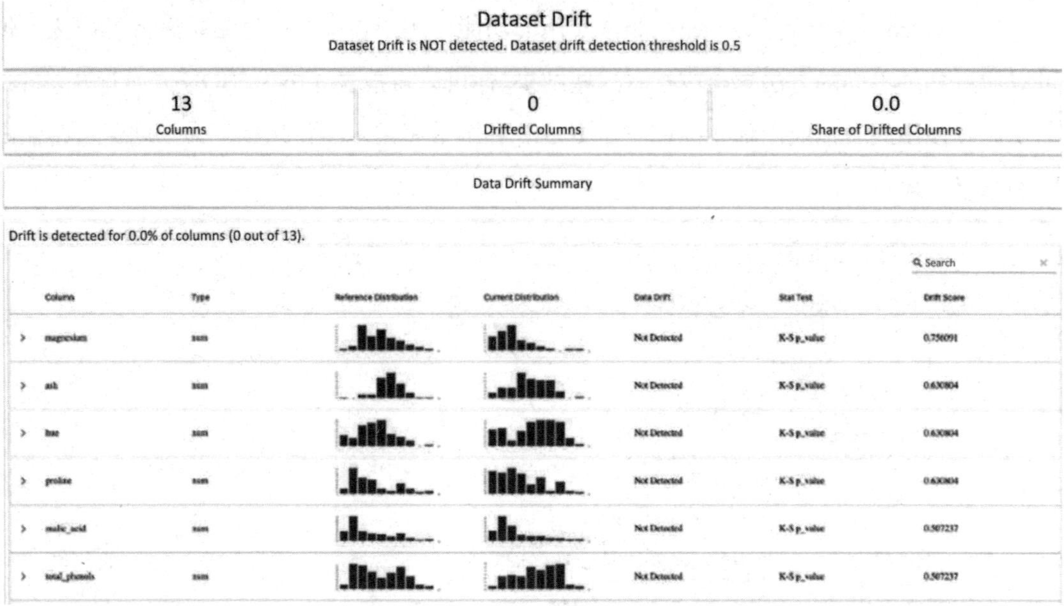

图 3-8　由 Evidently 生成的关于 50/50 划分葡萄酒特征集的数据漂移报告的 HTML 版本

渲染后的 HTML 报告的一个优点是，你可以动态深入地查看一些有用的信息。例如，如果你点击任何一个特征，你将获得随时间变化的数据漂移图，图 3-9 所示；你也可以用相同的方式获取特征分布图，如图 3-10 所示。

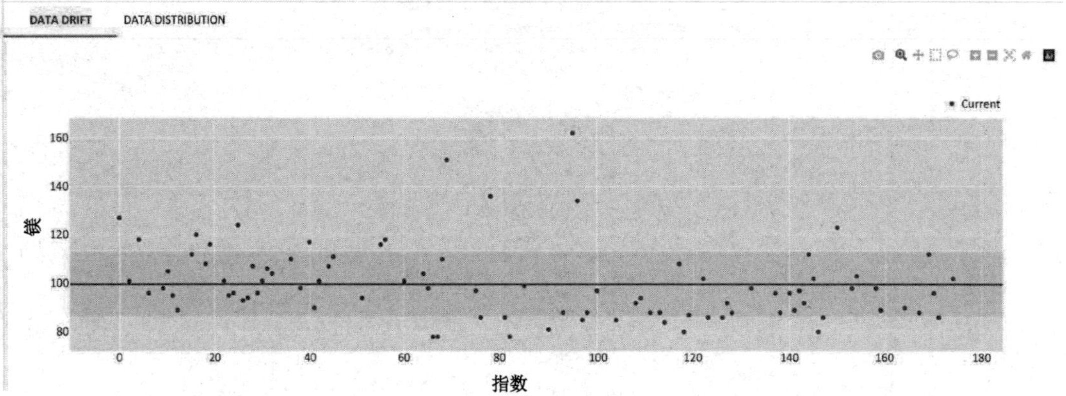

图 3-9　Evidently 报告中深入查看葡萄酒特征时，自动生成的数据漂移图

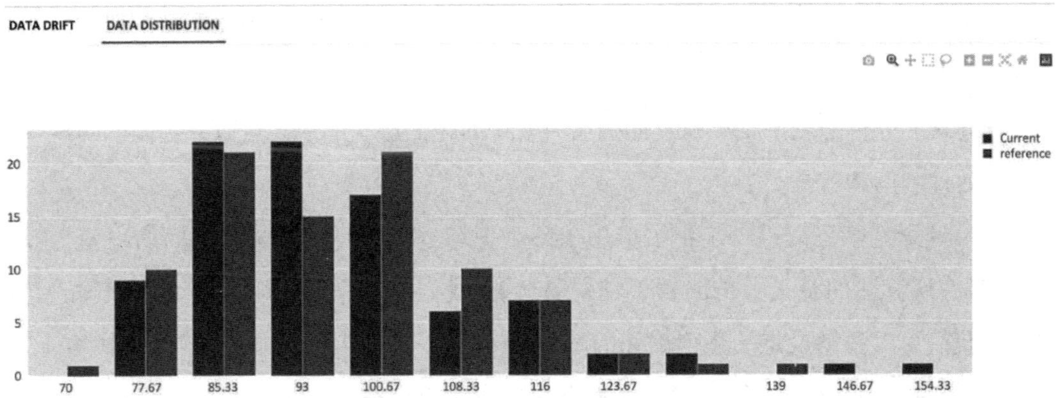

图 3-10　Evidently 报告中深入查看葡萄酒特征集时，自动生成的特征分布情况

这只是使用 Evidently 能做到的事情的冰山一角。它还提供了大量功能，用于生成你自己的模型测试套件和监控功能，以及像我们所看到的那样，将所有内容进行美观的可视化。

现在我们已经探讨了模型漂移和数据漂移的概念以及如何检测它们，我们可以继续讨论如何将本章前面提到的许多概念自动化。

接下来的几个小节将深入探讨训练过程的不同方面，特别是如何使用各种工具自动化这一过程。

自动训练

训练过程是模型工厂的一个不可或缺的部分，也是机器学习工程与传统软件工程之间的主要区别之一。接下来的几个小节将详细讨论我们如何开始使用一些出色的开源工具来简化、优化，甚至在某些情况下完全自动化这一过程的各个环节。

自动化的层次结构

机器学习如今已成为软件开发的常规组成部分，同时也是一项主要的商务与学术活动，其背后的主要原因之一在于众多工具的可用性。所有这些包含经过实践检验且优化的复杂算法实现的软件包和库，都允许人们在现有基础上进一步构建，而无须在每次遇到问题时重新实现基础算法。

这体现了软件开发中抽象概念的强大力量，即较低层次的单元可以在更高的实现层次上被有效地利用和整合。

这一理念甚至可以进一步扩展应用于整个训练过程本身。在实施层面的最基本等级（尽管在底层算法的意义上仍旧属于较高层次），我们能够详细说明期望训练流程的具体走向。我们可以手动设定一系列确切的超参数（详见下一节关于优化超参数的内容），在我们的代码中指导训练运行。我将这种方式称作手工调整。接着，我们可以提升至更高的抽象层次，为我们的超参数设定范围与界限，利用旨在高效采样并测试模型性能的工具。例如，自动化超参数调优。最终，存在一个更高层次的抽象，在过去数年里激起了众多媒体的极大兴趣，即在所运行的算法中进行优化选择。这被称为自动化机器学习，或者 AutoML。

围绕 AutoML 的炒作可能非常多，有些人宣称最终将实现所有机器学习开发工作的自动化。在我看来，这并不现实，因为选择模型和超参数只是巨大复杂工程挑战的一个方面（因此这是一本书，而不是一张传单！）。然而，AutoML 确实是一个非常强大的工具，在你进入下一个机器学习项目时，应该将其添加到你的能力库中。

我们可以轻松地将所有这些总结为自动化的层次结构；基本上，作为机器学习工程师，你希望在训练过程中拥有多少控制权？我曾经听到有人用汽车的变速箱控制来描述这个过程（来自：Databricks 在 2019 年主办的 Spark + AI 峰会）。手工调整相当于驾驶一辆手动挡汽车，对变速箱有完全的控制：需要考虑得更多，但如果你知道自己在做什么，这可以非常有效率。提高一个层次，你有一辆自动挡汽车：需要担心的事情更少，这样你就可以更专注于到达目的地、交通和其他挑战。这对于很多人来说是一个不错的选择，但仍然要求你有足够的知识、技能和理解。最后，我们有自动驾驶汽车：坐下来，放松，甚至不用担心如何到达目的地。你可以专注于一旦到达那里，你将要做什么。

图 3-11 展示了这种自动化的层次结构：

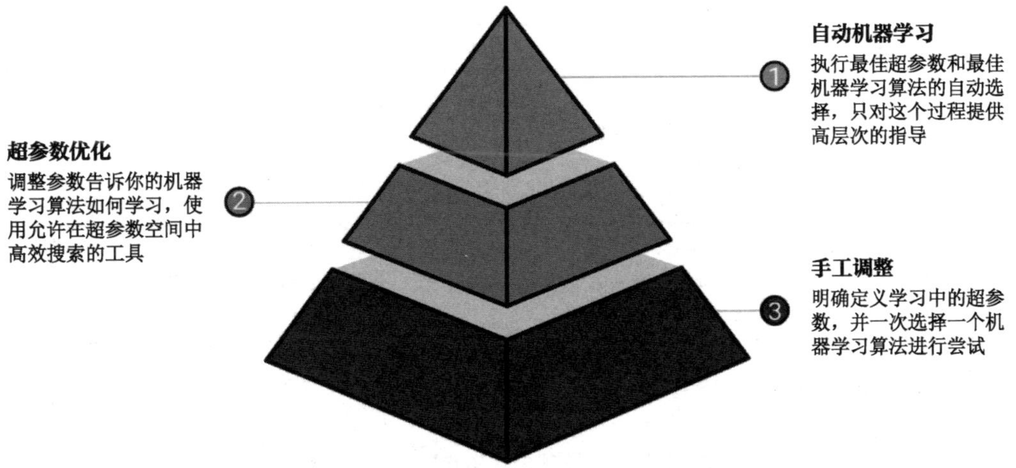

图 3-11　机器学习模型优化的自动化层次结构，其中 AutoML 代表了最高级别的自动化潜能

简而言之，这就是不同层次的训练抽象如何相互关联的。

在接下来的几个部分中，我们将讨论如何开始构建超参数优化和 AutoML 的实现。我们不会涵盖“手工调整”，因为那是不言自明的。

优化超参数

在将数学函数与数据进行拟合时，某些值会在拟合或训练过程中被调整：这些称为参数。在机器学习中，我们面临更高层次的抽象挑战，需要设定一些值来指导所采用的算法如何更新这些参数。这些设定的值便是超参数，而精心挑选它们则是训练机器学习算法中一项至关重要而又颇具神秘色彩的技巧。

表 3-1 列出了一些常见机器学习算法所使用的超参数，以展示它们可能的不同形式。这些列表并不全面，但旨在强调超参数优化并非一项简单的工作：

表 3-1　监督算法的超参数及其控制内容

算　法	超 参 数	控 制 内 容
决策树与随机森林	● 树的深度 ● 最小/最大叶子节点数	● 在你的树中有多少层 ● 在每一层可以发生多少分支
支持向量机	● C ● Gamma	● 误分类的惩罚 ● 训练点在径向基函数（RBF）核中的影响半径

续表

算　法	超　参　数	控 制 内 容
神经网络（多种架构）	● 学习率 ● 隐藏层的数量 ● 激活函数 ● 还有更多	● 更新步长 ● 你的网络有多深 ● 你的神经元的激发条件
逻辑回归	● 求解器 ● 正则化类型 ● 正则化系数	● 如何最小化损失 ● 如何防止过拟合/使问题表现良好 ● 正则化的强度

更多示例可以在表 3-2 中看到：

表 3-2　无监督算法的一些超参数及其控制的内容

算　法	超　参　数	控 制 内 容
K-最近邻算法	● K ● 距离度量	● 聚类的数量 ● 如何定义点之间的距离
DBSCAN	● Epsilon ● 最小样本数量 ● 距离度量	● 要考虑的最大距离邻居 ● 需要被考虑的核心邻居数量 ● 如何定义点之间的距离

所有这些超参数都有它们可以取的特定值集合。对于你想要应用到机器学习解决方案的不同潜在算法，超参数值的范围意味着有很多方法来定义一个工作模型（意味着不会破坏你正在使用的实现），但你如何找到最优模型呢？

这就是超参数搜索的用武之地。其概念是，对于有限数量的超参数值组合，我们想要找到给出最佳模型性能的那一套。这又是一个类似于初次训练时的优化问题！

在接下来的几个小节中，我们将讨论两个非常流行的超参数优化库，并展示如何在几行 Python 代码中实现它们。

重要提示

理解这些超参数库中用于优化的算法至关重要，因为你可能希望从每种实现中尝试几种不同的策略，以比较它们的效果并评估性能。如果你没有深入理解它们的内部机制，就可能会不自觉地进行不公平的比较，甚至

> 可能在不知情的情况下重复对比几乎相同的内容！若你对这些解决方案的工作原理有更深刻的了解，就能更明智地判断它们何时能发挥作用，何时可能过度。力求掌握这些算法和策略的关键知识，因为这将帮助你构建更为全面的训练体系，使其中的算法调整策略相辅相成。

Hyperopt

Hyperopt 是一个开源的 Python 包，它自称能够针对棘手搜索空间进行串行和并行优化，这些搜索空间可能包括实值、离散和条件维度。请访问以下链接以获取更多信息：https://github.com/Hyperopt/Hyperopt。在撰写本书时，0.2.5 版本包含了三种算法，用于在用户提供的搜索空间中进行优化：

- 随机搜索：该算法基本上在你提供的参数值范围内选择随机数并尝试它们。然后，它评估用哪些数字组合根据你选择的目标函数提供最佳性能。
- Parzen 估算器树（TPE）：这是一种贝叶斯优化方法，它对目标函数阈值以下和以上的超参数分布进行建模（大致好和坏的得分），然后旨在从好的超参数分布中抽取更多值。
- 自适应 TPE：这是 TPE 的一个修改版本，它允许对搜索进行一些优化，并且能够创建机器学习模型来帮助指导优化过程。

Hyperopt 仓库和文档包含了几个不错且详细的例子。我们在这里不会一一讲解这些例子。相反，我们将学习如何使用它来优化一个简单的分类模型，比如我们在第 1 章中定义的那个。现在，让我们开始吧：

1. 在 Hyperopt 中，我们必须定义我们想要优化的超参数。例如，对于一个典型的逻辑回归问题，我们可以定义超参数的空间以覆盖：是否为我们想要重用之前模型运行中学习到的参数（warm_start），是否为我们希望模型在决策函数中包含偏差项（fit_intercept），决定何时停止优化的容差设置（tol），正则化参数（C），我们想要尝试的求解器，以及任何训练运行中的最大迭代次数 max_iter：

```
from Hyperopt import hp
space = {
    'warm_start' : hp.choice('warm_start', [True, False]),
    'fit_intercept' : hp.choice('fit_intercept', [True, False]),
    'tol' : hp.uniform('tol', 0.00001, 0.0001),
    'C' : hp.uniform('C', 0.05, 2.5),
    'solver' : hp.choice('solver', ['newton-cg', 'lbfgs',
                                   'liblinear']),
    'max_iter' : hp.choice('max_iter', range(10,500))
    }
```

2. 我们需要定义一个要优化的目标函数。对于分类算法，我们可以简单地将我们想要最小化的 F1 分数作为损失函数。请注意，如果使用 fmin 功能，Hyperopt 允许你的目标函数通过返回语句提供运行统计信息和元数据。如果你这样做，唯一要求是，返回一个标记为 loss 的值和一个有效的状态值，这些值来自 Hyperopt.STATUS_STRING（默认情况下为 **ok**，如果在计算中出现问题并希望将其标记为失败，则为 **fail**）：

```
def objective(params, n_folds, X, y):
    # 使用超参数进行n 折交叉验证
    clf = LogisticRegression(**params, random_state=42)
    scores = cross_val_score(clf, X, y, cv=n_folds, scoring=
                            'f1_macro')
    # 提取最佳得分
    max_score = max(scores)
    # 损失必须最小化
    loss = 1 - max_score
    # 带有评估信息的字典
    return {'loss': loss, 'params': params, 'status': STATUS_OK}
```

3. 我们必须使用 TPE 算法的 fmin 方法进行优化：

```
# Trials对象用于跟踪进度
trials = Trials()
```

```
# 优化
best = fmin(
    fn=partial(objective, n_folds=n_folds, X=X_train, y=y_train),
    space=space,
    algo=tpe.suggest,
    max_evals=16,
    trials=trials
    )
```

4. 最佳内容是一个字典，字典中包含了你在搜索空间中定义的所有最佳超参数。因此，在这种情况下，我们有以下内容：

```
{'C': 0.26895003542493234,
'fit_intercept': 1,
'max_iter': 452,
'solver': 2,
'tol': 1.863336145787027e-05,
'warm_start': 1}
```

然后，你可以使用这些超参数来定义你的模型，以便于在数据上进行训练。

Optuna

Optuna 是一个软件包，基于一些核心设计原则，具有广泛的功能。这些设计原则包括其按运行定义（define-by-run）的 API 和模块化架构。这里的"按运行定义"指的是，使用 Optuna 时，用户不必定义要测试的完整参数集，这就是定义和运行。相反，他们可以提供一些初始值，并要求 Optuna 提供其自己的一组要运行的实验。这可以节省用户的时间，并减少代码的占用空间（对我来说这是两个很大的优点！）。

Optuna 包含了四种基本的搜索算法：网格搜索、随机搜索、TPE（Tree of Parzen Estimators）以及协方差矩阵自适应进化策略（Covariance Matrix Adaptation Evolution Strategy，CMA-ES）算法。我们之前已经讨论过前三种，但 CMA-ES 是混合中的一个重要补充。正如其名称所示，这是基于一种进化算法，并从多元高斯分布中抽取超参数的样本。

然后，它利用给定目标函数的评估分数排名来动态地更新高斯分布的参数（其中一组参数就是协方差矩阵），以帮助在搜索空间中快速且稳健地找到一个最优解。

然而，使 Optuna 的优化过程与 Hyperopt 不同的关键点在于，其应用了剪枝或自动提前停止。在优化过程中，如果 Optuna 检测到一组超参数的试验不会带来更好的整体训练算法，它就会终止该试验。该软件包的开发者建议，通过减少不必要的计算，可以提高超参数优化过程的整体效率。

在这里，我们正在查看之前看过的同一个示例，但现在用 Optuna 来代替 Hyperopt。

1．在使用 Optuna 时，我们可以利用一个被称为“Study”的对象。它为我们提供了一种方便的方式来将搜索空间融入我们的目标函数中。

```
def objective(trial, n_folds, X, y):
    """目标函数用于调整逻辑回归超参数"""
    params = {
        'warm_start':
        trial.suggest_categorical('warm_start', [True, False]),
        'fit_intercept':
        trial.suggest_categorical('fit_intercept', [True, False]),
        'tol': trial.suggest_uniform('tol', 0.00001, 0.0001),
        'C': trial.suggest_uniform('C', 0.05, 2.5),
        'solver': trial.suggest_categorical('solver', ['newton-cg',
                                              'lbfgs', 'liblinear']),
        'max_iter': trial.suggest_categorical('max_iter',
                                                range(10, 500))
    }
    # 执行带有超参数的n 折交叉验证
    clf = LogisticRegression(**params, random_state=42)
    scores = cross_val_score(clf, X, y, cv=n_folds,
                             scoring='f1_macro')
```

```
    # 提取最佳分数
    max_score = max(scores)
    # 损失必须最小化。
    loss = 1 - max_score
    # 评估所需信息字典
    return loss
```

2．我们必须以与我们在 Hyperopt 示例中相同的方式设置数据：

```
n_folds = 5
X, y = datasets.make_classification(n_samples=100000, n_
features=20,n_informative=2, n_redundant=2)
train_samples = 100  # 用于训练模型的样本
X_train = X[:train_samples]
X_test = X[train_samples:]
y_train = y[:train_samples]
y_test = y[train_samples:]
```

3．我们可以定义之前提到的这个 Study 对象，并告知它，我们希望如何优化目标函数返回的值，同时提供关于在研究中进行多少次试验的指导。在这里，我们将再次使用 TPE 采样算法：

```
from optuna.samplers import TPESampler
study = optuna.create_study(direction='minimize',
sampler=TPESampler())
study.optimize(partial(objective, n_folds=n_folds, X=X_train, y=y_
                       train), n_trials=16)
```

4．我们可以通过 study.best_trial.params 变量来获取最佳参数，这为我们提供了最佳情况下的值：

```
{'warm_start': False,
'fit_intercept': False,
'tol': 9.866562116436095e-05,
```

```
'C': 0.08907657649508408,
'solver': 'newton-cg',
'max_iter': 108}
```

正如你所看到的，Optuna 也非常简单易用，并且非常强大。现在，让我们来看看自动化的最终层级：AutoML。

重要提示

你会注意到，这些值与 Hyperopt 返回的值不同。这是因为在每种情况下我们只运行了 16 个试验，所以我们没有有效地对空间进行子采样。如果你连续几次运行 Hyperopt 或 Optuna 样本，就会发现由于同样的原因，可以得到完全不同的结果。这里给出的例子只是为了展示语法，但如果你有兴趣，就可以将迭代次数设置得非常高（或创建较小的空间进行采样），两种方法的结果应该大致收敛。

AutoML

在我们层级结构的最高层，作为工程师的我们，对训练过程的直接控制最少，但在这里，我们也可能会以极小的努力得到一个很好的答案！

你在解决问题时，即使编写了看似合理的搜索参数和循环，但要通过大量超参数和算法进行搜索所需的开发时间也可能很长。

在过去的几年里，人们在多种语言和软件生态系统中部署了若干 AutoML 库和工具。这些技术的热潮意味着它们获得了大量曝光，这导致许多数据科学家开始质疑他们的工作何时会被自动化取代。正如我们在本章前面提到的，在我看来，宣称数据科学的死亡是过早的，并且从组织和业务绩效的角度来看也是危险的。这些工具被赋予了一种伪神话般的地位，以至于许多公司可能会认为，仅仅使用几次就能解决他们所有的数据科学和机器学习问题。

他们是错误的，但他们也是正确的。

这些工具和技术非常强大，可以帮助我们改进一些事物，但它们并非神奇的包治百病的万能药。让我们来探索这些工具，并开始思考如何将它们融入机器学习工程流程和解决方案。

auto-sklearn

我们最喜欢的库之一，老牌的 Scikit-Learn，始终是构建流行的 AutoML 库的首要目标之一。auto-sklearn 的一个非常强大的特性是，其 API 的设计使得优化和选择模型及超参数的主要对象可以无缝地融入你的代码。

像往常一样，一个例子会更清楚地说明这一点。在下面的例子中，我们假设已经获取了葡萄酒数据集，并按照其他例子（例如“检测漂移”小节的例子）的方式，将其拆分为训练和测试样本。

1. 由于这是一个分类问题，我们需要从 autosklearn 中获取的主要对象是 autosklearn.classification。

```
import numpy as np
import sklearn.datasets
import sklearn.metrics
import autosklearn.classification
```

2. 我们需要定义 auto-sklearn 对象，这里提供了几个参数，帮助定义模型和超参数调优过程将如何进行。在这个例子中，我们将为运行整个优化过程提供一个以“秒”为单位的上限时间限制，以及为任何一次对机器学习模型的调用提供一个以“秒”为单位的上限时间限制。

```
automl = autosklearn.classification.AutoSklearnClassifier(
    time_left_for_this_task=60,
    per_run_time_limit=30
    )
```

3. 我们就像拟合一个普通的 sklearn 分类器一样，可以拟合 auto-sklearn 对象。正如我们之前提到的，auto-sklearn 的 API 设计得非常熟悉：

```
automl.fit(X_train, y_train, dataset_name='wine')
```

4．拟合了该对象后，就可以开始剖析在优化运行过程中该对象取得了什么成果。

5．我们可以看到在最终的集成模型中，尝试了哪些模型并保留了哪些模型作为对象的一部分。

```
print(automl.show_models())
```

6．我们可以从运行中获得主要统计量的读数：

```
print(automl.sprint_statistics())
```

7．我们可以预测一些预期的文本特征：

```
predictions = automl.predict(X_test)
```

8．可以通过使用我们最喜欢的指标计算器来检查其表现如何——在这个案例中，是 sklearn 的 metrics 模块。

```
sklearn.metrics.accuracy_score(y_test, predictions)
```

9．正如你所见，开始使用这个强大的库是非常简单直接的，特别是如果你已经习惯于使用 sklearn 的话。

接下来，我们来探讨如何将这个概念扩展到神经网络中，由于其不同的潜在模型架构，神经网络具有额外的复杂性层次。

AutoKeras

AutoML 在神经网络领域取得了巨大的成功。这是因为对于神经网络来说，“什么是最佳模型？”这个问题非常复杂。对于通常的分类器，我们可以想到一个相对较短、有限的算法列表来尝试。而对于神经网络，我们没有这个列表。相反，我们有一个基本上无限的可能的神经网络架构集合，例如将神经元组织成层以及它们之间的链接。寻找最优的神经网络架构是一个问题，在处理这一问题时，高效的优化技术能极大地简化机器学习工程师或数据科学家的工作。

在这个案例中，我们将探索一个基于非常流行的神经网络 API 库——Keras 构建的 AutoML 解决方案。令人难以置信的是，这个包的名字是——你猜对了——AutoKeras！

在这个例子中，我们将再次假设已经加载了葡萄酒数据集，以便我们可以专注于实现的细节。让我们开始吧：

1．导入 autokeras 库：

```
import autokeras as ak
```

2．现在，是时候进行有趣的部分了。对于 AutoKeras 来说，这也是极其简单的环节！由于库中数据是结构化的（具有明确模式的表格数据），我们可以使用 StructuredDataClassifier 对象，该对象封装了自动神经网络架构和超参数搜索的底层机制。

```
clf = ak.StructuredDataClassifier(max_trials=5)
```

3．我们所需要做的就是拟合这个分类器对象，注意它与 sklearn API 的相似性。请记住，假设训练数据和测试数据都存在于 pandas DataFrames 中，像其他示例一样：

```
clf.fit(x=X_train, y=y_train)
```

4．AutoKeras 中的训练对象包含了一种便捷的评估方法，让我们利用这一点来查看我们的解决方案的准确性：

```
accuracy=clf.evaluate(x=X_train, y=y_train)
```

5．我们成功地在几行 Python 脚本代码中执行了一个神经网络架构和超参数搜索，像往常一样，阅读解决方案文档以获取更多关于你可以提供给不同方法的参数信息。

讨论了如何创建高性能的模型后，在接下来的部分，我们将学习如何持久化这些模型，以便它们能够在其他程序中使用。

持久化你的模型

在上一章中，我们介绍了使用 MLflow 进行模型版本控制的一些基础知识。具体来说，我们讨论了如何使用 MLflow 跟踪 API 为你的机器学习实验记录指标。现在，将在此基础上进一步探讨训练系统与模型控制系统之间的交互点。

首先，回顾一下我们正在尝试用训练系统做什么。希望尽可能地自动化数据科学家在寻找第一个有效模型时所做的大量工作，以便可以持续更新并创建新的模型版本，这些版本在未来仍然能够解决问题。我们还希望有一个简单的机制，允许训练过程的结果与执行预测的解决方案部分共享，当处于生产阶段时。可以将我们的模型版本控制系统视为在第 2 章中讨论的 ML 开发过程不同阶段之间的桥梁。特别是，可以看到，跟踪实验结果的能力使我们能够保留运行阶段的结果，并在开发阶段基于这些结果进行构建。我们还可以在开发阶段的同一地方跟踪更多的实验、测试运行和超参数优化结果。然后，我们可以开始标记表现良好的模型作为部署的良好候选者，从而弥合了开发和部署开发阶段之间的差距。

如果我们目前专注于 MLflow（尽管还有许多其他解决方案可以满足模型版本控制系统的需求），那么 MLflow 的追踪和模型注册表功能恰好充当了桥梁的角色，如图 3-12 所示：

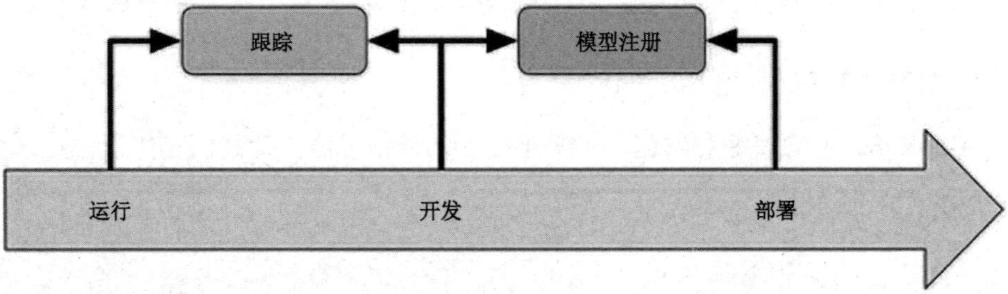

图 3-12　MLflow 跟踪和模型注册表功能如何帮助我们在机器学习开发过程的不同阶段取得进展

在第 2 章，我们仅仅探索了 MLflow 跟踪 API 存储实验模型运行元数据的基础。现在，我们将简要地深入研究如何以一种非常有组织的方式存储生产就绪的模型，以便你可以开始进行模型阶段化。这是一个模型可以通过准备阶段进展的过程，如果你愿意，你可以在生产中交换模型。这是任何提供模型并将作为部署解决方案一部分运行的训练系统的重要部分，这也是本书的关注的重点！

正如前文所述，我们在 MLflow 中需要的功能被称为模型注册表，它使你能够在开发生命周期中管理模型的阶段化。在这里，我们将通过示例来说明如何将一个已记录的模型推送到注册表，如何更新注册表中的信息，例如模型版本号，然后如何让你的模型在不同的生命周期阶段中前进。我们将在本节结束时学习如何在其他程序中从注册表检索给定的模型——如果我们要在独立的训练和预测服务之间共享我们的模型，这一点非常关键。

在深入探讨与模型注册表交互的 Python 代码之前，我们还有一个重要的设置步骤需要完成。这个注册表只有在使用数据库来存储模型元数据和参数时才能工作。这与基本跟踪 API 不同，后者只需要文件后端存储即可工作。这意味着在将模型推送到模型注册表之前，我们必须启动一个带有数据库后端的 MLflow 服务器。你可以通过在终端执行以下命令，使用本地运行的 SQLite 数据库来完成这个操作。

在运行本节剩余部分的代码片段之前，你需要先运行以下命令（这个命令存储在本书的 GitHub 仓库中一个简短的 Bash 脚本中，具体位置为 https://github.com/PacktPublishing/Machine-Learning-Engineering-with-Python/blob/main/Chapter03/mlflow-advanced/start-mlflow-server.sh）：

```
mlflow server \
    --backend-store-uri sqlite:///mlflow.db \
    --default-artifact-root ./artifacts \
    --host 0.0.0.0
```

既然后端数据库已经启动并运行，我们就可以将其作为模型工作流的一部分。让我们开始吧：

1. 让我们从记录本章前面训练的一个模型的一些指标和参数开始：

```
with mlflow.start_run(run_name="YOUR_RUN_NAME") as run:
    params = {'tol': 1e-2, 'solver': 'sag'}
    std_scale_clf = make_pipeline(StandardScaler(),
                                  RidgeClassifier(**params))
    std_scale_clf.fit(X_train, y_train)
    y_pred_std_scale = std_scale_clf.predict(X_test)
```

```
    mlflow.log_metrics({
            "accuracy":
             metrics.accuracy_score(y_test, y_pred_std_scale),
            "precision":
             metrics.precision_score(y_test, y_pred_std_scale,
                                   average="macro"),
            "f1":
             metrics.f1_score(y_test, y_pred_std_scale,
                            average="macro"),
            "recall":
             metrics.recall_score(y_test, y_pred_std_scale,
                                average="macro"),
    })
mlflow.log_params(params)
```

2. 在同一个代码块中，我们现在可以将模型记录到模型注册表，为模型提供一个名称以便稍后引用：

```
        mlflow.sklearn.log_model(
            sk_model=std_scale_clf,
            artifact_path="sklearn-model",
            registered_model_name="sk-learn-std-scale-clf"
        )
```

3. 假设我们正在运行一个预测服务，希望检索模型并使用它进行预测。在这里，我们需要编写以下内容：

```
model_name = "sk-learn-std-scale-clf"
model_version = 1
model = mlflow.pyfunc.load_model(
    model_uri=f"models:/{model_name}/{model_version}"
    )
model.predict(X_test)
```

4. 默认情况下，在模型注册表中新注册的模型被分配了 Staging 阶段值。因此，如果我们想根据了解阶段而不是模型版本来检索模型，可执行以下代码：

```
stage = 'Staging'
model = mlflow.pyfunc.load_model(
    model_uri=f"models:/{model_name}/{stage}"
    )
```

5. 根据本章的所有讨论，我们的训练系统的结果必须能够产生一个我们愿意部署到生产中的模型。以下代码将模型提升到一个不同的阶段，称为“Production”：

```
client = MlflowClient()
client.transition_model_version_stage(
    name="sk-learn-std-scale-clf",
    version=1,
    stage="Production"
    )
```

6. 以下是与模型注册表交互的最重要方式，我们已经介绍了如何在训练（以及预测）系统中注册、更新、改进和检索模型的基本操作。

现在，我们学习如何将我们的主要训练步骤链接在一起，形成称为管道的单一单元。我们将介绍一些在单个脚本中进行此操作的标准方法，这将使我们能够构建我们的第一个训练管道。在第 5 章中，我们将讨论用于为你的机器学习解决方案构建更通用的软件管道的工具（你的训练管道可能是其中的一个组件）。

构建模型工厂与管道

软件管道的概念非常直观。如果你的代码中，有一系列的步骤被链接在一起，每一个步骤都使用或消耗前一个步骤或多个步骤的输出，那么你就有了一个管道。

在这一部分，当我们提到管道时，我们将专门处理包含适合机器学习（ML）的处理或计算的步骤。例如，图 3-13 展示了这一概念如何适用于第 1 章中提到的营销分类器的某些步骤：

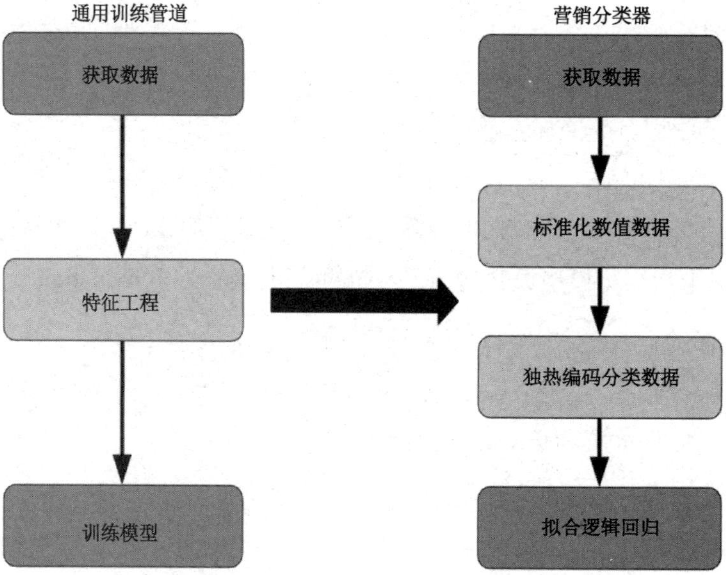

图 3-13　任何训练流程的主要阶段以及如何将其映射到第 1 章中的特定案例

让我们来讨论一些在代码中构建机器学习管道的标准工具。

Scikit-learn 管道

我们的老朋友 Scikit-Learn 附带了一些很好的管道功能。这个 API 使用起来非常简单，正如你所期待的 Scikit-Learn 那样，但是在继续之前，我们需要理解一些概念：

- 管道对象：这是一个将我们所需的所有步骤整合在一起的对象，特别是，sklearn 要求实例化的管道对象由一系列的转换器和估计器组成，所有的中间对象都具有.fit( )和.transform( )方法，最后一步是一个至少具有.fit( )方法的估计器。我们将在接下来的两点中解释这些术语。这个条件的原因是管道对象将从序列中的最后一个项继承方法，因此我们必须确保最后一个对象中有.fit( )方法。
- 估计器：估计器类是 scikit-learn 中的基础对象，可以在数据上进行拟合然后预测，因此具有.fit( )和.predict( )方法的任何对象都是估计器类的子类。

- 转换器：在 Scikit-Learn 中，转换器是具有.transform( )或.fit_transform( )方法的任何估计器，主要用于将数据集从一种形式转换为另一种形式，而不是进行预测。

使用管道对象确实有助于简化你的代码，因为它不再需要你编写多个不同的拟合、转换和预测步骤作为它们自己的函数调用，并且管理数据流，而是可以简单地将它们全部组合在一个对象中，该对象会为你管理这些并使用相同的简单 API。

在 Scikit-Learn 中，新的转换器和特性一直在不断增加，这意味着构建越来越多有用的管道成为可能。例如，在撰写本书时，Scikit-Learn 的版本大于 0.20 且还包含了 ColumnTransformer 对象，它允许你构建对特定列执行不同操作的管道。这正是我们在之前讨论的逻辑回归营销模型示例中想要做的事情，想要标准化数值型变量并对分类变量进行独热编码。让我们开始吧：

1. 要创建这个管道，你需要导入 ColumnTransformer 和 Pipeline 对象：

```
from sklearn.compose import ColumnTransformer
from sklearn.pipeline import Pipeline
```

2. 为了向你展示如何在组成流程的转换器中链接步骤，我们将稍后添加一些填充。为此，我们需要导入 SimpleImputer 对象：

```
from sklearn.impute import SimpleImputer
```

3. 我们需要定义数字转换器子流程，其中包含两个步骤：填充和缩放。同时，我们还需要定义这些步骤将应用于数字列的名称，以便稍后可以使用它们：

```
numeric_features = ['age', 'balance']
numeric_transformer = Pipeline(steps=[
    ('imputer', SimpleImputer(strategy='median')),
    ('scaler', StandardScaler())])
```

4. 我们必须为分类变量执行类似的步骤，但在这里，我们只需定义一个转换步骤，即独热编码器：

```
categorical_features = ['job', 'marital', 'education', 'contact',
```

```
                'housing', 'loan', 'default','day']
categorical_transformer = OneHotEncoder(handle_unknown='ignore')
```

5. 我们必须将这些预处理步骤整合到一个名为 preprocessor 的单一对象中，以使用 ColumnTransformer 对象。这需要把我们的转换器应用到 DataFrame 的适当列上：

```
preprocessor = ColumnTransformer(
    transformers=[
        ('num', numeric_transformer, numeric_features),
        ('cat', categorical_transformer, categorical_features)])
```

6. 我们想要在之前步骤的末尾添加机器学习模型步骤，并完成管道的构建。我们将此称为 clf_pipeline：

```
clf_pipeline = Pipeline(steps=[('preprocessor', preprocessor),
                    ('classifier', LogisticRegression())])
```

7. 这是我们的第一个机器学习训练流程。scikit-learn API 的美妙之处在于，clf_pipeline 对象现在可以像库中的其他标准算法一样被调用。所以，这意味着我们可以写出以下内容：

```
clf_pipeline.fit(X_train, y_train)
```

这将依次运行管道步骤中所有的 fit 方法。

之前的示例相对基础，但如果你的使用场景需要，有几种方法可以让你的这种管道更加先进。其中，最简单且最具扩展性的方法之一是，在 Scikit-Learn 中创建自定义转换器对象，这些对象可以从基类继承。你可以通过从 BaseEstimator 和 TransformerMixIn 类继承并定义自己的转换逻辑来为类转换器实现这一点。作为一个简单的示例，让我们构建一个转换器，它接收指定的列并添加一个浮点数。这只是一个简单的例子，向你展示如何完成它；我无法想象在大多数情况下，将单个浮点数添加到你的列会有多大的帮助！

```
from sklearn.base import BaseEstimator, TransformerMixin


class AddToColumsTransformer(BaseEstimator, TransformerMixin):
    def __init__(self, addition = 0.0, columns=None):
```

```
        self.addition = addition
        self.columns = columns

    def fit(self, X, y=None):
        return self

    def transform(self, X, y=None):
        transform_columns = list(X.columns)
        if self.columns:
            transform_columns = self.columns
        X[transform_columns] = X[transform_columns] + self.addition
        return X
```

你可以将这个转换器添加到你的管道中：

```
pipeline = Pipeline(
    steps=[
        ("add_float", AddToColumnsTransformer(0.5, columns=["col1","col2",
                                                              "col3"]))
    ]
)
```

这个添加数字的例子实际上并不是使用这种基于类的转换器定义的最佳用例，因为这种操作是无状态的。由于没有训练或对输入值进行复杂操作，这需要类保留和更新其状态，而我们实际上只是包装了一个函数。第二种添加自定义步骤的方式利用了这一点，并使用 FunctionTransformer 类来包装你提供的任何函数：

```
from sklearn.pipeline import Pipeline
from sklearn.preprocessing import FunctionTransformer

def add_number(X, columns=None, number=None):
    if columns == None and number == None:
        return X
    X[columns] = X[columns] + number
```

```
pipeline = Pipeline(
    steps=[
        (
            "add_float",
            FunctionTransformer(
                add_number, kw_args={"columns": ["col1", "col2", "col3"],
                                     "number": 0.5}),
        )
    ]
)
```

通过这些例子，你可以开始构建复杂的管道，这些管道可以执行你想要的任何特征工程任务。

综上所述，我们可以清楚地看到，将执行特征工程和训练模型的步骤抽象成一个单一对象的能力是非常强大的，因为这意味着你可以在不同的地方重复使用这个对象，并且可以用它构建更复杂的工作流，而不必不断地重新编写实现的细节。抽象是一件好事！

我们现在将转向另一种编写管道的方式，使用 Spark ML。

Spark ML 管道

在本书中，我们一直使用的另一套工具集在我们讨论扩大解决方案时将特别重要：Apache Spark 及其机器学习生态系统。我们将看到，用 Spark ML 构建类似的管道需要一套略有不同的语法，但关键概念看起来与 Scikit-Learn 的情况非常相似。

关于 PySpark 管道，有几个重点需要提及。首先，遵循 Scala（编写 Spark 的语言）的良好编程实践，对象被视为不可变的，因此转换不会在原地发生。相反，会创建新的对象。这意味着任何转换的输出都将需要在原始 DataFrame 中创建新的列（或者在新的 DataFrame 中创建新的列）。

其次，Spark ML 估计器（利用 ML 算法）都需要将特征组装成一个元组状的对象，放入单个列中。这与 Scikit-Learn 不同，后者允许你将所有特征保留在数据对象的各自列中，这意味着你需要熟悉汇编器（assembler）的使用方法。这些工具用于将分散的特征列整合在一起，特别是在处理混合的分类和数值特征时，这些特征在被算法处理前需要以不同的方式转换。

再者，Spark 中有许多函数采用惰性评估，这意味着它们只有在特定动作触发时才会执行。这表示你可以构建整个 ML 管道，而不必转换任何数据。惰性评估的原因是 Spark 中的计算步骤存储在有向无环图（DAG）中，以便在执行计算步骤之前对执行计划进行优化，这使得 Spark 非常高效。

最后，虽然这只是一个小细节，但通常在编写 PySpark 变量时使用“驼峰命名法”（例如 UpperCamelCase），而不是常见的“蛇形命名法”，后者常用于 Python 变量（例如，variableName 与 variable_name）。这样做是为了保持代码与 PySpark 函数一致，后者继承了 Spark 背后基于 Scala 代码的这种约定。

Spark ML 管道 API 类似于 Scikit-Learn 管道 API，使用了转换器和估计器的概念，但也有一些重要的区别。首先，Spark ML 中的转换器实现了.transform( )方法，但没有.fit_transform( )方法。其次，Spark ML 中的转换器和估计器对象是无状态的，因此一旦训练完成，它们就不会改变，只包含模型元数据，不存储任何关于原始输入数据的信息。一个相似之处在于管道在 Spark ML 中也被视为估计器。

我们现在将构建一个基本示例，展示如何使用 Spark ML API 构建训练管道。

让我们来看一下：

1. 我们必须使用以下语法对前面示例中的分类特征进行独热编码：

```
from pyspark.ml import Pipeline, PipelineModel

categoricalColumns = ["job", "marital", "education", "contact",
                      "housing", "loan", "default", "day"]
for categoricalCol in categoricalColumns:
    stringIndexer = StringIndexer(inputCol=categoricalCol,
                                  outputCol=categoricalCol +
                                  "Index").setHandleInvalid("keep")
    encoder = OneHotEncoder(
              inputCols=[stringIndexer.getOutputCol()],
```

```
            outputCols=[categoricalCol + "classVec"]
            )
    stages += [stringIndexer, encoder]
```

2. 对于数值列，我们必须执行填充操作：

```
numericalColumns = ["age", "balance"]
numericalColumnsImputed = [x + "_imputed" for x in numericalColumns]
imputer = Imputer(inputCols=numericalColumns,
outputCols=numericalColumnsImputed)
stages += [imputer]
```

3. 我们需要进行标准化。在这里，我们需要巧妙地使用 StandardScaler，因为它一次只能应用于一列数据。因此，我们将数值填充特征合并成单个特征向量之后，需要为每个数值特征创建一个标准化器：

```
from pyspark.ml.feature import StandardScaler
numericalAssembler = VectorAssembler(
    inputCols=numericalColumnsImputed,
    outputCol='numerical_cols_imputed')
stages += [numericalAssembler]
scaler = StandardScaler(inputCol='numerical_cols_imputed',
                        outputCol="numerical_cols_imputed_scaled")
stages += [scaler]
```

4. 我们需要将数值和分类转换后的特征组装成一个特征列：

```
assemblerInputs = [c + "classVec" for c in categoricalColumns] +\
["numerical_cols_imputed_scaled"]
assembler = VectorAssembler(inputCols=assemblerInputs,
                            outputCol="features")
stages += [assembler]
```

5. 我们可以定义我们的模型步骤，将其添加到管道中，然后进行训练和转换：

```
lr = LogisticRegression(labelCol="label", featuresCol="features",
                        maxIter=10)
stages += [lr]
(trainingData, testData) = data.randomSplit([0.7, 0.3], seed=100)
clfPipeline = Pipeline().setStages(stages).fit(trainingData)
clfPipeline.transform(testData)
```

然后，你可以像对待任何 Spark 对象一样持久化模型管道，例如，使用如下代码：

```
clfPipeline.save(path)
```

其中，path 是你的目标目的地的路径。然后，你可以通过使用以下方法将此管道读入内存：

```
from pyspark.ml import Pipeline
clfPipeline = Pipeline().load(path)
```

这就是我们如何在 PySpark 中使用 Spark ML 构建训练管道。这个示例为你展示了足够的内容，让你可以开始使用该 API 并构建出自己更复杂的管道。

我们现在将用一个简要总结来结束本章，概括我们所涵盖的所有内容。

本章小结

本章中，我们学习了一个重要的话题，即如何构建解决方案，用于训练和部署我们想要在生产环境中运行的机器学习模型。我们将这样的解决方案组件划分为几个部分，分别涉及模型的训练、模型的持久化、模型的服务以及触发模型的重新训练。我将这称为“模型工厂”。

我们深入探讨了一些重要概念的技术细节，深入了解了训练机器学习模型的真正含义，我们将其称为了解机器学习模型学习的过程。然后，我们花费了一些时间来介绍特征工程的关键概念，即在此过程中如何将数据转换为机器学习模型能够理解的形式。接着，我们介绍了如何考虑训练系统可以运行的不同模式，我将其称为“训练-持久化”和

“训练-运行”。

接着，我们讨论了如何使用各种技术对模型及其使用的数据执行漂移检测。这包括使用 Alibi Detect 和 Evidently 包执行漂移检测的一些示例，以及如何计算特征重要性的讨论。

然后，我们讲解了如何在不同层次的抽象中自动化训练过程的概念，接着解释了如何通过 MLflow 模型注册表程序化地管理你的模型的部署。最后一节讲述了如何在 Scikit-Learn 和 Spark ML 包中定义训练管道。

在接下来的章节中，我们将探讨如何以 Python 的方式封装这些概念，以便它们能够无缝地部署并在其他项目中重复使用。

加入我们在 Discord 上的社区

加入我们的社区 Discord 空间，与作者和其他读者进行讨论：https://packt.link/mle。

第 4 章　打包封装

在之前的章节中，我们介绍了许多工具和技术，这些是你需要通过使用来成功构建机器学习（ML）产品的工具和技术。我们还介绍了大量的示例代码，帮助理解如何实现这些工具和技术。截至目前，这一切都是关于我们需要编程的内容，但本章将专注于如何编程。具体来说，我们将介绍和运用许多在更广泛的 Python 软件开发社区中流行的技术、方法和标准，并将它们应用于 ML 用例。我们的讨论将围绕开发用户定义的库和包的概念展开，这些能够重用的代码片段可以用来部署你的 ML 解决方案或开发新的解决方案。需要注意的是，我们在这里讨论的一切都可以应用到你在 ML 项目开发生命周期中的所有 Python 开发活动。如果你正在笔记本上进行一些探索性数据分析，或者为你的项目研究部分编写一些建模脚本，你将从我们即将介绍的概念中获得巨大的收益。

本章中，首先，将回顾一些 Python 编程的基本要点，然后讨论编码规范的概念以及编写高质量 Python 代码的一些技巧。其次，我们也将探讨 Python 中面向对象编程和函数式编程的区别，以及它们在与其他工具的协同使用中的优势和互补之处。再者，我们还将讨论编写自己的机器学习包的一些良好用例，并介绍打包选项；接下来将讨论代码中的测试、日志记录和错误处理，这些是构建可信代码的重要概念，不仅要确保其正常工作，还要确保在出现问题时能够进行诊断。然后，我们将深入探讨包的逻辑流程。最后，我们将探讨如何确保“不重复造轮子”，并使用已经存在的功能。

本章中，我们将讨论以下几个主题：

- 编写优秀的 Python 代码
- 选择适合的风格
- 打包你的代码

- 构建你的包
- 测试、日志记录和错误处理
- 避免重复造轮子

重要提示

在 Python 中，包（package）和库（library）之间并没有一个明确定义的区别。通常的共识似乎是，库通常指的是你想要在其他项目中重用的任何代码集合，而包则指的是一组 Python 模块（本章将进行介绍）。在这里，我们经常会交替使用这两个词，当我们说库时，通常是指一组被清晰地组织在一起的代码，其中至少包含一个包。这意味着，对于这里的目的，我们不会把一些你稍后会重用的单脚本代码视为库。

谁不想编写更健壮、干净、可读、可测试且性能优良的代码，供我们的同事、机器学习社区，甚至我们的客户使用呢？让我们开始吧！

技术要求

与其他章节一样，要运行本章的示例，需要安装依赖项。我们可以通过导航到本书代码仓库的 Chapter 04 文件夹，并创建一个新的 Conda 环境来安装这些依赖项：

```
conda env create -f mlewp-chapter04.yml
```

你需要注意，这一章主要关注 Python 在打包方面的基础内容，因此，所需的预备知识会比平时稍微少一些！

编写优秀的 Python 代码

正如本书所讨论的，Python 是一种极为流行且多功能的编程语言。世界上一些最广泛使用的软件产品，以及一些最广泛采用的机器学习工程解决方案，都将 Python 作为核心语言。

鉴于这样的范围和规模，显而易见，如果我们想要编写出同样令人惊叹的机器学习驱动的软件，就应当再次遵循这些解决方案已经采纳的最佳实践和标准。在接下来的章节中，我们将探索“打包”在实践中意味着什么，并开始真正提升我们的机器学习代码在质量和一致性方面的水平。

回顾基础知识

我们深入探讨一些更高级的概念之前，让我们先确保所有人对 Python 世界的一些基本术语有共同的理解。如果你对 Python 的基础知识相当自信，那么你可以跳过这一部分，继续阅读本章的其他内容。然而，如果你对 Python 比较陌生，或者已经有一段时间没有复习过这些基础知识，那么回顾这些基础知识将确保你能够正确地运用思维过程，处理正确的事物，并且在编写代码时，你会感到更加自信。

在 Python 中，我们有以下对象：

- 变量：用于存储各种类型数据的对象。在 Python 中，我们可以通过赋值来创建变量，无须指定类型，例如：

```
numerical_variable = 10
string_variable = 'string goes here'
```

- 函数：是一个自包含的代码单元，在变量（或另一个对象）上执行逻辑步骤。在 Python 中通过关键字 def 来定义，可以返回任何 Python 对象。函数在 Python 中拥有与其他对象相同的权利，这意味着可以使用它们的对象名来引用它们（并重新引用它们），并且函数可以传递和返回函数。因此，如果我们创建一个从 pandas DataFrame 计算一些简单统计信息的函数，就可以进行以下操作。首先，定义它：

```
def calculate_statistics(df):
    return df.describe()
```

接着，你使用原始名称和一个名为 X_train 的 DataFrame 运行它：

```
calculate_statistics(X_train)
```

然后，你可以使用新名称重新分配函数，并使用如下方式调用它：

```
new_statistics_calculator = calculate_statistics
new_statistics_calculator(X_train)
```

最后，你可以将这个函数进一步传递。例如，如果你将这个函数传递给一个新的函数，该函数接受结果并返回一个 JSON 对象，那么你就可以像下面这样调用那个函数！

```
def make_func_result_json(func ,df):
    return func(df).to_json
make_func_result_json(calculate_statistics, X_train)
```

这可以帮助我们将一些简单的代码块迅速构建成相对复杂的程序。

- 模块：这是一个包含函数、变量与其他对象定义和语句的文件，其中的内容可以被导入其他 Python 代码中。例如，如果我们将前面示例中定义的函数放入一个名为 module.py 的文件中，然后可以在另一个 Python 程序（或 Python 解释器）中键入以下内容，以便使用其中包含的功能：

```
import module

module.calculate_statistics(df)
module.make_func_result_json(module.calcualate_statistics, df)
```

- 类：我们将在面向对象编程小节详细讨论类，但现在只需要知道，类是面向对象编程的基本单元，是一种很好地包含逻辑相关功能的方式。
- 包：这是一组通过它们的目录结构相互关联的模块的集合，其设计使得可以通过点语法访问包中的模块。例如，如果我们有一个名为 feature 的包，其中包含用于进行特征工程的模块，它的组织结构可能如下所示：

```
feature/
|-- numerical/
    |-- analyze.py
    |-- aggregate.py
```

```
    |-- transform.py
|-- categorical/
   |-- analyze.py
   |-- aggregate.py
   |-- transform.py
```

如果我们想要使用 numerical 或 categorical 子模块中包含的功能，那么将使用如下的点语法：

```
import feature.categorical.analyze
import feature.numerical.transform
```

现在，让我们继续讨论一些通用的 Python 技巧和诀窍。

诀窍与技巧

现在让我们讨论一些关于使用 Python 的技巧和诀窍，即使对于那些对这门语言非常熟悉的人来说，这些概念有时也会被忽视。以下概念可以帮助你编写更紧凑和高效的代码，因此掌握它们是很有益处的。请注意，这个列表绝对不是详尽无遗的：

- 生成器：这些是方便使用的函数，帮助我们创建一种在某种程度上进行迭代的语法。它们节省了我们编写大量样板代码的工作，具有内存高效的特性，并且具有非常有用的属性，例如能够暂停执行并自动保存内部状态。然后，你可以在稍后的代码中继续使用它进行迭代。在 Python 中，只要我们定义一个使用 yield 语句的函数，就会创建生成器。例如，在这里，我们可以定义一个生成器，根据名为 condition 的谓词过滤给定的值列表：

```
def filter_data(data, condition):
    for x in data:
        if condition(x):
            yield x
```

在实际应用中，我们可以将其应用于一个简单的整数列表，该列表包含从 0 到 99 的整数，称为 data_vals，并过滤掉低于某个阈值的值：

```
for x in filter_data(data_vals, lambda x: x > 50):
    print(x)
```

这将返回从 50 到 99 的整数。

定义生成器表达式的另一种方式是使用圆括号中的迭代语句。例如，在这里，我们可以定义一个生成器，它迭代从 0 到 9 的平方数：

```
gen1 = (x**2 for x in range(10))
for i in gen1:
    print(i)
```

请注意，你只能执行一次你的生成器；之后，它们就是空的。这是因为它们在内存中只存储迭代每一步所需的信息，所以一旦完成，就不会再存储任何内容！

生成器是一种非常强大的数据操作步骤创建方式，它们的内存效率很高，可以用于在诸如 Apache Beam 等框架中定义自定义管道。我们在这里不会详细讨论，但这绝对值得一探究竟。作为示例，请查看这篇文章：https://medium.com/analytics-vidhya/building-a- datapipeline-with- python-generators-a80a4d19019e。

- 列表推导式：这是一种语法，允许我们以极其简洁的方式利用手头上的任何可迭代对象（如字典、列表、元组和字符串）构建列表。这可以避免编写冗长、笨拙的循环，并有助于创建一些更加优雅的代码。列表推导式在内存中一次性创建整个列表，所以它们不像生成器那样高效。因此，请谨慎使用，并且如果可能的话，仅在需要创建小型列表时使用列表推导式。执行列表推导式时，你需要将迭代逻辑写在方括号中，而不是生成器中使用的圆括号。例如，我们可以创建第一个生成器示例中使用的数据：

```
data_vals = [x for x in range(100)]
```

- 容器和集合：Python 具有一组有用的内置类型，被称为容器，其中包括字典（dict）、集合（set）、列表（list）和元组（tuple）。Python 初学者从第一次接触这门语言开始就会学习如何使用这些容器，但我们经常忽视的是它们的增强版本：集合（collections）。这些集合允许在标准容器之上添加额外的行为，这可能很有用。表 4-1

总结了 Python 3 文档中提到的一些有用的容器，可以在 python.org 的文档 https://docs.python.org/ 3/library/ collections.html 中了解更多内容。

在你进行一些数据操作时，这些工具非常有用，往往能帮你节省几行代码。

表 4-1　Python 3 中 collections 模块的一些有用类型

容　器	描　述
deque	这是一个双端队列，可以通过可扩展的方式向对象的任一端添加或移除元素。如果你想要在大型数据列表的开头或结尾添加元素，或者想要查找数据中 X 的最后出现位置，这将非常有用
Counter	计数器接收诸如字典或列表之类的可迭代对象，并返回每个元素的计数。它们非常有用，可以快速获取这些对象内容的摘要
OrderedDict	标准的字典对象不保持顺序，因此 OrderedDict 引入了这个功能。如果你需要以与创建时相同的顺序遍历字典以进行新的处理，这将非常有用

- *args 和**kwargs：在 Python 中，当我们想要调用一个函数时，通常会向其提供参数。而本书中，我们已经看到了许多这样的例子。但是，如果你定义了一个希望应用于不同数量参数的函数会发生什么呢？这就是*args 和**kwargs 模式的作用。例如，假设我们想要初始化一个名为 Address 的类，该类使用从在线网络表单收集的信息来创建一个字符串，表示地址。

我们可能事先不知道用户在地址文本框中会输入多少个元素，但可以使用*args 模式（你不必将其称为 args，这里我们称之为 address）。以下是该类的示例：

```
class Address(object):
    def __init__(self, *address):
        if not address:
            self.address = None
            print('No address given')
        else:
          self.address = ' '.join(str(x) for x in address)
```

然后，你的代码在这两种情况下都能正常工作，即使构造函数中有可变数量的参数：

```
address1 = Address('62', 'Lochview', 'Crescent')
address2 = Address('The Palm', '1283', 'Royston', 'Road')
```

那么，address1.address 将为'62 Lochview Crescent'，而 address2.address 将为'The Palm 1283 Royston Road'。

**kwargs 扩展了这个想法，允许变量数量的关键字参数。如果你有可能定义变量数量参数的函数，那么你需要给这些参数附上名称，这将特别有用。例如，我们可能想要定义一个包含 ML 模型超参数值的类，这些参数的数量和名称会根据算法而变化。因此，我们可以像下面这样做：

```
class ModelHyperparameters(object):
    def __init__(self, **hyperparams):
        if not hyperparams:
            self.hyperparams = None
        else:
            self.hyperparams = hyperparams
```

这段代码将允许我们定义如下实例：

```
hyp1 = ModelHyperparameters(eps=3, distance='euclidean')
hyp2 = ModelHyperparameters(n_clusters=4, max_iter=100)
```

hyp1.hyperparams 将为{'eps': 3, 'distance': 'euclidean'}，而 hyp2.hyperparams 将为{'n_clusters': 4, 'max_iter': 100}。

在深入理解 Python 的工作原理方面，还有许多其他重要的概念需要掌握。目前，这些要点足以让我们在整个章节中进行进一步的构建。

现在，我们将考虑如何以一种使你的代码可读且一致的方式定义和组织这些元素。

坚持标准

当你提到坚持标准时，在大多数情况下，你会半期望从你交谈的人那里听到一声叹息和一个翻起的白眼。标准听起来很无聊和乏味，但事实上，它们是确保你的工作一致和高质量的极其重要的一部分。

在 Python 中，编码风格的标准是 Python Enhancement Proposal 8（PEP-8），由 Python

的创始人 Guido Van Rossum、Barry Warsaw 和 Nick Coghlan 编写（https://www.python.org/dev/peps/pep-0008/）。它本质上是一系列指南、技巧、窍门和建议，旨在编写一致且易读的代码。在你的 Python 项目中，遵循 PEP-8 风格指南会有以下一些好处：

- 更好的一致性：这将有助于你编写的代码在部署后更不容易崩溃，因为这样可以更容易地跟踪你的程序流程，识别错误和漏洞。一致性还有助于简化对你的代码进行扩展和接口设计。
- 提升可读性：这带来了效率，因为同事甚至你的解决方案的用户都能理解正在做什么以及如何更有效地使用它。

那么，PEP-8 风格的指南中包含了什么内容？以及你应该如何考虑将其应用到你的机器学习项目中呢？对于完整的细节，我建议你阅读之前提到的 PEP-8 文档。但在接下来的几段文字中，我们将深入了解一些细节，这些细节可以在付出较少努力的情况下最大程度地改善你的代码。

首先，让我们讨论命名规范。当你编写一段代码时，你将不得不创建多个变量、文件和其他对象，比如类，这些都需要有一个名称。确保这些名称可读且一致是确保你的代码达到非常高标准的第一步。

PEP-8 中的一些关键要点包括以下几方面：

- 变量和函数名：建议使用全部小写的单词，用下画线分隔。它们还应该有助于我们理解它们的用途。例如，如果你正在构建一个回归模型，并且希望将一些特征工程步骤放在一个函数中，以便在代码的其他地方简化重用和提高可读性，你可以将其命名为 Makemydata( )。

```
def Makemydata():
    # 具体步骤在这里……
    return result
```

将函数命名为 Makemydata( )并不是一个好主意，而命名为 transform_features 之类的名称则更好：

```
def transform_features()
    # 具体步骤在这里……
    return result
```

这个函数名符合 PEP-8 规范。

- 模块和包：建议它们的名称都使用简短的小写单词。一些很好的例子是你熟悉的，比如 pandas、numpy 和 scipy。Scikit-learn 可能看起来违反了这条规则，但实际上并不违反，因为其包名是 sklearn。风格指南提到，模块可以使用下画线来提高可读性，但包不应该这样。如果我们在一个包中有一个名为 transform_helpers 的模块，那是可以接受的，但整个包叫作 marketing_outlier_detection 就糟糕了！
- 类：类的名称应该像 OutlierDetector、Transformer 或 PipelineGenerator 这样，清晰地指定它们的作用，并且遵循“驼峰命名法”或“帕斯卡命名法”（两者意思相同）。

这些是你应该注意的一些最常用的命名约定。PEP-8 文档还涵盖了很多关于空白和行格式的良好建议，我们在这里不会详细介绍。我们将在本节结束时讨论一些作者最喜欢的来自 PEP-8 编程建议的方法。这些经常被忽视，如果被遗忘，可能会导致一些难以阅读且容易出错的代码，所以请注意！

在所有关于风格的讨论中，一个重要的观点是，PEP-8 文档的开头指出刻板的一致性可能会束缚思维，而在某些情况下有充分理由忽略这些风格建议。这句话提醒我们，在编写代码时，不应过分追求一成不变的风格，而应根据具体情况做出灵活的调整。尽管 PEP-8 提供了一套优秀的编码规范，但在实际编程过程中，我们应该根据项目需求、团队约定和个人偏好，灵活运用这些规范。因此，阅读 PEP-8 文档对于了解编码规范是非常有帮助的，但要在编写代码时保持理性和灵活性。

接下来，我们将介绍当我们使用 Python API 来操作 Apache Spark 时，一些规则实际上并不适用的情况。

编写高质量的 PySpark 代码

本节中，我们将关注一种在数据科学和机器学习领域非常重要的 Python 语言风格。由于 PySpark 是处理数据工作负载（包括机器学习模型）的首选工具，因此本书中的示例已经使用了 PySpark 代码。在第 6 章中，我们将更多地了解 PySpark，但在这里，我们只是简要提及一些编码风格上的要点。

正如在第 3 章中关于 Spark ML 管道的部分中提到的那样，由于 Spark 是用 Scala 编写的，PySpark 的语法（Spark 的 Python API）继承了许多来自底层语言的语法风格。这意味着，在实践中，你使用的许多方法都是使用驼峰命名法编写的，这也意味着定义变量时使用驼峰命名法而不是 Python PEP-8 命名约定中用下画线分隔单词的标准方式。这是我们应该鼓励的行为，因为它帮助读者清晰地看到哪些部分是 PySpark 代码，哪些是（更）标准的 Python 代码。为了强调这一点，在之前使用 pyspark.ml 包中的 StringIndexer 对象时，我们使用了 StringIndexer 而不是更符合 Python 习惯的 string_indexer：

```
from pyspark.ml.feature import StringIndexer
stringIndexer = StringIndexer(inputCol=categoricalCol,
                              outputCol=categoricalCol)
```

关于 PySpark 代码的另一个重要观点是，由于 Spark 是按照函数式范式编写的，因此你的代码也应该遵循这种风格。在接下来的部分中，我们将更多地了解这意味着什么。

选择风格

本节将总结两种编码风格或范式，它们利用了 Python 的不同组织原则和能力。无论你是以面向对象还是函数式的风格编写代码，都可能只是一种审美选择。

然而，这种选择还可以带来其他好处，比如更符合问题的逻辑要素、更易于理解的代码，甚至性能更高的代码。在接下来的部分中，我们将概述每种范式的主要原则，并根据你的用例让你自行选择。

面向对象编程

面向对象编程（OOP）是一种编程风格，其中代码是围绕抽象对象以及相关的属性和数据来组织的，而不是围绕你解决方案的逻辑流程。OOP 的主题本身就值得写一本书（或者几本书！），因此我们将重点讨论与我们的机器学习工程内容相关的关键要点。

首先，在面向对象编程（OOP）中，你需要定义你的对象。在 Python 中，这是通过核心的面向对象编程原则——类来实现的，类是程序中结构的定义，它将相关的数据和逻辑元素保持在一起。类是定义面向对象编程中对象的模板。例如，考虑一个非常简单的类，它将一些计算数据集数值异常值的方法组合在一起。又如，如果我们考虑我们在第 3 章中介绍过的管道，就可能希望有一些更易于在生产环境中应用的东西。因此，我们可能希望将 Scikit-Learn 等工具提供的一些功能包装成一个类，这个类可以有针对我们问题的特定步骤。最简单的情况是，如果我们想要一个类来包装我们数据的标准化进程，然后应用一个通用的异常值检测模型，它可能看起来像这样：

```
class OutlierDetector(object):
    def __init__(self, model=None):
        if model is not None:
            self.model = model
        self.pipeline = make_pipeline(StandardScaler(), self.model)

    def detect(self, data):
        return self.pipeline.fit(data).predict(data)
```

这个例子所做的，就是允许用户跳过编写一些他们可能必须写才能完成工作的部分。代码并没有消失，它只是被放置在一个具有清晰逻辑定义的便利对象内部。在这个案例中，所展示的管道非常简单，但我们可以想象将它扩展到非常复杂且包含我们用例的特定逻辑情况。

因此，如果我们已经定义了一个异常值检测模型（或者从模型仓库中检索出来，比如第 3 章讨论的 MLflow，从模型到模型工厂），就可以将其输入到这个类中，并且只需一行代码就可以运行相当复杂的管道，无论该类内部包含的复杂性如何：

```
model = IsolationForest(contamination=outliers_fraction,
                        random_state=42)
detector = OutlierDetector(model=model)
result = detector.detect(data)
```

正如你从例子中可以看到的那样，这种实现模式似乎很熟悉，而且确实如此！Scikit-learn 中大量采用了面向对象编程，每次你创建一个模型时都在使用这种范式。创建模型的过程就是实例化一个类对象的过程，而在数据上调用 fit 或 predict 的过程则是调用类方法的示例。因此，上述代码之所以不会感到陌生，是因为在使用 Scikit-Learn 进行机器学习时，我们已经在使用面向对象编程。

尽管我们刚才提到了，使用对象和理解如何构建它们显然是两个不同的挑战。所以，让我们来了解一下构建自己类的核心概念。这将为我们后面构建更多与我们自己的机器学习解决方案相关的类做好准备。

首先，从前面的代码片段中可以看出，类是通过 class 关键字定义的，并且 PEP-8 规范建议使用驼峰命名法来命名类。同时，将类名定义为明确描述其功能的事物也是一个好的实践。例如，OutlierDetector（异常值检测器）、ModelWrapper（模型包装器）和 DataTransformer（数据转换器）都是好的类名，但 Outliers（异常值）和 Calculation（计算）则不是。你还会发现，在类名后面有一对括号，这告诉你类要从哪个对象继承功能。在前面的例子中，我们可以看到这个类继承了一个叫作 object 的东西。这实际上是 Python 中的内置基类，所有其他对象都从中继承。因此，由于我们定义的类没有继承比 object 更复杂的东西，你可以认为这基本上是在说，我们即将构建的类会在其内部定义所有需要的功能；我们不需要为这个类使用已经在其他对象中定义的更复杂的功能。实际上，显示从 object 继承的语法是多余的，因为你只需省略括号并写 OutlierDetector，但明示继承关系可以是一个好习惯。

接下来，你可以看到我们想要组合在一起的功能是在类内部定义的。位于类内部的函数被称为方法。你可以看到 OutlierDetector 只有一个名为 detect 的方法，但是你的类可以拥有的方法数量是没有限制的。

方法包含了类与数据和其他对象交互的能力，因此它们的定义是构建类的大部分工作所在。

你可能会认为我们忽略了一个方法，即称为_init_()的方法。实际上，这不是一个方法（或者你可以将其视为一个非常特殊的方法），它被称为构造函数。构造函数做的就是它的名字所说的——构造！它的工作是在对象初始化时执行所有相关的设置任务（其中一些在后台进行，比如内存分配）以及为类执行必要的初始化工作。当示例定义 detector 时，构造函数被调用。正如你所看到的，你可以传递变量，然后这些变量可以在类中使用。在 Python 中，可以创建类而不定义显式的构造函数，但后台会创建一个构造函数。关于构造函数的最后一点是，它们不允许返回除 None 之外的任何内容，因此通常会将返回语句留空。

在示例中，你可能已经注意到类中有变量，以及一个有些神秘的 self 关键字。这使得类中的方法和操作可以引用特定的类实例。因此，如果你定义了两个或一百个 OutlierDetector 对象的实例，它们都可以拥有不同的内部属性值，但仍然具有相同的功能。

稍后我们将为你的机器学习解决方案创建一些更复杂的面向对象编程风格，但现在让我们讨论另一种我们可能想要使用的编程范式——函数式编程。

函数式编程

函数式编程的基础是函数的概念。在这种编程范式中，核心思想是尽量编写只接收数据并输出数据的代码，而不产生可以改变的内部状态。函数式编程的一个目标是编写不因状态管理不当而产生意外副作用的代码。此外，函数式编程确保程序中的数据流可以通过查看函数的返回语句来完全理解。

函数式编程使用的概念之一是，程序中的数据不允许就地更改。这个概念被称为不可变性。如果你的数据（或任何对象）是不可变的，就意味着没有内部状态可以修改；如果你想对数据进行操作，实际上你需要创建新的数据。例如，在面向对象编程的部分，我们再次讨论了数据标准化的概念。在函数式程序中，标准化数据不能覆盖非标准化数据，你需要将这些新数据存储在某个地方，例如存储在同一数据结构的新列中。

一些编程语言的设计核心是函数式原则，比如 F#和 Haskell，但 Python 是一种通用的编程语言，可以很好地适应这两种范式。

你可能已经在其他 Python 代码中看到了其他的函数式编程概念。例如，如果你曾经使用过 lambda 函数，那么这可能是一个功能强大的函数式编程的一部分，因为它是你定义匿名函数（没有指定名称的函数）的方式。因此，你可能已经看到以下类似的代码：

```
df['data_squared'] = df['data'].apply(lambda x: x**2)
```

在上述代码块中，df是一个pandas DataFrame，而data是一个数字列。这些工具有助于简化Python中的函数式编程。其他类似的工具还包括内置函数map( )、reduce( )和filter( )。

举个例子，假设我们有一些地址数据，类似于之前讨论的args和**kwargs的概念：

```
data = [
    ['The', 'Business', 'Centre', '15', 'Stevenson', 'Lane'],
    ['6', 'Mossvale', 'Road'],
    ['Studio', '7', 'Tottenham', 'Court', 'Road']
    ]
```

现在，我们可能想编写一些代码，返回一个与此数据具有相同形状的列表，但现在每个条目都包含字符串的字符数。这可能是我们ML流程中数据准备步骤的一个阶段。如果我们想要以函数式的方式编写一些代码来执行此操作，就可以定义一个函数，它接受一个列表，并返回一个新列表，其中包含条目的字符串长度如下所示：

```
def len_strings_in_list(data_list):
    return list(map(lambda x: len(x), data_list))
```

这符合函数式编程的特征，因为数据是不可变的（内部状态没有改变），而且函数是纯净的（只在函数范围内使用数据）。然后，我们可以利用函数式编程中的另一个概念，称为高阶函数，其中你将函数提供为其他函数的参数。例如，我们可能想定义一个函数，可以将任何基于列表的函数应用于列表的列表：

```
def list_of_list_func_results(list_func, list_of_lists):
    return list(map(lambda x: list_func(x), list_of_lists))
```

请注意，这是完全通用的，只要 list_func( )可以应用于一个列表，这将适用于列表的列表。因此，我们可以通过调用以下方法来获得最初想要的结果：

```
list_of_list_func_results(len_strings_in_list, data)
```

这将返回期望的结果：

```
[[3, 8, 6, 2, 9, 4], [1, 8, 4], [6, 1, 9, 5, 4]]
```

Spark，这个在本书中已经多次使用的工具，是用 Scala 语言编写的，这种语言同样也是通用型的，既可以适应面向对象的编程，也支持函数式编程。Spark 主要采用函数式的编程风格，如果能够尊重如不可变性这样的原则，那么分布式计算的目标将更容易实现。这意味着，当我们在本书中键入 PySpark 代码时，我们其实已经在微妙地学习一些函数式编程的实践（你注意到了吗？）。

实际上，在第 3 章中，我们构建的 PySpark 管道示例代码如下：

```
data = data.withColumn('label', f.when((f.col("y") == "yes"),
                        1).otherwise(0))
```

这是可以的，因为我们创建的数据对象实际上是一个新的 DataFrame，已经添加了新的列——我们不能仅仅在原位添加一个列。还有一部分代码来自 Spark ML 库，它们构成了我们的管道的一部分：

```
scaler = StandardScaler(inputCol='numerical_cols_imputed',
                        outputCol="numerical_cols_imputed_scaled")
```

这定义了如何对 DataFrame 中一系列的列执行缩放转换。请注意如何定义输入列和输出列，它们不能相同。这就是不可变性的作用——你必须创建新的数据而不是就地进行转换。

希望这能让你体验到 Python 中的函数式编程的味道。这并不是我们在本书中将使用的主要范式，但它将被用于某些代码片段中，特别是要记住，当我们使用 PySpark 时，我们经常是在隐式地使用函数式编程。

我们现在将讨论打包你编写的代码的方法。

打包你的代码

在某种程度上，Python 已经成为一种全球流行的语言，这是非常有趣的。它是动态类型的，不需要编译，因此与 Java 或 C++相比，使用起来可能会有很大的不同。当我们考虑如何打包我们的 Python 解决方案时，这一点尤为重要。对于编译语言来说，主要目标是生成一个编译后的工件，可以在所选的环境中运行，比如 Java 中的 jar 文件。而 Python 则需要你在运行环境中拥有合适的 Python 解释器，并且能够安装所需的库和软件包。此外，Python 没有单一的编译后的工件，因此通常需要以源代码的形式进行整个代码库的发布。

尽管如此，Python 确实已经掀起了全球风暴，尤其是在机器学习领域。作为机器学习工程师，我们考虑将模型投入生产时，必须了解如何以一种有助于他人避免重复、信任解决方案，并且能够轻松地将其与其他项目集成的方式来打包和分享 Python 代码。

在接下来的章节中，我们首先讨论用户定义的库的含义，以及采用这种方式打包代码的一些优势。然后，我们将介绍主要的方法，让你可以在生产环境中运行你的机器学习代码。

为什么要打包？

我们详细讨论 Python 中包或库的确切含义之前，可以通过使用一个工作定义来阐明其第一个优势，即一个可以在不需要详细了解其实现细节的情况下运行的 Python 代码集合。

你已经从这个定义中领会到了进行这样做的第一个原因的本质：抽象化。

将你的代码整合到一个能被团队中的其他开发人员和数据科学家，或者更广泛的社区重复使用的库或包中，让这些用户群体更快地解决问题。由于工作的细节被抽象化了，任何使用你代码的人都可以专注于实现你的解决方案的功能，而不是试图理解并剖析每一行代码。这将减少项目的开发和部署的时间，同时也会推动你的代码被广泛使用！

第二个优势在于，将你需要的功能集成到一个库或包中，将所有的实现细节汇总到一个地方，因此改进的规模更大。具体而言，如果有 40 个项目正在使用你的库，而某人发现了一个小 bug，你只需修补一次，然后在这 40 个项目中重新部署或更新该包。

这种方式比向相关团队解释问题并在实施端获取 40 个不同的修复方案要更具可扩展性。此集成还意味着，一旦你彻底测试了所有组件，就可以更自信地假设这个解决方案将在这 40 个不同的项目中顺利运行，而无须了解底层的任何细节。

图 4-1 有助于展示包如何有益地允许你的代码采用“一次编写，多次使用”的理念，

如果你想要设计可扩展解决多个问题的机器学习解决方案，这一点非常重要：

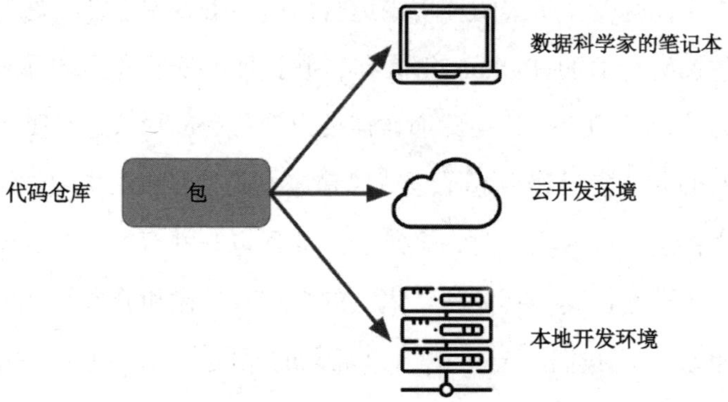

图 4-1　机器学习解决方案开发包编写一次的代码在不同环境中多次使用

接下来的内容将在这些关于打包的主要思想基础上展开，讨论打包我们的代码可以带来益处的具体用例。

选择打包的用例

首先，不是所有的解决方案都适合作为库。如果你有一个非常简单的用例，可能只需要一个简单的脚本定期运行来实现机器学习解决方案的核心功能。在这种情况下，你仍然可以编写一个设计良好、性能出色的系统，但这不是一个库。同样地，如果你的问题最适合通过 Web 应用解决，那么虽然会涉及许多组件，但它自然不会成为一个库。

你可能想要将你的解决方案编写成一个库或包的一些充分理由如下：

- 你的代码解决的问题是一个常见的问题，它可能在多个项目或环境中出现。
- 你希望抽象化实现细节，以便执行和开发分离，这样可以更容易地让其他人使用你的代码。
- 为了将需要更改的代码位置和次数最小化，以实现错误修复。
- 为了简化测试过程。
- 为了简化你的持续集成/持续部署（CI/CD）管道。

现在我们将深入探讨如何设计我们的包。

设计你的包

你的代码库的布局远不只是一个风格问题，这是一件将决定你的代码在项目的每一个实例中如何使用的事情！

这意味着，你需要深思熟虑如何规划你的代码布局以及这会如何影响使用模式。你需要确保你所需要的所有主要组件都在代码库中有所体现，并且能够轻松地找到。

让我们通过一个前面章节中处理的离群值检测案例的例子来逐步解决这个问题。

首先，我们需要决定想要创建什么样的解决方案。我们是构建一个运行网络应用程序的东西，还是一个具有大量功能的独立可执行文件，或者我们是在构建一个供他人在其机器学习项目中使用的库？实际上，我们可以选择做不止一件事情！对于这个案例，让我们构建一个可以导入到其他项目中使用的包，但也可以在独立执行模式下运行。

为了给我们的包的开发设定环境，假设我们被要求开始构建一个能够运行一组选定的无监督异常检测模型的解决方案。数据科学家们发现，在手头的问题中，孤立森林（Isolation Forest）模型性能最佳，但它们必须在每次运行时重新训练，并且包的用户应该能够通过配置文件编辑模型的参数。截至目前，只有 sklearn 模型被研究过，但如果需要的话，业务和包的用户希望这个功能能够扩展到其他建模工具。这个项目的技术要求意味着我们不能使用 MLflow。

别担心，在后面的章节中，当我们构建更多示例时，我们会放宽这个约束，以展示所有内容如何组合在一起：

1. 我们要构建的包完全围绕异常值展开，因此让我们将其命名为 outliers（我知道，很有创意，对吧？）。为了清楚地说明所有内容是如何组合在一起的，我们将在一个名为 outlier_package 的文件夹中开始构建 outliers 包。

```
outlier_package/
├── outliers/
```

2. 我们的包设计将根据我们希望解决方案具有的功能来进行。在我们的例子中，我们希望能够检测异常值，因此让我们创建一个名为 detectors 的子包：

```
outlier_package/
├── outliers/
            ├── detectors
```

3. 在其中，我们将放置一些代码，它会包装（稍后会详细介绍）外部库中的一些基本模型。我们还希望有一些代码能够为我们获取要分析的数据，因此我们也会添加一个子包：

```
outlier_package/
├── outliers/
            ├── detectors
            ├── data
```

4. 我们已经可以看到我们的包正在逐渐成形。最后，我们需要一个位置来存储配置信息，以及一个位置来存储可能会在包中各处使用的辅助函数，因此让我们也为这些包添加一个目录和子包：

```
outlier_package/
├── outliers/
            ├── detectors
            ├── data
            ├── configs
            ├── utils
```

现在，这种布局并非铁板一块，也没有任何强制规定。我们可以根据自己的想法创建布局，并做出我们认为合理的任何决定。

在这样做时，重要的是始终记住“不要重复自己”（DRY）、“保持简单、傻瓜”（KISS）原则，以及 Python 的“最好只有一种正确的方式”的口号。如果遵循这些原则，就不会出错。有关这些原则的更多信息，请参阅 https://code.tutsplus.com/tutorials/3-key-software-principles-you-must-understand--net-25161 和 https://www.python.org/dev/peps/pep-0020/。

那么，实际上每个子包中放什么呢？当然是底层的代码！

5. 在例子中，我们需要一些东西来提供我们的检测器，实现与创建管道和调用它们的语法之间的接口，因此我们将构建一个简单的类，并将其保存在 pipelines.py 文件中。

pipelines.py 文件包含以下代码：

```
from sklearn.preprocessing import StandardScaler
from sklearn.pipeline import make_pipeline

class OutlierDetector(object):
    def __init__(self, model=None):
        if model is not None:
            self.model = model
        self.pipeline = make_pipeline(StandardScaler(), self.model)

    def detect(self, data):
        return self.pipeline.fit(data).predict(data)
```

6. 我们还需要一些内容来定义我们希望与之进行接口交互的模型。在这种情况下，我们将创建代码，使用存储在配置文件中的信息来决定实例化哪些特定的模型。我们将所有这些功能放在一个名为 DetectionModels 的类中。为简洁起见，我们在第一个实例中省略了该类每个函数的详细信息：

```
import json
from sklearn.ensemble import IsolationForest

class DetectionModels(object):
    def __init__(self, model_config_path=None):
....

    def create_model(self, model_name=None, params=None):
....
    def get_models(self):
....
```

7. 在这里，我们扩展了初始化方法。请注意，我们编写这段代码的目的是，能够在配置文件中定义一系列模型：

```
class DetectionModels(object):
    def __init__(self, model_config_path=None):
        if model_config_path is not None:
            with open(model_config_path) as w:
                self.model_def = json.load(w)
```

8．create_model 方法能够根据参数和模型的名称信息实例化模型。我们也构建了这个功能，以便在实际应用中可以从不同库中拉取模型的配置信息；我们只需要在 create_model 函数中添加适当的实现逻辑，检查是否定义了 sklearn 或其他模型，并在每种情况下运行适当的代码。我们还必须确保 OutlierDetector 中生成的管道在每种情况下都是合适的：

```
    def create_model(self, model_name=None, params=None):
        if model_name is None and params is None:
            return None
        if model_name == 'IsolationForest' and params is not None:
            return IsolationForest(**params)
```

9．我们通过 get_models 方法将前述的方法整合起来，再将该方法返回适当的配置文件中定义的所有模型列表，这些模型通过 create_model 方法实例化为一个 sklearn 对象。

```
    def get_models(self):
        models = []
        for model_definition in self.model_def:
            defined_model = self.create_model(
                model_name=model_definition['model'],
                params=model_definition['params']
            )
            models.append(defined_model)
        return models
```

也许你会想问，为什么不直接读取适当的模型并应用它，不管它是什么？这可能是一个可行的解决方案，但我们在这里所做的意味着只有经过项目团队批准的模型类型和算法才能进入生产，同时允许使用异构模型实现。

10. 为了看看这一切在实践中如何工作，让我们在包的最高级别定义一个名为_main_py的脚本，它可以作为执行建模运行的主要入口点：

```
from utils.data import create_data
from detectors.detection_models import DetectionModels
import detectors.pipelines
from definitions import MODEL_CONFIG_PATH

if _name_ == "_main_":
    data = create_data()
    models = DetectionModels(MODEL_CONFIG_PATH).get_models()
    for model in models:
        detector = detectors.pipelines.OutlierDetector(model=model)
        result = detector.detect(data)
        print(result)
```

11. 这里提到的 model_config.json 文件内容如下所示：

```
[
  {
    "model": "IsolationForest",
    "params": {
      "contamination": 0.15,
      "random_state": 42
    }
  }
]
```

12. definitions.py 文件是一个保存相关路径和其他变量的文件，在不污染包的命名空间的情况下，我们希望使其在整个包中全局可访问：

```
import os

ROOT_DIR = os.path.dirname(__file__)
```

```
MODEL_CONFIG_PATH = os.path.join(ROOT_DIR, "configs/model_config.
                                 json")
```

我们可以看出，我们并没有真正地处理这些结果，只是将它们打印出来以证明产生了输出。但实际上，你可能会将这些结果推送到其他地方，或者对它们进行统计分析。

要运行此脚本，请在终端中键入以下内容：

```
python __main__.py
```

或者，你也可以输入以下内容：

```
python -m outliers
```

这就是你如何将功能打包到类、模块和包中。给出的例子相对较为受限，但它确实让我们意识到不同的部分是如何被整合并执行的。

重要提示

这里给出的例子是为了向你展示如何通过使用本章讨论的一些技术来组织你的代码。这不一定是将所有部分整合在一起的唯一方式，但它确实很好地说明了如何创建你自己的包。所以，请记住，如果你看到有方法可以改进这个实现或者将其适配到你自己的用途，那就太棒了！

下节，我们将探讨如何构建此代码的分布，并学习如何让我们自己和用户像安装普通 Python 包一样安装 outliers 包，以便在其他项目中使用。

构建你自己的包

在我们的示例中，我们可以使用 setuptools 库来打包我们的解决方案。为此，你必须创建一个名为 setup.py 的文件，其中包含你解决方案的重要元数据，包括它所需的相关包的位置。以下代码块显示了 setup.py 的示例，这展示了如何为我们在本章中提到的一些异常值检测功能进行封装的简单包进行此操作：

```
from setuptools import setup
```

```
setup(name='outliers',
      version='0.1',
      description='A simple package to wrap some outlier detection
                  functionality',
      author='Andrew McMahon',
      license='MIT',
      packages=['outliers'],
      zip_safe=False)
```

我们可以看到，setuptools 允许提供元数据，比如软件包的名称、版本号和软件许可。一旦你在项目的根目录中拥有了这个文件，你就可以做以下几件事情：

1．你可以将该软件包作为可执行文件在本地进行安装。这将意味着可以像导入其他 Python 库一样，在代码中导入自己的库。

```
pip install .
```

2．你可以创建包的源代码分发，以便将所有代码有效地捆绑在一起。例如，如果你在项目的根目录下运行以下命令，就会在名为 dist 的文件夹中创建一个 gzip 压缩的 tarball：

```
python setup.py sdist
```

3．你可以创建包的构建分发，这是一个可以立即解压并由用户使用的对象，而无须像在源分发中那样运行 setup.py 脚本。其中，最适合的构建分发是所谓的 Python wheel。在项目的根目录中运行以下命令会创建 wheel，并将其放在 dist 文件夹中：

```
python setup.py bdist_wheel
```

4．如果你打算使用 pip 分发你的代码，那么将源分发和 wheel 都打包起来并让用户决定做什么是有意义的。因此，你可以构建两者，然后使用一个名为 twine 的包将两个分发上传到 PyPI。如果你想这样做，那么你需要在 https://pypi.org/account/register/注册一个 PyPI 账户。你只需在项目的根目录中依次运行前两个命令，然后使用 twine upload 命令：

```
python setup.py sdist bdist_wheel
twine upload dist/*
```

若你要了解更多关于打包的信息，请阅读由 Python Packaging Authority（PyPA）提供的 https://www.pypa.io/en/latest/上的信息和教程。

下一节将简要介绍如何使用 Makefile 自动化一些构建和测试软件包的步骤。

使用 Makefile 管理你的环境

如果使用 UNIX 系统，并且已经安装了 make 实用工具，那么我们可以通过 Makefile 进一步自动化在不同场景下运行我们解决方案时的许多步骤。例如，在以下代码块中，我们有一个 Makefile，它允许我们运行模块的主入口点，运行测试套件，或者使用 run、test 和 clean 目标清理任何构建产物：

```
MODULE := outliers
run:
    @python -m $(MODULE)
test:
    @pytest
.PHONY: clean test
clean:
    rm -rf .pytest_cache .coverage .pytest_cache coverage.xml
```

这是一个非常简单的 Makefile，但我们可以通过添加更多命令来使其变得更加复杂。如果我们想要运行特定目标的一组命令，我们只需调用 make，然后加上目标名称即可：

```
make test
make run
```

这是一种强大的方式，可以将许多终端命令抽象化，否则你将需要在每种情况下手动输入。同时，它也充当了解决方案的其他用户的文档！

我们刚才的例子非常简单，现在让我们将事情变得更加复杂。实际上，我们可以利用 Makefile 管理我们的环境，帮助简化开发流程，使得我们无须花费大量精力来跟踪环境的状态。

以下示例充分利用了 GitHub 上 Kjell Wooding（也称为 hackalog）的许多出色贡献，特别是他的存储库 https://github.com/hackalog/make_better_defaults。

这个存储库是他在 2021 年 PyData 全球大会上演讲的基础，演讲题目是“Makefile：使你的 Conda 环境更易管理的一个绝佳技巧”。

首先，包含了一个 Makefile.help 文件，允许在使用 make 命令时定制帮助提示。如果我们在终端运行 make，假设我们仍然在主项目目录中，你将看到如图 4-2 所示的输出。

```
To get started:
  >>> make create_environment
  >>> conda activate mlewp-ed2-ch4-outliers
  >>> make update_environment
```

Figure 4.2: The help presented from the Makefile example.

图 4-2　Makefile 示例中呈现的帮助

这个帮助信息已通过在主 Makefile 中使用 PROJECT_NAME 变量进行定制，该变量已设置为 mlewp-ed2-ch4-outliers。实际上，Makefile 的顶部设置了几个针对这个项目的变量：

```
MODULE := outliers
PROJECT_NAME := mlewp-ed2-ch4-outliers
PYTHON_INTERPRETER := python3
ARCH := $(shell $(PYTHON_INTERPRETER) -c "import platform;
print(platform.platform())")
VIRTUALENV := conda
CONDA_EXE ?= ~/anaconda3/bin/conda
EASYDATA_LOCKFILE := environment.$(ARCH).lock.yml
```

MODULE 变量与之前一样，指的是包的名称。PYTHON_INTERPRETER、CONDA_EXE 和 VIRTUALENV 可能是不言自明的。ARCH 从本地系统获取架构信息。EASYDATA_LOCKFILE 是指在工作过程中将创建的一个文件，它帮助我们跟踪项目中所有依赖的完整列表。

你可以看到，帮助信息清晰地提到了 Makefile 的不同目标，所以让我们依次探讨每个目标。首先，为了规范创建项目所需的新 Conda 环境，我们可以将几个步骤整合在一起：

```
$(EASYDATA_LOCKFILE): environment.yml
ifeq (conda, $(VIRTUALENV))
    $(CONDA_EXE) env update -n $(PROJECT_NAME) -f $<
    $(CONDA_EXE) env export -n $(PROJECT_NAME) -f $@
     # 当conda 版本 <= 4.3 时，取消注释
else
    $(error Unsupported Environment `$(VIRTUALENV)`. Use conda)
endif
.PHONY: create_environment
# 为这个项目设置虚拟 (conda) 环境
create_environment: $(EASYDATA_LOCKFILE)
ifeq (conda,$(VIRTUALENV))
    @rm -f $(EASYDATA_LOCKFILE)
    @echo
    @echo "New conda env created. Activate with:"
    @echo ">>> conda activate $(PROJECT_NAME)"
    @echo ">>> make update_environment"
        ifneq ("X$(wildcard .post-create-environment.txt)","X")
            @cat .post-create-environment.txt
        endif
else
    $(error Unsupported Environment `$(VIRTUALENV)`. Use conda)
endif
```

这段代码表明，如果 conda 是虚拟环境管理器，那么就继续创建或更新一个以项目名称命名的 Conda 环境，再将该环境导出到 environment.yml 文件中；然后，将环境配置导出到锁定文件中。它的工作方式是因为 $<指代第一个先决条件（在这种情况下是 environment.yml 文件），$@指代目标的名称（在这种情况下是 EASYDATA_LOCKFILE 变量）。在触发这些代码之后，第二个代码块将检查 conda 是否为虚拟环境管理器，然后删除锁定文件，并在终端为用户提供一些指导。注意，@在这里是指终端命令。

Makefile 中的下一个重要代码块是处理更新环境的部分，如果需要的话，这在项目的“开发”阶段通常会经常发生：

```
.PHONY: update_environment
## 在虚拟（conda）环境中安装或更新 Python 依赖项
update_environment: environment_enabled $(EASYDATA_LOCKFILE)
    ifneq ("X$(wildcard .post-update-environment.txt)","X")
        @cat .post-update-environment.txt
    endif
```

此代码块确保如果你在终端中运行以下命令：

```
make update_environment
```

然后你将创建一个新的 lockfile.yml，其中包含最新版本环境的所有详细信息。还有一个 delete_environment 目标，将清除 lockfiles 并删除 Conda 环境，以及一些其他辅助目标，这里不需要关注，但你可以在本书的代码仓库中探索。

将所有这些代码组合在一起，使用基于此 Makefile 方法的工作流程如下：

1. 为项目创建一个起始环境.yml 文件，这可能非常简单。例如，本章中我们正在构建的 outliers 包里，我从一个看起来像.yml 这样的环境文件开始：

```
name: mlewp-ed2-ch4-outliers
channels:
  - conda-forge
dependencies:
  - python=3.10.8
  - scikit-learn
  - pandas
  - numpy
  - pytest
  - pytest-cov
  - pip
```

2. 使用以下命令创建环境：

```
make create_environment
```

3. 更新环境，这将创建第一个锁定文件：

```
make update_environment
```

4. 在开发过程中，如果你需要新的包，请在 environment.yml 文件中添加所需的依赖项，然后运行 make update_environment 来更新环境。这样做的想法是，不安手动安装包，而是在 environment.yml 文件中明确指定它们，你可以创建一个更可重复和更健壮的工作流程。

这样做可以确保你不会忘记已经安装的包以及尚未安装的包！例如，如果我想将 bandit 包添加到此环境中，就只需打开文本编辑器或集成开发环境中的 environment.yml 文件，然后在 conda 或 pip 依赖项中简单地添加该依赖项即可：

```
name: mlewp-ed2-ch4-outliers
channels:
  - conda-forge
dependencies:
  - python=3.10.8
  - scikit-learn
  - pandas
  - numpy
  - pytest
  - pytest-cov
  - bandit
  - pip
```

就是这样！这就是你可以使用 Makefiles 以更可重复的方式管理 Conda 环境的方法。正如前面提到的那样，如果你想重新开始，只需运行以下命令来删除环境：

```
make delete_environment
```

这涵盖了在开发软件包时管理 Python 开发环境的一种特定方法。现在，我们将继续讨论当今最流行的 Python 依赖管理和打包工具之一，即 Poetry。

使用 Poetry 进行打包

Python 包管理绝对不是关于这门语言令人欢呼雀跃的事情之一。即使是最热情的支持者（包括我在内），也普遍承认 Python 的包管理，坦率地说，这有些混乱。我们通过使用 setup.py 和生成 wheel 的示例演示了一些最被接受的方法，并且如前所述，这些方法是由 PyPA 推荐的。但它们仍然不是你期望从一门语言中得到的最简单或最直观的方法。

幸运的是，在过去几年里，Python 包管理已经有一些重大进展，我们将在这里详细介绍其中之一。这就是 Python 打包和依赖管理工具 Poetry 的诞生。Poetry 的好处包括易用性以及它对解决方案的打包和依赖管理的极大简化。最明显的是，它只需要一个配置文件，即 pyproject.toml 文件，而不需要包括 setup.py、setup.cfg、MANIFEST.in 或 Pipfile 配置文件在内的一系列配置文件。此外，依赖文件被锁定，因此不会自动更新，这意味着管理员（你）必须显式地调用依赖关系的更改。这有助于使项目更加稳定。

所以，听起来很不错，但我们如何开始呢？好吧，毫不意外，我们首先使用 pip 安装该工具：

```
pip install poetry
```

然后，如果你想要启动一个利用 Poetry 的新项目，那么你将进入你希望包存在的适当目录，并运行以下命令：

```
poetry new my-ml-package
```

这将创建一个子目录结构，具体如下：

```
├── README.md
├── my_ml_package
│   └── __init__.py
├── poetry.lock
├── pyproject.toml
└── tests
    └── __init__.py
```

测试文件夹将用于存放我们的单元测试，就像本章节中测试部分所述的那样。pyproject.toml 是目录中最重要的文件，它包含了有关项目的主要元数据，并被组织成不同的块，涵盖了生产环境和开发测试环境的包依赖关系。

当我运行前面的命令时生成的文件如图 4-3 所示：

```
[tool.poetry]
name = "my-ml-package"
version = "0.1.0"
description = ""
authors = ["AndyMc629 <andrewpmcmahon629@gmail.com>"]
readme = "README.md"
packages = [{include = "my_ml_package"}]

[tool.poetry.dependencies]
python = "^3.10"


[build-system]
requires = ["poetry-core"]
build-backend = "poetry.core.masonry.api"
```

Figure 4.3: The pyproject.toml file created by Poetry when we create a new project.

图 4-3　创建新项目时，Poetry 生成的 pyproject.toml 文件

第一种情况下，这些信息是在[tool.poetry]下的一个块中给出的，该块涵盖了有关包的高级信息。然后是[tool.poetry.dependencies]，目前只包含了 Python 版本 3.10，其他内容为空，因为我还没有使用它来安装其他依赖。[buildsystem]部分包含构建时依赖项的详细信息，在这里只列出了 poetry-core。

如果我们想要添加一个新的依赖项，比如 pytest，那么我们可以运行如下命令：

```
poetry add pytest
```

这将在终端中输出类似于如图 4-4 所示的内容。

```
Using version ^7.2.1 for pytest

Updating dependencies
Resolving dependencies... Downloading https://files.pythonhosted.org/packages/ed/35/a31aed2993e398f6b09a790a18
Resolving dependencies... (1.0s)

Writing lock file

Package operations: 4 installs, 0 updates, 0 removals

  • Installing exceptiongroup (1.1.0)
  • Installing iniconfig (2.0.0)
  • Installing pluggy (1.0.0)
  • Installing pytest (7.2.1)
```

图 4-4　向 Poetry 管理的项目添加新包的输出

这还会更新 pyproject.toml 文件，添加新的依赖项，如图 4-5 所示。

```
[tool.poetry]
name = "my-ml-package"
version = "0.1.0"
description = ""
authors = ["AndyMc629 <andrewpmcmahon629@gmail.com>"]
readme = "README.md"
packages = [{include = "my_ml_package"}]

[tool.poetry.dependencies]
python = "^3.10"
pytest = "^7.2.1"


[build-system]
requires = ["poetry-core"]
build-backend = "poetry.core.masonry.api"
```

图 4-5　添加了新的依赖项后更新的 pyproject.toml 文件

现在，[tool.poetry.dependencies]部分是你应当定义所有在运行时需要被安装的包的地方，因此你并不希望在这里塞满大量用于测试的包。

相反，使用 Poetry，你可以通过指定一个[tool.poetry.group.dev.dependencies]块来定义一个列出你的开发依赖项的区块，如图 4-6 所示。

```
[tool.poetry]
name = "my-ml-package"
version = "0.1.0"
description = ""
authors = ["AndyMc629 <andrewpmcmahon629@gmail.com>"]
readme = "README.md"
packages = [{include = "my_ml_package"}]

[tool.poetry.dependencies]
python = "^3.10"

[tool.poetry.group.dev.dependencies]
pytest = "^7.2.1"
pytest-mock = "*"

[build-system]
requires = ["poetry-core"]
build-backend = "poetry.core.masonry.api"
```

图 4-6 pyproject.toml 文件包含了一系列的开发依赖项

当你安装 Poetry 时，它会创建自己的虚拟环境，以确保与系统的其余部分适当地隔离开来。如果你使用 Linux 系统，可以通过运行以下命令来激活此环境：

```
source /path/to/venv/bin/activate
```

或者你也可以运行：

```
poetry shell
```

如果你已经通过 Conda、venv 或其他工具创建了 Python 虚拟环境，那么 Poetry 会意识到这一点并在其中运行。这是非常有帮助的，因为你可以使用 Poetry 来管理该虚拟环境，而不是从头开始。在这种情况下，你可能会在终端中看到如图 4-7 所示的输出。

```
Virtual environment already activated: /home/andrew/anaconda3/envs/mlewp-ed2-ch4
```

图 4-7 Python 虚拟环境中 poetry shell 命令的输出

如果你要关闭这个环境但不完全退出正在运行的 shell，那么你可以使用以下命令：

```
deactivate
```

如果你想要关闭环境以及命令行（请注意，这很可能会关闭你的终端），那么你可以输入以下命令：

```
exit
```

如果你要安装在 pyproject.toml 文件中添加的依赖项，那么你可以运行：

```
poetry install
```

这将下载并安装你在 pyproject.toml 文件中列出的所有依赖项，从 pip 中获取最新版本，或者它将抓取并安装这些包在.lock 文件中列出的版本。这是为了确保即使有多人在环境中工作并运行 poetry install 命令，环境也能保持稳定，包的版本一致。这与本章前面关于 Makefiles 部分中使用.lock 文件的原因完全相同。例如，当为这个 my-ml-package 项目运行 install 命令时，输出的结果如图 4-8 所示。

```
Installing dependencies from lock file

Package operations: 1 install, 0 updates, 0 removals

  • Installing pytest-mock (3.10.0)

Installing the current project: my-ml-package (0.1.0)
```

图 4-8　Poetry 会从.lock 文件中安装软件包，以保持环境的稳定性

所有上述命令都是关于基本环境管理的，但当我们想要对这个环境做一些操作时呢？如果你有一个名为 main.py 的脚本，那么你可以通过以下命令使用 Poetry 配置的环境来运行它：

```
poetry run python main.py
```

我们的 my-ml-package 中并没有类似的东西。相反，由于我们正在构建一个库，我们可以通过运行以下命令来打包和部署这个包：

```
poetry build
```

这将产生如图 4-9 所示的输出。

```
Building my-ml-package (0.1.0)
  - Building sdist
  - Built my_ml_package-0.1.0.tar.gz
  - Building wheel
  - Built my_ml_package-0.1.0-py3-none-any.whl
```

图 4-9　Poetry 构建我们简单软件包时的输出

如果要发布到 PyPI，这只有在你是一个已注册用户且已配置了正确凭据的情况下才能生效，你可以运行命令 poetry publish。如果你要发布到其他私有仓库，就可以运行以下命令：

```
poetry publish -r private-repository-location
```

通过以上的内容，你可能已经看到了 Poetry 在软件包开发方面能够让事情变得更加清晰。我们能够管理稳定的开发和生产环境（例如 Python 环境，可以由多个开发人员共同使用，而不用担心出现损坏），构建和发布我们的软件包，以及运行任何我们想要的脚本和流程，这些都只需要几个命令！

接下来，让我们介绍一些确保我们的软件包稳健可靠的步骤，以确保它们能够正常运行或在出现问题时优雅地失败，并且能够诊断问题。

测试、日志记录、安全性和错误处理

构建执行机器学习任务的代码可能看起来是最终目标，但这只是谜题的一部分。我们还希望确信这段代码能够正常工作，如果出现问题，我们也能够及时修复。这就是测试、日志记录和错误处理概念的作用，接下来的几节将对其进行概括性的介绍。

测试

将你的机器学习工程代码与典型的研究脚本区分开的最重要特征之一是具备健壮的测试。关键在于，你设计的任何部署系统都应该是可信的，不会总是出现故障，并且你可以在开发过程中发现问题。

幸运的是，由于 Python 是一种通用编程语言，它提供了丰富的工具来对软件进行测试。本章中，我们将使用 pytest，这是 Python 代码中最受欢迎、功能强大且易于使用的测试工具之一。如果你是新手，pytest 尤其有用，因为它侧重于构建作为独立 Python 函数的测试，这些函数非常易读，而其他软件包有时可能会导致创建笨拙的测试类和复杂的断言语句。让我们来看一个示例。

首先，让我们开始为 outliers 包中其余部分定义的代码编写测试。我们可以定义一个简单的测试，确保我们的数据辅助函数实际上创建了一些可用于建模的数值数据。若要在 pytest 中运行这样的测试，我们首先在测试目录中的某个位置创建一个文件，其名称包含 test_或_test——pytest 会自动查找具有这些名称的文件。因此，例如我们可以编写一个名为 test_create_data.py 的测试脚本，其中包含我们需要测试的所有涉及在解决方案中创建数据函数的逻辑。让我们通过一个例子来详细说明：

1. 导入我们从包中需要的相关模块以及测试所需的其他任何内容。在这里，我们导入 pytest，因为我们将在后续步骤中使用它的一些功能，但一般来说，你不需要导入它：

```
import numpy
import pytest
import outliers.utils.data
```

2. 由于我们想测试创建数据的函数，最好只生成数据一次，然后以各种方式测试其属性。为此，我们使用 pytest 的 fixture 装饰器，它允许我们定义一个对象，该对象可以在我们的多个测试中使用。在这里，我们这样做是为了能够使用 dummy_data 来应用我们的测试，dummy_data 只是 create_data 函数的输出：

```
@pytest.fixture()
def dummy_data():
    data = outliers.utils.data.create_data()
    return data
```

3. 我们可以编写测试了。以下是两个示例，测试数据集创建函数生成的数据集是否为 numpy 数组，并且是否具有超过 100 行的数据：

```
def test_data_is_numpy(dummy_data):
    assert isinstance(dummy_data, numpy.ndarray)
def test_data_is_large(dummy_data):
    assert len(dummy_data)>100
```

我们可以编写尽可能多的这些测试以及这些类型的测试模块。这使我们能够在整个软件包中实现高度的**测试覆盖率**。

4. 你可以在项目的顶层目录中使用以下命令运行软件包中的所有测试：

```
$ pytest
```

5. 你将看到如下消息，告诉我们运行了哪些测试，以及哪些测试通过了、哪些测试失败了：

```
============================================================================================ test session starts ======
platform linux -- Python 3.8.5, pytest-6.1.1, py-1.9.0, pluggy-0.13.1 -- /home/andrew/anaconda3/envs/mleng/bin/python
cachedir: .pytest_cache
rootdir: /home/andrew/dev/github/Machine-Learning-Engineering-with-Python/chapter4/outlier_package
collected 2 items

outliers/tests/test_create_data.py::test_data_is_numpy PASSED
outliers/tests/test_create_data.py::test_data_is_large PASSED

============================================================================================== 2 passed in 0.45s =======
```

图 4-10　pytest 中单元测试通过的输出

之前的示例展示了如何对我们的数据工具进行一些基本测试并执行。现在我们可以通过测试包中一些更复杂的功能来扩展这个示例，即模型创建过程。

6. 类似于之前的情况，我们在 tests/test_detectors.py 中创建一个脚本来保存我们的测试。由于我们正在测试更复杂的功能，因此需要将包的更多部分导入脚本中：

```
import pytest
from outliers.detectors.detection_models import DetectionModels
from outliers.detectors.pipelines import OutlierDetector
from outliers.definitions import MODEL_CONFIG_PATH
import outliers.utils.data
import numpy as np
```

7. 我们将使用与第二步中相同的虚拟数据集，但现在我们也有一个用于创建一些测试中使用的示例模型的数据集：

```
@pytest.fixture()
def example_models():
    models = DetectionModels(MODEL_CONFIG_PATH)
    return models
```

8．最后的标准测试数据集为我们创建了一个示例检测器实例，基于之前模型的标准测试数据集：

```
@pytest.fixture()
def example_detector(example_models):
    model = example_models.get_models()[0]
    detector = OutlierDetector(model=model)
    return detector
```

9．我们准备测试一些模型创建功能。我们可以测试我们创建的模型不是空对象：

```
def test_model_creation(example_models):
    assert example_models is not None
```

10．我们可以测试我们能否成功使用在第 6 步中创建的 DetectionModels 实例来检索模型：

```
def test_model_get_models(example_models):
    example_models.get_models() is not None
```

11．我们可以测试应用模型后得到的结果是否通过了一些简单的测试。这表明我们软件包的主要部分已经可以用于端到端的应用。

```
def test_model_evaluation(dummy_data, example_detector):
    result = example_detector.detect(dummy_data)
    assert len(result[result == -1]) == 39 #检测到的异常数量
    assert len(result) == len(dummy_data) #相同数量的结果
```

```
    assert np.unique(result)[0] == -1
    assert np.unique(result)[1] == 1
```

12．与第 4 步类似，我们可以从命令行运行完整的测试套件。我们添加一个详细标志来返回更多信息，并显示通过的单个测试。这有助于确认我们的数据实用程序和模型测试都已触发：

```
pytest --verbose
```

13．输出如图 4-11 所示：

```
============================================================================ test session starts ======
platform linux -- Python 3.8.5, pytest-6.1.1, py-1.9.0, pluggy-0.13.1 -- /home/andrew/anaconda3/envs/mleng/bin/python
cachedir: .pytest_cache
rootdir: /home/andrew/dev/github/Machine-Learning-Engineering-with-Python/chapter4/outlier_package
collected 5 items

outliers/tests/test_create_data.py::test_data_is_numpy PASSED
outliers/tests/test_create_data.py::test_data_is_large PASSED
outliers/tests/test_detectors.py::test_model_creation PASSED
outliers/tests/test_detectors.py::test_model_get_models PASSED
outliers/tests/test_detectors.py::test_model_evaluation PASSED
```

图 4-11　数据和模型功能的成功测试输出

这些测试可以通过我们的代码库中包含 githooks 或使用其他工具来自动化，比如项目中使用的 Makefile。

我们现在将继续讨论如何记录代码运行时的信息，这可以帮助调试和监控解决方案的运行情况。

保护你的解决方案

作为任何类型的软件工程师，我们都应该非常清醒地意识到，构建人们使用的产品的乐趣的背后是一个问题。这个问题是，你的工作是确保解决方案对这些用户是安全的和可靠的。用本杰明大叔的话说，“随着能力的增强，责任也随之增加”。

现在，网络安全是一个庞大的学科，我们无法在这里涵盖所有内容。接下来的几节将简要介绍一些有用的工具，并解释如何使用它们，以提高你的解决方案的安全性和可信度。

首先，我们需要了解创建安全解决方案的不同方式：

- 测试应用程序和代码本身以发现内部错误。

- 对用于安全漏洞的程序包进行筛查和扫描其他代码。
- 测试数据泄露和数据曝光。
- 开发强大的监控技术，特别是针对上述问题，而不是针对你的机器学习模型的监控，这已在本书的其他部分进行了介绍。

第一种情况下，主要指的是我们的单元测试方法，我们在其他地方已经提及过这部分内容了。简而言之，就是测试你编写的代码功能，确保其按照预期运行。在模型监控部分，我们提到了执行机器学习模型的标准测试可能会有困难，因此需要采用特定的技术。

在这里，我们更专注于通用应用代码以及封装主要模型的解决方案。

在筛选软件包和代码的情况下，这是一个非常相关且幸运地易于实现的挑战。读者可能还记得，2022 年全球组织和软件工程师为应对 Java-based Log4j 库中的一个漏洞而展开了一波活动。虽然漏洞和安全缺陷总会发生，而且并非总能被检测到，但这一点关键在于建立一些系统，自动扫描你解决方案中使用的代码和软件包，以主动查找这些问题，从而为你的代码的用户节省大量麻烦（以及更糟糕的后果）。

数据泄露是一个极为重要的议题。诸如欧盟的《通用数据保护条例》（GDPR）等法规已经大力强调了对客户数据的管理和维护。由于机器学习系统本质上是数据驱动的应用程序，这意味着隐私、使用、存储等问题在设计和实施中变得尤为重要。需要强调的是，我们在这里讨论的不仅仅是数据质量的“垃圾进，垃圾出”问题，而是关乎你如何安全地持有和传输所需数据的问题，这是使你的机器学习系统运作的基础。

分析自己的代码以发现安全问题

在本书中你会注意到，Python 开源社区几乎以某种方式涵盖了你能想到的每一个挑战，而在安全方面也不例外。要对自己的代码进行静态分析，并检查在开发过程中可能引入的漏洞，你可以使用开源的 Bandit 软件包，网址是 https://bandit.readthedocs.io/en/latest/。这是一个专注于在源代码中发现安全问题的代码检查工具，而且非常容易使用。

首先，像往常一样，我们需要安装 Bandit。我们可以利用之前在“构建你自己的包”章节中学到的 Makefile 魔法来完成这个任务，因此我们将 Bandit 软件包添加到

environment.yml 文件中的 pip 依赖项中，并运行以下命令：

```
make update_environment
```

然后，要在你的源代码上运行 Bandit，只需运行以下命令：

```
bandit -r outliers
```

正如我们在第 2 章中提到的那样，将希望重复运行的任何开发步骤自动化总是非常有用的。我们可以通过在 Git 目录中的.pre-commit-config.yaml 文件中添加以下内容来实现 Bandit 的自动化：

```
repos:
- repo: https://github.com/PyCQA/bandit
  rev: '' # Update me!
  hooks:
  - id: bandit
```

Update me!

此处需要更新：

```
def test_model_evaluation(dummy_data, example_detector):
    result = example_detector.detect(dummy_data)
    assert len(result[result == -1]) == 39 #检测到的异常数量
    assert len(result) == len(dummy_data) #相同数量的结果
    assert np.unique(result)[0] == -1
    assert np.unique(result)[1] == 1
```

这意味着在每次提交后，我们将按照前两个步骤中概述的方式运行 bandit 命令。

在运行 Bandit 对一些示例代码进行分析后，输出结果将以一系列类似于如图 4-12 所示的代码块的形式呈现。

接着在输出的最后，会有一个小的摘要报告，用于诊断代码库的状态，如图 4-13 所示。

Bandit 还有许多其他功能，但以上内容展示了如何轻松上手并开始分析 Python 代码库中的潜在问题。

```
[main]  INFO    profile include tests: None
[main]  INFO    profile exclude tests: None
[main]  INFO    cli include tests: None
[main]  INFO    cli exclude tests: None
[main]  INFO    running on Python 3.10.9
Run started:2023-01-20 21:00:55.255019

Test results:
>> Issue: [B101:assert_used] Use of assert detected. The enclosed code will be removed when compiling to optim
ised byte code.
   Severity: Low   Confidence: High
   CWE: CWE-703 (https://cwe.mitre.org/data/definitions/703.html)
   Location: outliers/tests/test_create_data.py:12:4
   More Info: https://bandit.readthedocs.io/en/1.7.4/plugins/b101_assert_used.html
11      def test_data_is_numpy(dummy_data):
12          assert isinstance(dummy_data, numpy.ndarray)
13
--------------------------------------------------
```

图 4-12　典型代码的 Bandit 输出结果

```
Code scanned:
        Total lines of code: 98
        Total lines skipped (#nosec): 0

Run metrics:
        Total issues (by severity):
                Undefined: 0
                Low: 7
                Medium: 0
                High: 0
        Total issues (by confidence):
                Undefined: 0
                Low: 0
                Medium: 0
                High: 7
Files skipped (0):
```

图 4-13　Bandit 工具提供在输出末尾的摘要

分析依赖项以发现安全问题

正如我们所概述的，我们不仅要扫描我们编写的代码以发现安全漏洞，同样重要的是我们还应该尝试找出我们解决方案中使用的任何软件包中存在的问题。这可以通过使用类似 Python safety 工具（https://pypi.org/project/safety/）等这样的工具来完成。Safety 使用一个包含已知 Python 安全问题的标准化数据库，然后将你解决方案中发现的任何软件包与此数据库进行比较。请注意，正如 safety 文档中指出的那样：

> 默认情况下，它使用了开放的 Python 漏洞数据库 Safety DB，该数据库仅授权非商业使用。
>
> 对于所有商业项目，必须将 Safety 升级为使用 PyUp API，并使用 key 选项。

以下是在与使用 Bandit 示例相同的源代码树上使用此工具的示例：

1．如果你尚未安装 safety，请安装它：

```
pip install safety
```

2．你在运行此工具之前，需要切换到源代码树的顶层文件夹。

```
safety check
```

当我在包含我们一直构建的 outlier_package 文件夹上运行时，我得到了如图 4-14 所示的终端输出。

```
+==============================================================================+

                               /$$$$$$            /$$
                              /$$__  $$          | $$
           /$$$$$$$  /$$$$$$ | $$  \__//$$$$$$  /$$$$$$   /$$   /$$
          /$$_____/ |____  $$| $$$$   /$$__  $$|_  $$_/  | $$  | $$
         |  $$$$$$   /$$$$$$$| $$_/  | $$$$$$$$  | $$    | $$  | $$
          \____  $$ /$$__  $$| $$    | $$_____/  | $$ /$$| $$  | $$
          /$$$$$$$/|  $$$$$$$| $$    |  $$$$$$$  |  $$$$/|  $$$$$$$
         |_______/  \_______/|__/     \_______/   \___/   \____  $$
                                                          /$$  | $$
                                                         |  $$$$$$/
  by pyup.io                                              \______/

+==============================================================================+

 REPORT

  You are using Safety's free vulnerability database. This data is
outdated, limited, and
  licensed for non-commercial use only.
  All commercial projects must sign up and get an API key at
https://pyup.io

  Safety v2.3.5 is scanning for Vulnerabilities...
  Scanning dependencies in your environment:

  -> /usr/local/spark/python
  -> /home/andrew/anaconda3/envs/mlewp-ed2-ch4-outliers/lib/python3.10/site-
    packages

  Using non-commercial database
  Found and scanned 17 packages
  Timestamp 2023-01-20 20:41:05
  1 vulnerability found
  0 vulnerabilities ignored

+==============================================================================+
 VULNERABILITIES FOUND
+==============================================================================+

-> Vulnerability found in wheel version 0.37.1
   Vulnerability ID: 51499
   Affected spec: <0.38.1
   ADVISORY: Wheel 0.38.1 includes a fix for CVE-2022-40898: An issue
   discovered in Python Packaging Authority (PyPA) Wheel 0.37.1 and earlier...
   CVE-2022-40898
   For more information, please visit https://pyup.io/v/51499/f17

 Scan was completed. 1 vulnerability was found.

+==============================================================================+
   REMEDIATIONS

  1 vulnerability was found in 1 package. For detailed remediation & fix
  recommendations, upgrade to a commercial license.

+==============================================================================+

  You are using Safety's free vulnerability database. This data is
outdated, limited, and
  licensed for non-commercial use only.
  All commercial projects must sign up and get an API key at
https://pyup.io
```

图 4-14　outliers 包的 safety 输出

如你从图 4-15 中所见，我们收到了一个警告，指出当前版本不能用于扫描商业软件，如果需要，你应该获取一个 API 密钥。对于本项目来说，这没有问题。工具发现了一个与 wheel 软件包版本相关的漏洞，在检查此项目中的 environment.yml 文件后，我们发现可以将其更新为 0.38.1 版本，就像建议中所示的那样。

```
- sqlite=3.40.1=h5082296_0
- tk=8.6.12=h1ccaba5_0
- tzdata=2022g=h04d1e81_0
- wheel=0.37.1=pyhd3eb1b0_0
- xz=5.2.10=h5eee18b_1
- zlib=1.2.13=h5eee18b_0
- pip
```

图 4-15　safety 所提示的错误发生警告

请注意，此 environment.yml 文件中使用的 Conda 渠道中没有版本为 0.38.1 或更高版本的 wheel 软件包，因此将其添加到了 pip 依赖项中，如图 4-16 所示。

```
pip:
- certifi==2022.12.7
- pip==22.3.1
- setuptools==65.6.3
- safety
- wheel>=0.38.1
```

图 4-16　更新 outliers 包中 environment.yml 文件的 pip 依赖项

在完成此操作并重新运行命令后：

```
safety check
```

在更新了已识别的软件包后，解决方案获得了较为健康的评价，如图 4-17 的报告所示。

虽然 safety 工具需要商业许可证才能获得完整的功能集，但它仍然可以极大地帮助你发现依赖项中的问题。

```
+==============================================================================+

                               /$$$$$$            /$$
                              /$$__  $$          | $$
           /$$$$$$$  /$$$$$$ | $$  \__//$$$$$$  /$$$$$$   /$$   /$$
          /$$_____/ |____  $$| $$$$   /$$__  $$|_  $$_/  | $$  | $$
         |  $$$$$$   /$$$$$$$| $$_/  | $$$$$$$$  | $$    | $$  | $$
          \____  $$ /$$__  $$| $$    | $$_____/  | $$ /$$| $$  | $$
          /$$$$$$$/|  $$$$$$$| $$    |  $$$$$$$  |  $$$$/|  $$$$$$$
         |_______/  \_______/|__/     \_______/   \___/   \____  $$
                                                          /$$  | $$
                                                         |  $$$$$$/
  by pyup.io                                              \______/

+==============================================================================+

 REPORT

  You are using Safety's free vulnerability database. This data is outdated, limited, and
  licensed for non-commercial use only.
  All commercial projects must sign up and get an API key at https://pyup.io

  Safety v2.3.5 is scanning for Vulnerabilities...
  Scanning dependencies in your environment:

  -> /home/andrew/anaconda3/envs/mlewp-ed2-ch4-outliers/lib/python3.10/site-packages
  -> /usr/local/spark/python

  Using non-commercial database
  Found and scanned 17 packages
  Timestamp 2023-01-20 20:55:44
  0 vulnerabilities found
  0 vulnerabilities ignored
+==============================================================================+

 No known security vulnerabilities found.

+==============================================================================+

  You are using Safety's free vulnerability database. This data is outdated, limited, and
  licensed for non-commercial use only.
  All commercial projects must sign up and get an API key at https://pyup.io

+==============================================================================+
```

图 4-17　更新已识别软件包后的 safety 工具未返回任何安全漏洞

记录日志

接下来，确保在代码运行时报告不同操作的状态以及发生的任何错误非常重要。这有助于使你的代码更易于维护，并帮助你在出现问题时进行调试。为此，你可以使用 Python 的 logging 库。

你可以通过以下逻辑在代码中实例化记录器：

```
import logging

logging.basicConfig(filename='outliers.log',
                    level=logging.DEBUG,
                    format='%(asctime)s | %(name)s | %(levelname)s |
                            %(message)s')
```

这段代码定义了我们日志消息的格式，并规定了级别为 DEBUG 或更高的日志消息将被记录到 outliers.log 文件中。然后，我们可以使用 logging 库提供的非常简单易用的语法记录与我们代码运行状态相关的输出和信息。

```
logging.debug('Message to help debug ...')
logging.info('General info about a process that is running ...')
logging.warning('Warn, but no need to error ...')
With the settings shown in the first logging snippet, this will result in
the following logging messages being written to outliers.log:
2021-08-02 19:58:53,501 | root | DEBUG | Message to help debug ...
2021-08-02 19:58:53,501 | root | INFO | General info about a process that
is running ...
2021-08-02 19:58:53,501 | root | WARNING | Warn, but no need to error ...
```

截至目前，我们展示的内容实际上只是日志记录的基础知识，它假设尽管事情可能不完全顺利，但没有发生错误。显然，情况并非总是如此！那么，如果我们想要将异常或错误记录到我们的日志文件中呢？

通常情况下，我们可以使用 logging.error 语法来记录异常或错误，但有一个重要的问题需要考虑，那就是仅仅记录“我们引发了错误”这个事实通常是不够的；我们还希望记录错误的详细信息。因此，正如我们在错误处理部分讨论的那样，我们可以在一些代码上执行 try except 子句，然后引发异常。在这种情况下，我们想要做的是将该异常的详细信息记录到我们的日志文件中。为此，我们需要知道 logging.error 方法（以及 logging.debug 方法）具有一些重要的关键字参数可供使用。有关关键字参数的更多信息，请参阅本章的技巧和诀窍部分。根据 logging 文档（https://docs.python.org/3/library/logging.html#logging.debug）提供的信息，关键字参数 exc_info 和 stack_info 均为布尔值，extra 是一个字典。关键字参数 exc_info = True 指定我们希望在日志调用中返回异常信息，stack_info = True 将返回更详细的异常堆栈跟踪信息（包括记录器调用），extra 可以设置为一个包含开发人员定义的额外信息的字典。

对于我们的例子来说，额外的信息将作为记录的初始部分提供，作为事件的标识符的一部分。这是为你的日志调用提供一些定制信息的好方法。

举例来说，让我们考虑一个定制的特征转换函数，这个函数在这种情况下实际上不会做任何有用的事情，只会返回原始的 DataFrame，如下所示：

```
def feature_transform(df: pd.DataFrame) -> pd.DataFrame:
    """对DataFrame进行转换，但实际上不做任何事情。这只是为了演示。
    :参数df: 一个DataFrame。
    :返回df.mean()，由每列的平均值组成的DataFrame。
    """
    return df.mean()
```

如果我们希望在此函数失败时引发异常，并记录有关错误的详细信息，我们可以编写如下代码：

```
try:
    df_transformed = feature_transform(df)
    logging.info("df successfully transformed")
except Exception as err:
    logging.error("Unexpected error", exc_info=True)
```

如果我们在一个简单的虚拟 pandas DataFrame 上运行这段代码，比如下面的示例，代码将会正常执行：

```
df = pd.DataFrame(data={'col1': [1,2,3,4], 'col2': [5,6,7,8]})
```

然而，如果我们做同样的事情，但这次在一个没有 pandas DataFrame mean( )语法的对象上运行代码，比如一个列表：

```
list_of_nums = [1,2,3,4,5,6,7,8]
```

```
try:
    df_transformed = feature_transform(list_of_nums)
    logging.info("df successfully transformed")
except Exception as err:
    logging.error("Unexpected error", exc_info=True)
```

我们将激活错误并将详细信息记录到日志文件中。请注意，在下面的代码片段中，文件路径被缩短以适应屏幕截图，如图 4-18 所示。

```
2023-01-22 21:31:57,317 | root | ERROR | Unexpected error
Traceback (most recent call last):
  File "/home/andrew/dev/github/Machine-Learning-Engineering-with-Python-Second-Edition.
    df_transformed = feature_transform(list_of_nums)
  File "/home/andrew/dev/github/Machine-Learning-Engineering-with-Python-Second-Edition.
    return df.mean()
AttributeError: 'list' object has no attribute 'mean'
```

图 4-18　使用 exc_info = True 标志时记录到日志文件的输出

错误处理

本节中，需要介绍的最后一项内容是错误处理。重要的是要记住，作为一名机器学习工程师，你的目标是构建可运行的产品和服务，但其中一个重要部分是认识到事情并不总是顺利的！因此，构建的模式应允许在运行时升级（不可避免的）错误。在 Python 中，通常是通过异常的概念来实现这一点。异常可以由你正在使用的核心 Python 函数和方法引发。例如，想象一下，如果你在没有定义变量 *x* 的情况下运行以下代码：

```
y = 10*x
```

这样会引发如下异常：

```
NamError: name 'x' is not defined
```

作为工程师，我们重要的一点是构建我们能够自信控制错误流程的解决方案。当出现错误时，我们可能并不总是希望代码中断，或者我们可能希望在某些特定的预期边缘情况下生成特定的消息和记录。实现这一点的最简单方法是通过 try except 块，如下面的代码块所示：

```
try:
```

```
    do_something()
except:
    do_something_else()
```

在这种情况下，如果 do_something( )出现错误，那么就会执行 do_something_else( )。

现在，我们将提出一些建议，以便在构建解决方案时提高效率。

在 Python 中，错误处理通常建立在“异常”的概念周围，它们只是打破程序预期功能的事件。

Python 中的异常类型列表包含大约 50 种不同类型。以下是摘自 Python 文档的一部分，省略号标示了我没有显示完整细节的部分：

```
BaseException
+-- SystemExit
 +-- KeyboardInterrupt
 +-- GeneratorExit
 +-- Exception
      +-- StopIteration
      +-- StopAsyncIteration
      +-- ArithmeticError
      |    +-- FloatingPointError
      |    +-- OverflowError
      |    +-- ZeroDivisionError
      +-- AssertionError
      +-- AttributeError
      +-- BufferError
      +-- EOFError
…
      +-- Warning
           +-- DeprecationWarning
           +-- PendingDeprecationWarning
           +-- RuntimeWarning
           +-- SyntaxWarning
           +-- UserWarning
…
```

```
BaseException
+-- SystemExit
 +-- KeyboardInterrupt
 +-- GeneratorExit
 +-- Exception
      +-- StopIteration
      +-- StopAsyncIteration
      +-- ArithmeticError
      |    +-- FloatingPointError
      |    +-- OverflowError
      |    +-- ZeroDivisionError
      +-- AssertionError
      +-- AttributeError
      +-- BufferError
      +-- EOFError
…
      +-- Warning
           +-- DeprecationWarning
           +-- PendingDeprecationWarning
           +-- RuntimeWarning
           +-- SyntaxWarning
           +-- UserWarning
…
```

你可以从异常列表中看到这些异常是组织在一个层次结构中的。这意味着较低级别引发异常实际上只是在较高级别的异常中更具体的实例，因此你实际上可以在层次结构的较高级别引发它，一切仍然能够正常工作。举个简单的例子，我们可以从 ArithmeticError 子层次结构中看到有三个更低级别的异常：

```
      +-- ArithmeticError
      |    +-- FloatingPointError
      |    +-- OverflowError
      |    +-- ZeroDivisionError
```

这意味着，如果我们要为一段代码引发异常，认为它可能会将一个数字除以零，我们可以合法地使用 ZeroDivisionError 或 ArithmeticError：

```
n = 4.0
try:
    result = n/0.0
except ZeroDivisionError:
    print("Division by zero not allowed!")

n = 4.0
try:
    result = n/0.0
except ArithmeticError:
    print("Division by zero not allowed!")
```

通常情况下，当捕获到异常时，你可以采取几种不同的处理方式。首先，你可以处理异常并继续程序流程。当清楚了解到导致错误的原因，并且可以在代码逻辑内部处理时，你应该采取这种方式。其次，你可以再次引发异常。你可能因为以下几个原因而这样做：

1. 你希望记录错误，但仍允许异常沿调用栈向上传播。这在进行调试时很有用，因为它允许你记录错误消息以及有关异常的其他详细信息，同时仍然允许调用代码适当地处理异常。例如，代码可能如下所示：

```
import logging

def process_data(data):
    try:
        # Do some processing on the data
        result = process(data)
    except Exception as e:
        # Log the exception
        logging.exception("Exception occurred while processing
                           data")
        # Re-raise the exception
        raise
```

```
    return result
```

在这个例子中，process_data 函数尝试处理一些数据并返回结果。如果在处理数据时发生异常，将使用 logging.exception 函数记录异常，这个函数会记录异常以及堆栈跟踪。然后使用 raise 语句重新抛出异常，这允许调用代码适当地处理异常。

2．你希望为异常添加额外的上下文信息。例如，你可能想要添加异常发生时应用程序的状态信息，或者导致异常被抛出的输入信息。根据前面的例子进行修改，我们可能会有如下代码：

```
def process_data(data):
    try:
        # 对数据进行一些处理
        result = process(data)
    except Exception as e:
        # 为异常消息添加额外的上下文信息
        message = f"Exception occurred while processing data:
                  {data}"
        # 创建一个带有修改后消息的新异常
        raise Exception(message) from e
    return result
```

在这个例子中，如果在处理数据时发生异常，异常消息会被修改，以包含正在处理的数据。然后，使用修改后的消息和原始异常作为原因（使用 from e 语法）来抛出一个新的异常。

3．你希望在代码的更高层次处理异常，但如果在更高层次处理得不合适，仍然允许更低层次的代码处理异常。这有点儿复杂，所以我们将逐步通过另一个修改后的示例来解释。首先，这次当我们抛出异常时，我们调用一个以特定方式处理异常的函数，称为 handle_exception：

```
def process_data(data):
    try:
        # 对数据进行一些处理
        result = process(data)
```

```
    except Exception as e:
        # 处理异常
        handle_exception(e)
        # 重新抛出异常
        raise
    return result
```

处理异常的代码将类似于下面的示例，我们需要确定是否要在这个抽象级别处理异常，还是通过另一个名为 should_handle 的函数将异常传递给调用栈上层：

```
def handle_exception(e):
    # 记录异常
    logging.exception("Exception occurred")
    # 检查是否应该在此级别处理异常
    if should_handle(e):
        # 处理异常
        ...
    else:
        # 允许异常向上传播至调用栈
        raise
```

然后，should_handle 函数将是我们定义特定逻辑的地方，用于决定是否在当前级别处理异常，或使用 raise 语法将其传播至调用栈。例如，如果我们想要在此级别处理 ArithmeticError，而在其他情况下，我们希望将异常传播到调用栈，那么逻辑将如下所示：

```
def should_handle(e):
    # 检查异常的类型
    if isinstance(e, ArithmeticError):
        # 处理异常
        return True
    else:
        # 允许异常传播
        return False
```

4. 你可能会引发不同的异常，也许是因为你需要将几种不同的异常汇集在一起，并在更高的抽象级别一起处理它们。再次考虑之前的示例，这可能意味着你编写的代码类似于以下内容：

```
def process_data(data):
    try:
        # 对数据进行一些处理
        result = process(data)
    except ValueError as e:
        # 引发另一个具有相同消息的异常
        raise MyCustomException(str(e))
    except MyCustomException as e:
        # 引发另一个异常，消息经过修改
        message = f"Exception occurred while processing data:
                   {data}"
        raise MyCustomException(message)
    return result
```

在这个例子中，如果在处理数据时发生了 ValueError 异常，它会被捕获并引发一个新的 MyCustomException，消息与原异常相同。如果发生了 MyCustomException 异常，则会被捕获并引发一个新的 MyCustomException，但消息被修改以包含正在处理的数据。这样可以让你在更高的抽象级别一起处理不同类型的异常，通过引发一个单一的、自定义的异常类型，以一致的方式进行处理。

我们可以使用的第三种程序流程是在原始异常内部抛出一个新异常。这很有帮助，因为我们可以提供关于发生错误类型的更详细信息，并且我们可以提供更多上下文信息，这将有助于我们以后调试任何问题。为了更清楚地说明这一点，让我们定义一个示例函数，用它来代替我们之前示例中使用的函数：

```
def process(data_to_be_processed):
    '''示例函数，返回原始数据加 1'''
    return data_to_be_processed + 1
```

我们将在这个函数中调用它，就像我们在上面列表中的第一个示例中那样，但现在我们将添加一个新的语法，从原始异常中抛出异常：

```
def process_data(data):
    try:
        # 对数据进行一些处理
        result = process(data)
    except Exception as e:
        # 记录异常
        logging.exception("Exception occurred while processing data")
        # 从整体异常中抛出一个新异常
        new_exception = ValueError("Error processing data")
        raise new_exception from e
    return result
```

现在从原始异常中抛出确保我们已经记录了这个特定的 ValueError 是与输入数据相关的事实，并且它允许我们在堆栈跟踪中记录一个更高级别的消息，以提供额外的上下文。例如，如果你使用上述函数并运行这个函数调用：

```
process_data('3')
```

正如预期的那样，我们得到了一个错误，因为我们提供了一个字符串，然后尝试将其与一个整数相加。当我运行这个程序时，得到的堆栈跟踪片段如下：

```
ERROR:root:Exception occurred while processing data
  File "exception_handling_examples.py", line 5, in process
    return data_to_be_processed + 1
TypeError: can only concatenate str (not "int") to str
```

上述异常是导致以下异常的直接原因：

```
Traceback (most recent call last):
  File "<stdin>", line 1, in <module>
  File "exception_handling_examples.py", line 18, in process_data
    raise new_exception from e
ValueError: Error processing data
```

你可以看到，我们从原始异常中抛出的异常指出了在 process_data 函数中错误发生的位置，并且它还提供了这个问题与数据处理相关联的信息。这两部分信息都有助于提供上下文，并可以帮助我们进行调试。更技术性的原始异常（引用操作数类型的 TypeError）仍然有用，但可能难以单独处理和完全调试。

这仅仅触及了日志记录可能性的皮毛，但这将让你开始入门。

现在，我们来探讨一下在我们的代码中需要做些什么来处理可能出现错误的情况！

不要重复发明轮子

你已经注意到（或者我希望你已经注意到了！）在这一章中，你需要的许多功能和 Python 项目都已经被构建好了。作为一名机器学习工程师，你需要学习的最重要的事情之一就是不应该从零开始构建所有东西。你可以通过多种方式确保不这样做，最明显的方式是在你自己的解决方案中使用其他包，然后在现有功能的基础上构建增强功能。例如，你不需要构建基本的回归建模能力，因为它们已经存在于各种包中，但你可能需要添加一种新的回归器类型，或者使用你开发的一些特定领域知识或技巧。在这种情况下，你有理由在现有解决方案之上编写自己的代码。你还可以使用 Python 中的各种概念，如包装类或装饰器。关键信息是，尽管在构建你的机器学习解决方案时有很多工作要做，但重要的是你不要觉得有必要从零开始构建所有东西。更有效的做法是你应专注于能创造附加价值的地方，并在前人基础上进行构建！

本章小结

本章主要探讨了编写自己的 Python 包以解决机器学习问题时的最佳实践。我们首先回顾了一些 Python 编程的基本概念，介绍了一些技巧和技术要点；接着，我们强调了在 Python 和 PySpark 中编写代码时遵循编码标准的重要性；随后，我们比较了面向对象和函数式编程范式，以指导你的代码编写；然后，我们深入探讨了如何将你编写的高质量代码打包成可以在多个平台和应用场景中分发与使用的内容。为此，我们探讨了不同的工具、设计和设置，包括使用 Makefiles 和 Poetry。其次，我们总结了一些关于代码维护的技巧，包括如何测试、记录和监视你的解决方案。这一部分还包括了一些关于异常处理的详细示例，以及如何在程序和包中实现更复杂的控制流程。最后，我们简要讨论了不重复造轮子的重要性。

在下一章中，我们将深入探讨部署的内容。这将全部关于如何将你编写的脚本、包、库和应用程序在适当的基础设施和工具上运行。

加入我们在 Discord 上的社区

加入我们的社区 Discord 空间，与作者和其他读者进行讨论：https://packt.link/mle。

第 5 章　部署模式和工具

本章中，我们将深入探讨关于部署机器学习（ML）解决方案的一些重要概念。我们还将开始闭合机器学习开发生命周期的循环，并为将你的解决方案推向世界而奠定基础。

将软件从你可以向少数利益相关者展示的演示状态部署为最终将影响到客户或同事的服务，是一项令人兴奋但常常具有挑战性的任务。这也依然是任何机器学习项目中最为困难的部分之一，做好部署工作最终可能决定了是创造价值还是只是炒作。

我们将探索一些主要概念，这些概念将帮助你的机器学习工程团队跨越从有趣的概念验证到可扩展基础设施中自动化运行解决方案的鸿沟。这将首先需要我们涵盖如何设计和架构你的机器学习系统的问题，特别是如果你想开发可以无缝扩展的解决方案。然后，我们将讨论容器化的概念以及如何使你的应用程序代码从其构建或运行的具体基础设施中抽象出来，从而在许多不同的情况下实现可移植性。接着，我们将通过一个具体的示例来展示如何使用这些想法在 AWS 上部署机器学习微服务。本章的其余部分将回顾如何为你的端到端机器学习解决方案构建有效且健壮的管道的问题，这在第 4 章中已经介绍过。我们将介绍和探索 Apache Airflow，用于构建和编排任何通用 Python 流程，包括你的数据准备和机器学习管道。然后，我们将以类似的方式深入研究 ZenML 和 Kubeflow，这两个开源的高级机器学习管道工具现在业界被广泛使用。这些工具的组合意味着你应该在本章结束时非常有信心，可以使用各种软件部署和编排相当复杂的机器学习解决方案。

这将被分解成以下几个部分：

- 系统架构设计
- 探索一些标准的机器学习模式
- 容器化

- 在亚马逊网络服务（Amazon Web Services，AWS）上托管自己的微服务
- 使用 Airflow 构建通用管道
- 构建高级的机器学习管道

下一节将以讨论如何考虑部署并设计我们的机器学习系统来开始。让我们开始吧！

技术要求

与其他章节一样，你可以使用本书仓库中第 5 章（Chapter05）提供的 Conda 环境 yml 文件或 requirements.txt 文件来设置你的 Python 开发环境，以便能够运行本章中的示例。

```
conda env create –f mlewp-chapter05.yml
```

你还需要安装一些非 Python 工具，以完整地跟随示例。请参阅每个工具的相应文档。

- AWS CLI v2
- Postman
- Docker

设计系统

无论你如何努力构建软件，心中始终牢记设计的重要性。本节将重点介绍在设计机器学习系统时必须牢记的关键考虑因素。

考虑这样一种情境：你受托组织建造一座房子。我们不会简单地去雇佣一支建筑队，购买所有的材料，租赁所有的设备，然后让每个人都开始建造。我们也不会假设在与客户交流之前就已经完全了解客户想要的东西。

相反，我们可能会尝试详细了解客户的需求，然后尝试设计符合他们要求的解决方案。我们可能会与他们以及了解整体设计所依赖部分的适当专家反复迭代这个计划几次。尽管我们对建造房屋不感兴趣（或者也许你有兴趣，但本书中不会有这方面的内容！），但我们

仍然可以看到与软件的类比。在构建任何东西之前，我们应该创建一个有效且清晰的设计。这个设计为解决方案提供了前进的方向，并帮助构建团队了解他们将工作的确切组件。这意味着我们构建的东西有信心能够解决最终用户的问题。

简而言之，这就是软件架构的要点。

如果我们对机器学习解决方案采取了类似于上述示例的做法，可能会出现以下情况：我们可能会得到一个非常混乱的代码库，团队中的一些机器学习工程师可能会构建已由其他工程师完成的元素和功能。我们可能会构建一些在项目后期基本无法运行的东西，例如，如果我们选择了一个具有特定环境要求的工具，就会由于另一个组件而无法满足这些要求。我们可能还会难以预料到需要提前配置哪些基础设施，导致项目内部的混乱争夺，以获取正确的资源。我们可能还会低估所需工作量，错过截止日期。所有这些都是我们希望避免的结果，如果我们遵循良好的设计，就可以避免这些问题。

为了提高效率，软件的架构至少应该为正在构建解决方案的团队提供以下几方面的内容：

- 它应该定义解决整个问题所需的功能性组件。
- 它应该定义这些功能性组件将如何交互，通常是通过某种形式的数据交换。
- 它应该展示解决方案未来如何扩展，以包含客户可能需要进一步实现的功能。
- 它应该提供关于选择哪些工具来实现架构中概述的每个组件的指导。
- 它应该规定解决方案的过程流程以及数据流程。

这是良好架构应该做到的，但实际操作中这意味着什么呢？

如何编制架构并没有严格的规定，关键在于它能够作为一个设计，据此可以推进构建工作。因此，例如，它可能是一个带有框、线和一些文字的漂亮图表，或者可能是几页文档。它可能使用诸如统一建模语言（UML）之类的正式建模语言编制，也可能不使用。这通常取决于你所在的企业环境以及架构编写人员所面临的要求，关键是它能够满足上述要点，并为工程师提供清晰的指导，告诉他们要构建什么以及所有部分如何组合在一起。

架构本身是一个广阔而迷人的主题，因此我们在这里不会深入探讨其细节，但我们现在将专注于在机器学习工程上下文中架构的含义。

基于原则构建

构建领域虽然广阔，但无论在哪里，像任何成熟的学科一样，总会有一些一致的原则被提出。好消息是，其中一些原则实际上与我们在第 4 章中讨论的一些良好的 Python 编程原则相同。本节中，我们将讨论其中一些原则以及它们如何用于构建机器学习系统。

“关注点分离”已经在本书中提到，它是确保应用程序内部的软件组件不会过于复杂化，以及使你的解决方案易于扩展和接口化的一种良好方式。这个原则同样适用于整个系统的设计，在这方面是一个很好的架构原则。实践中，这通常体现为应用程序中具有不同责任的分离的“层次”概念。举例来说，让我们来看一下图 5-1 中展示的架构。该图展示了如何使用工具为 ML 管道创建自动化部署和编排过程，取自 AWS 解决方案库。我们可以看到架构中有明确定义的“区域”，分别对应于供应、管道部署和管道服务。这些区块显示出解决方案中具有特定功能的不同部分，并且这些不同部分之间的交互由接口处理。

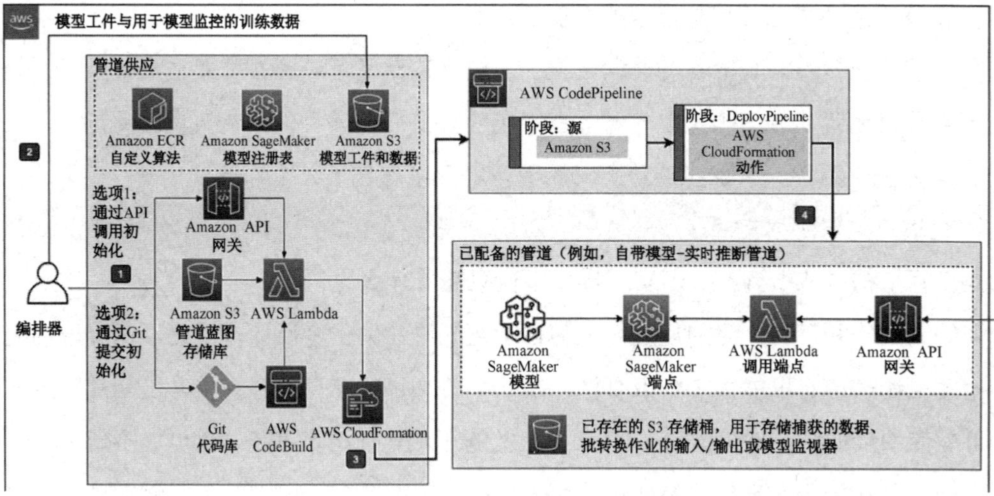

图 5-1　AWS 解决方案库 MLOps 工作负载编排器的 ML 工作负载编排器架构

“最少惊讶原则”是一个经验法则，基本上捕捉到这样一个事实：在你领域内的任何合理有知识的人，比如开发者、测试人员或数据科学家，第一次遇到你的架构时，它不应该有任何突出的不正常或令人惊讶的地方。这可能并不总是可能的，但作为一个良好的原则，应该记住它，因为它迫使你考虑那些可能与你的架构一起工作的人已经知道的内容，以及你如何利用这一点来设计一个好的设计并使其得到遵循。再次以图 5-1 为例，该架构非常好地体现了这一原则，因为设计具有明确的逻辑模块，用于提供、推广和运行 ML 管道。在架构的较低级别中，我们可以看到数据始终来自 S3 存储桶，Lambda 正在与 API 网关进行交互，以此类推。这意味着 ML 工程师、数据科学家和云平台工程师在实施时都能很好地理解和利用这种架构。

最小努力原则比前面的原则更加微妙，因为它捕捉到了这样一个理念：开发者作为人类，会选择最不费力的路径，除非必要，不会创造更多的工作量。我理解这一原则强调了深思熟虑地考虑架构，并且认真构建它的重要性，因为开发完成后，它可能会被长时间使用，一位又一位工程师都会使用它！

截至目前，我们仅仅讨论了高层架构原则。现在，我们将探讨一些设计原则，这些原则虽然仍可以在系统设计层面使用，但在代码层面上使用时同样具有强大的效力。

SOLID 原则（单一职责、开闭原则、里氏替换、接口隔离、依赖倒置）是一套常被应用于代码库的原则，但同样可以很好地推广到系统设计和架构中。一旦我们将这些原则适应到架构层面，它们可以通过下述方式解释：

- 单一职责：这与关注点分离的理念非常相似，甚至可以说是一模一样。具体来说，这个原则表明如果一个模块在任何时候只有一个变更的原因，或者只有一个工作要做，那么这会使它更具韧性并且更易于维护。如果你的架构图中有一个盒子需要做十件不同的事情，那么你就已经违反了这一原则，这意味着每当任何一个流程或接口需要变更时，你都必须进入那个盒子进行操作，这可能会引发更多的问题，或者极大地增加停机的可能性。
- 开闭原则：这是指以一种方式进行架构设计是非常明智的，即组件“对扩展开放，对修改封闭”。这同样适用于整个设计层面。如果你设计的系统能够轻易地添加新功能，而无须回过头去重新布线核心部分，那么你构建的东西很可能会经得起时间的考验。机器学习中有一个很好的例子，如果我们尝试构建我们的系统，以便当我们想要添加新的处理管道时，我们可以简单地做到这一点，我们不必回到代码的某个晦涩部分，进行大幅度的修改。

- 里氏替换：在 SOLID 原则被提出时，它们最初是针对像 Java 这样的面向对象编程语言的。这一原则指出，对象编程语言应该能够被它们的子类型所替换，同时仍然保持应用的行为不变。在系统层面，这基本上意味着，如果两个组件应该与其他组件具有相同的接口和契约，你可以将它们彼此互换。
- 接口隔离：我将其理解为“不要让组件之间有多种交流方式”。因此，在你的应用程序中，尽量确保解决方案的不同部分之间的交接方式非常狭窄。换句话说，尽可能将你的接口客户化。
- 依赖倒置：这与里氏替换原则非常相似，但更为通用。其核心思想是，解决方案的模块或部分之间的通信应由抽象来处理，而不是由具体的、特定的实现来处理。一个很好的例子是，不是直接从另一个进程中调用机器学习微服务，而是将必要的工作数据放入队列中，例如，AWS 提供简单队列服务，然后微服务从队列中获取工作。这样可以确保客户端和服务端微服务不需要了解彼此的接口细节，同时也可以使下游应用通过从队列中读取更多的服务来进行扩展。这也体现了开放/封闭原则，在图 5-1 的架构中可以看到这一点，通过使用 Lambda 函数调用 AWS CloudFormation。

我最喜欢的最后一个概念是“有界上下文”，我们必须确保数据模型或其他重要的数据或元数据在特定的概念模型内保持一致，而不是“自由混杂”。这个概念特别适用于领域驱动设计，并且非常适用于大型复杂的解决方案。一个很好的例子是，如果你有一个大型组织，拥有多个业务单位，它们想要一系列非常相似的服务，用于在数据库中运行业务数据的机器学习。我们最好是为每个业务单位都提供多个数据库来托管信息，而不是在多个应用程序之间共享数据层。更具体地说，你的数据模型不应该包含特定于销售和营销、工程和人力资源等功能的信息。相反，每个功能都应该有自己的数据库和模型，并且如果需要的话，应该有明确的规则来连接它们之间的任何信息。我相信这个想法仍然适用于后面将在本章讨论的数据湖。在这种情况下，“有界上下文”可以应用于湖中的特定文件夹，或者实际上可以指的是整个湖的上下文，每个湖都被分隔成不同的领域。这正是所谓的数据网格背后的思想。

我们刚刚提到了一些最常用的机器学习模式，现在让我们更详细地探讨这个概念，以便应用我们讨论过的原则。

探索一些标准的机器学习模式

在这本书中，我们多次提到不应该试图重新发明轮子，而应该重用、重复和回收那些在更广泛的软件和机器学习社区中已经被证明有效的方法。对于你的部署架构来说，这也是同样的道理。

当我们讨论那些可以用于多种具有相似特征的不同用例的架构时，通常会称这些为模式。使用标准的（或者至少是众所周知的）模式确实可以帮助你加快项目的价值实现时间，并帮助你以一种健壮且可扩展的方式工程化你的机器学习解决方案。

鉴于此，接下来几节我们将总结一些在过去几年中机器学习领域取得了越来越成功的最重要的架构模式。

在数据湖中畅游

对于任何试图使用机器学习的人来说，最重要的资产当然是我们可以分析和训练模型的数据。大数据时代意味着数据的规模和格式的多样性成为越来越大的挑战。如果你所在的一个大型组织（甚至不那么大），将所有用于机器学习应用的数据存储在结构化的关系数据库中是不可行的，因为仅仅是对数据进行建模以存储在这种格式中的复杂性就会非常高。那么，你可以怎么做呢？

这个问题最初是通过引入数据仓库来解决的，它允许你将所有关系型数据存储整合到一个解决方案中，并创建一个单一的访问点。这在一定程度上有助于缓解数据量的问题，因为即使数据总数很大，每个数据库都可以存储相对较少的数据。这些仓库在设计时考虑了多个数据源的集成。然而，它们仍然相对受限，因为它们通常将计算和存储的基础设施捆绑在一起。这意味着它们无法很好地扩展，而且可能是昂贵的投资，从而造成供应商绑定。对于机器学习来说，最重要的是数据仓库无法存储原始的、半结构化或非结构化数据（例如，图像）。如果将仓库作为主要数据存储使用，这自动排除了许多好的机器学习用例。现在，我们有了像 Apache Spark 这样的工具，在本书中已经广泛使用，如果我们有可用的集群，就可以实际分析和建模任何大小或结构的数据。然后问题变成了，我们应该如何存储它？

数据湖是一种技术，它允许你以自己能够合理处理的任何规模存储任何类型的数据。很多由供应商提供数据湖解决方案，包括主要的公共云服务提供商，比如微软 Azure、谷歌云平台（GCP）和 AWS。鉴于我们之前已经接触过 AWS，现在应当把重点放在它上面。

在 AWS 中，主要的存储解决方案称为简单存储服务（Simple Storage Service，S3）。与所有核心数据湖技术一样，你可以将任何内容有效地加载到其中，因为它基于对象存储的概念。这意味着每个加载的数据实例都被视为具有唯一标识符和关联元数据的对象。

它允许你的 S3 存储桶同时包含照片、JSON 文件、txt 文件、Parquet 文件以及任意数量的其他数据格式。

如果你所在的组织没有数据湖，这并不意味着你无法进行机器学习，但这可能会使你的道路变得更加曲折，因为有了数据湖，无论数据的格式如何，你都知道如何存储你需要解决问题的数据。

微服务

你的机器学习项目代码库将从一开始就很小——最初只有几行代码，但随着团队投入越来越多的工作来构建所需的解决方案，代码库会迅速增长。如果你的解决方案需要具备多种不同的能力，并执行一些完全不同的操作，而你将所有这些功能都放在同一个代码库中，那么你的解决方案可能会变得非常复杂。实际上，这种所有组件都紧密耦合且不可分割的软件被称为单体，因为它类似可以独立存在于其他应用程序之外的单一大块。这种方法可能适用于你的使用情况，但随着解决方案复杂性的增加，通常需要更为灵活和可扩展的设计模式。

微服务架构是指你解决方案的功能组件被清晰地分离开来，可能位于完全不同的代码库中或在完全不同的基础设施上运行。例如，如果我们正在构建一个面向用户的 Web 应用程序，并且允许用户浏览、选择和购买产品，那么我们可能希望快速部署各种机器学习功能。我们可能想根据用户最近浏览的内容推荐新产品，也可能想获取他们最近订购的物品何时到达的预测，并且还可能想强调一些我们认为他们会受益的折扣（根据我们对他们历史账户行为的分析）。对于单体应用程序而言，这可能是一个非常困难甚至不可能完成的任务。然而，对于如图 5-2 所示的微服务架构来说，这是一个非常自然的事情：

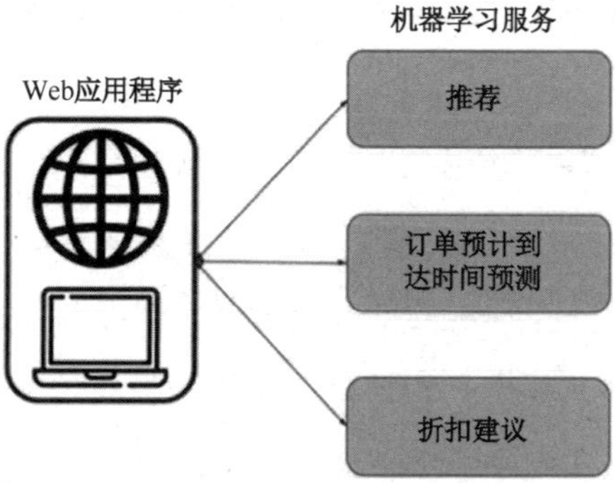

图 5-2 机器学习微服务的示例

微服务架构的实施可以通过一些工具来完成，其中一些我们将“在 AWS 上托管你自己的微服务”部分进行介绍。其主要的思想是，你总是将解决方案的元素分离出来，形成自己的服务，这些服务之间并不是紧密耦合的。

微服务架构特别擅长帮助我们的开发团队实现以下目标：

- 独立调试、修补或部署单个服务，而不是关闭整个系统。
- 避免单点故障。
- 提高可维护性。
- 允许不同团队拥有清晰责任的独立服务。
- 加速复杂产品的开发。

像每种架构模式或设计风格一样，微服务架构当然不是万能解决方案，但在设计下一个解决方案时，我们最好记住微服务架构。

接下来，我们将讨论基于事件的设计。

基于事件的设计

所有情况并非都适合按计划批量操作。就像我们在前一节中所看到的那样，微服务架构并不是所有用例都需要按照设定的时间表运行模型进行大批量预测，然后存储结果，稍后再检索这些结果。如果需要进行训练的数据量不足怎么办？如果没有新的数据可用于进行预测呢？如果其他系统在数据点可用的最早时间基于个别数据进行预测，而不是每天在特定的时间进行预测，会是怎样呢？

在基于事件的架构中，各个动作产生的结果会触发系统中的其他个别动作，如此这般循环往复。这意味着过程可以尽可能早地发生，但不会更早。它也允许更动态或随机的数据流动，如果其他系统也不是在预定的批次上运行，这可能会有益。

事件驱动的模式可以与其他模式相结合，比如微服务或批处理。其好处依然存在，事实上，基于事件的组件可以实现编排和管理更复杂的解决方案。

事件驱动模式有两种类型：

- 发布/订阅：在这种情况下，事件数据被发布到消息代理或事件总线，以供其他应用程序消费。在发布/订阅模式的一个变体中，使用的代理或总线按适当的分类组织，并被指定为主题。一个实现此功能的示例工具是 Apache Kafka。
- 事件流处理：流处理用例是我们希望在接近实时的情况下处理持续流动的数据的情况。我们可以将其视为在数据通过系统时进行处理。这意味着数据不会在数据库中持久化，而是在创建或接收到流处理解决方案时进行处理。用于事件流处理应用的示例工具是 Apache Storm。

图 5-3 展示了一个应用于物联网和移动设备案例的事件驱动架构示例，这些设备的数据被输入到分类和异常检测算法中：

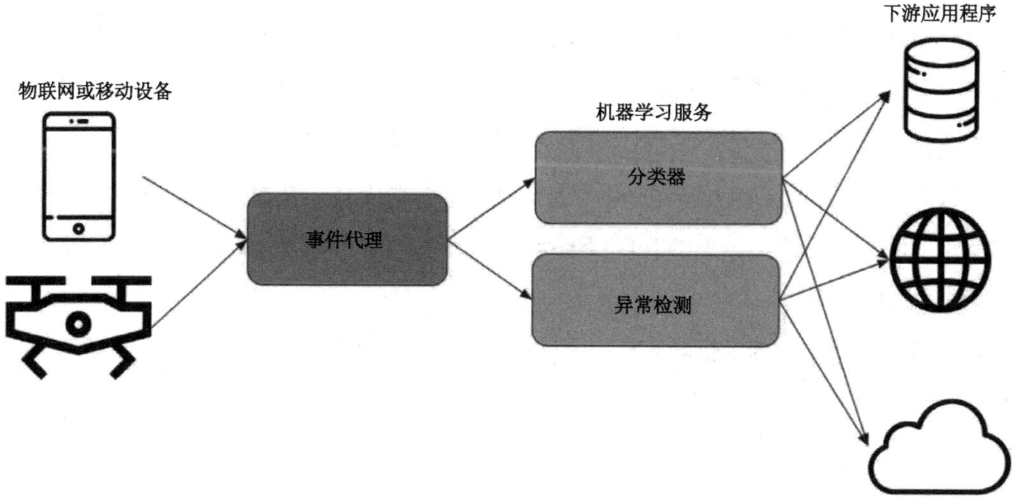

图 5-3　一个基本的基于事件的高层设计，其中数据流通过代理访问不同的服务

下一节将涉及与一次处理一个数据点相反的设计，并且在任何时候都使用大块或批量处理数据。

批处理

批处理工作听起来可能不是一个最复杂的概念，但在全球机器学习领域中，它是最常见的模式之一。

如果你需要的预测数据以规律的时间间隔批量输入，那么以类似的节奏安排你的预测运行可能会更加高效。这种模式在你不需要创建低延迟解决方案的情况下也会很有用。

这个概念之所以能够运行得相当高效，有几个原因：

- 定期批量运行意味着我们准确知道何时需要计算资源，因此我们可以做出相应的计划。例如，我们可以在大部分时间关闭我们的集群，或者将它们重新用于其他活动。
- 批处理允许在运行时使用更多的数据点，因此，如果需要，你可以在批处理级别运行（如异常检测或聚类等）任务。
- 数据批次的大小通常可以选择以优化某些标准。例如，使用大批量数据并在其上运行并行逻辑和算法可能更有效率。

在批处理中运行机器学习算法的软件解决方案通常与传统的提取、转换、加载（ETL）系统非常相似。这些系统从源或多个源提取数据，然后在传输过程中进行处理，最后上传到目标系统。在机器学习解决方案的情况下，其处理过程并非标准的数据转换，如连接和过滤，而是应用特征工程和机器学习算法管道。这就是为什么在本书中，我们将这些设计称为提取、转换、机器学习（ETML，Extract，Transform，Machine Learning）模式。ETML 将在第 9 章中进行更详细的讨论。

我们现在将讨论一项关键技术，这项技术对于使现代架构适用于各种平台至关重要——容器。

容器化

作为一个机器学习工程师，如果你开发的软件需要在某个地方部署，那么你必须非常了解你的代码的环境要求，以及不同的环境可能会影响你的解决方案的运行能力。对于 Python 来说，这一点尤其重要，因为它没有核心能力来将程序导出为独立的可执行文件（尽管有这样的选项）。这意味着 Python 代码需要在 Python 解释器中运行，并且需要存在于一个通用的 Python 环境中，其中已安装了相关的库和支持包。

从这个角度来看，避免让自己头疼的一个好方法是：为什么我不能把自己需要的一切都放到一个相对独立于主机环境的东西中，然后将其打包，作为一个独立的应用程序来运行呢？对于这个问题的答案是，你确实可以这样做，而且你可以通过容器化来实现。容器化是一个过程，通过这个过程，一个应用程序及其依赖关系可以被打包在一起，形成一个独立的单元，并可以在任何计算平台上有效地运行。

最受欢迎的容器技术是 Docker，它是一款开源的，非常易于使用的技术。让我们通过使用它来将一个简单的 Flask 网络应用程序进行容器化，以此来学习它。这个简单的 Flask 网络应用程序可以作为预测模型的接口，就像在第 1 章中的示例 2：“预测 API”部分所创建的那样。

接下来的几个小节将使用一个类似的简单 Flask 应用，该应用具有一个预测服务端点。

作为完整机器学习模型的代理，我们首先将使用一个基础应用，该应用在请求预测时简单地返回一组随机数的短列表。该应用的详细代码可以在本书的 GitHub 仓库中找到，地址为：https://github.com/PacktPublishing/Machine-Learning-Engineering-with-Python-Second-Edition/tree/main/Chapter05/microservices/mlewp2-web-service。

Web 应用程序创建了一个基本的应用，你可以在其中提供商店 ID 和系统的开始日期，并返回虚拟的预测结果。要获得这些结果，你可以访问/forecast 端点。

示例如图 5-4 所示：

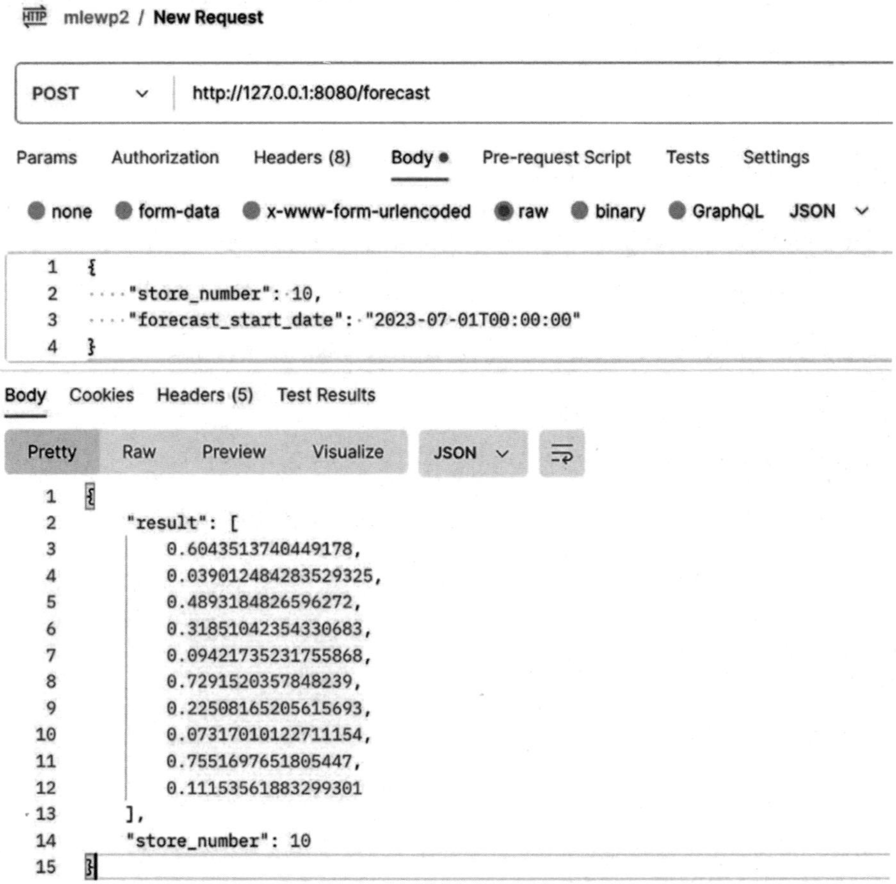

图 5-4　查询我们的基础机器学习微服务的结果

现在，我们将讨论如何将这个应用程序容器化。首先，你需要按照 https://docs.docker.com/engine/install/上的文档在你的平台上安装 Docker。

1. 安装了 Docker 后，你需要告诉它如何构建容器镜像，这可以通过在你的项目中创建一个 Dockerfile 来实现。Dockerfile 指定了所有构建步骤的文本，以便构建镜像的过程是自动化且易于配置的。接下来，我们将逐步介绍构建一个简单示例 Dockerfile，这将在下一节"在 AWS 上托管自己的微服务"中进行拓展。首先，我们需要指定我们正在使用的基础镜像。通常情况下，使用官方 Docker 镜像作为基础是有意义的，所以我们将使用 python:3.10-slim 环境，以保持轻量高效。这个基础镜像将在 FROM 关键字后的所有命令中使用，这意味着我们正在进入一个构建阶段。我们实际上能够为以后的应用命名此阶段，使用 FROM … as 语法命名为 builder：

```
FROM python:3.10-slim as builder
```

2. 在构建阶段，我们将需要的所有文件从当前目录复制到一个名为 src 的目录中，并使用我们的 requirements.txt 文件安装所有的依赖项（如果你想要在不指定任何依赖项的情况下运行此步骤，那么你可以使用一个空的 requirements.txt 文件）：

```
COPY . /src
RUN pip install --user --no-cache-dir -r requirements.txt
```

3. 接下来的阶段涉及类似的步骤，但别名为 app，因为我们正在创建我们的应用程序。请注意，这里的步骤 1 和步骤 2 中引用了构建阶段的 builder：

```
FROM python:3.10-slim as app
COPY --from=builder /root/.local /root/.local
COPY --from=builder /src .
```

4. 我们可以像在 bash 环境中一样定义或添加环境变量：

```
ENV PATH=/root/.local:$PATH
```

5. 由于在这个示例中，我们将运行一个简单的 Flask Web 应用程序，需要告诉系统要暴露哪个端口：

```
EXPOSE 5000
```

6. 我们可以使用 CMD 关键字在 Docker 构建过程中执行命令。在这里，我们使用它来运行 app.py，这是 Flask 应用程序的主入口点，并将启动我们稍后通过 REST API 调用的服务，以获取机器学习结果：

```
CMD ["python3", "app.py"]
```

7. 我们可以使用 docker build 命令构建镜像。在这里，我们创建一个名为 basic-ml-microservice 的镜像，并将其标记为最新版本（latest）：

```
docker build -t basic-ml-microservice:latest
```

8. 要检查构建是否成功，请在终端中运行以下命令：

```
docker images --format "table {{.ID}}\t{{.CreatedAt}}\t{{.
Repository}}"
```

你应该会看到类似如图 5-5 所示的输出：

```
IMAGE ID       CREATED AT                       REPOSITORY
b4cf53f44287   2023-07-02 22:17:37 +0100 BST    basic-ml-webservice
dad5d3d3ced3   2023-06-29 13:13:54 +0100 BST    inferencefunction
25b59787560e   2023-06-29 12:10:49 +0100 BST    508972911348.dkr.ecr.eu-west-2.amazonaws.com/mlewpsamm
25b59787560e   2023-06-29 12:10:49 +0100 BST    inferencefunction
16cd75dd36ad   2023-06-29 10:20:07 +0100 BST    <none>
ab560c318c87   2023-06-28 14:26:40 +0100 BST    public.ecr.aws/lambda/python
5e71c7186e71   2023-04-10 15:00:27 +0100 BST    electricweegie/custom-kserve-endpoint
5e71c7186e71   2023-04-10 15:00:27 +0100 BST    custom-kserve-endpoint
1465debfde6f   2023-04-03 22:47:45 +0100 BST    gcr.io/k8s-minikube/kicbase
b4faebd75645   2023-03-22 22:17:40 +0000 GMT    vsc-anaconda-1c27a4749abc4e72305ca51f3243da64
b2e19fd3d045   2023-03-22 22:13:08 +0000 GMT    vsc-volume-bootstrap
f60702d4ce22   2023-02-08 22:31:07 +0000 GMT    electricweegie/docker101tutorial
f60702d4ce22   2023-02-08 22:31:07 +0000 GMT    docker101tutorial
9793ee61fc75   2022-11-20 05:16:44 +0000 GMT    alpine/git
2b4661558fb8   2022-11-12 03:39:38 +0000 GMT    alpine
476b7007f4f5   2022-10-25 20:41:01 +0100 BST    kindest/node
df953f7b867a   2020-02-07 01:06:27 +0000 GMT    kindest/node
```

图 5-5 运行 docker images 命令后的输出

9. 你可以在终端使用以下命令运行你的 Docker 镜像：

```
docker run --rm -it -p 8080:5000 basic-ml-microservice:latest
```

现在你已经将一些基本应用程序容器化并可以运行你的 Docker 镜像，我们需要回答如何利用这一点来构建托管在适当平台上的机器学习解决方案的问题。接下来的部分将介绍如何在 AWS 上实现这一目标。

在 AWS 上托管你自己的微服务

将你的机器学习模型提供给用户的经典方式是通过托管在服务器上的轻量级 Web 服务。这可以是一种非常灵活的部署模式。

你可以在任何具有互联网访问权限的服务器上运行 Web 服务（大致如此），如果设计得当，往往很容易向你的 Web 服务添加进一步的功能，并通过新的端点公开它。

在 Python 中，两个最常用的 Web 框架一直是 Django 和 Flask。本节中，我们将专注于 Flask，因为它是这两者中更简单的一个，并且已经有大量关于在 Web 上进行机器学习部署的文章，因此你将能够找到大量的材料来构建你在这里学到的内容。

在 AWS 上，你可以将自己的 Flask Web 解决方案作为一个容器化应用程序托管在一个合适的平台上，这是最简单的方法之一。我们将在这里介绍这个过程的基础知识，但我们不会花时间讨论维护你服务的良好 Web 安全性的详细方面。如果要完整地讨论这个问题可能需要一本专门的书籍，而且其他地方也有很多优秀且更专业的资源。

我们将假设你已经按照第 2 章中的说明设置了你的 AWS 账户。如果没有，请返回并查看你需要执行的步骤。

我们需要 AWS 命令行界面（CLI）。你可以在 AWS CLI 文档页面（https://docs.aws.amazon.com/cli/index.html）上找到安装和配置 AWS CLI 的相应命令，以及许多其他有用的信息。

具体地，按照这个教程中的步骤配置你的 Amazon CLI：https://docs.aws.amazon.com/cli/latest/userguide/cli-configure-quickstart.html。

文档详细说明了如何为各种不同的计算机架构安装 CLI，因此请按照你所用平台的指示进行操作，然后你就可以享受本书其余部分中使用的 AWS 示例了！

在接下来的示例中，我们将使用 Amazon Elastic Container Registry (ECR)和 Elastic Container Service (ECS)来托管一个基本的容器化 Web 应用程序。第 8 章中，我们将详细讨论如何构建和扩展 ML 微服务，并使用基于 Kubernetes 的更低级别的实现。这两种方法的互补性很好，将帮助你扩展自己的 ML 工程工具包。

在 ECS 上部署我们的服务将需要一些不同的组件，我们将在接下来的几节中逐步介绍：

- 我们的容器托管在 ECR 上的仓库内；
- 在 ECS 上创建的集群和服务；
- 通过弹性计算云（EC2）服务创建的应用程序负载均衡器。

首先，让我们着手将容器推送到 ECR。

推送到 ECR

让我们看看以下步骤：

1. 我们在项目目录中的 Containerizing（容器化）部分定义了以下的 Dockerfile：

```
FROM python:3.10-slim as builder
COPY . /src
RUN pip install --user --no-cache-dir -r requirements.txt
FROM python:3.10-slim as app
COPY --from=builder /root/.local /root/.local
COPY --from=builder /src .
ENV PATH=/root/.local:$PATH
EXPOSE 5000
CMD ["python3", "app.py"]
```

2. 我们可以使用 AWS CLI 来创建一个 ECR 仓库，用于托管我们的容器。我们将这个仓库命名为 basic-ml-microservice，并将区域设置为 eu-west-1，但这应该根据你的账户情况更改为最合适的区域。下面的命令将返回一些关于你的 ECR 仓库的元数据；请保留这些信息，以便后续步骤使用：

```
aws ecr create-repository
    --repository-name basic-ml-microservice
    --image-scanning-configuration scanOnPush=true
    --region eu-west-1
```

3．我们可以在终端使用以下命令登录到容器注册表。请注意，仓库 URI 将创建在执行步骤 2 后提供的元数据中，你也可以通过运行 aws ecr describe-repositories --region eu-west-1 来检索此信息。

```
aws ecr get-login-password --region eu-west-1 | docker login
--username AWS --password-stdin <ECR_REPOSITORY_URI>
```

4．如果我们导航到包含 Dockerfile（app）的目录，就可以运行以下命令来构建容器：

```
docker build --tag basic-ml-microservice:local
```

5．对镜像进行标记：

```
docker tag basic-ml-microservice:local <ECR_REPOSITORY_URI>
```

6．我们使用以下命令将刚刚构建的 Docker 镜像部署到容器注册表：

```
docker push <YOUR_AWS_ID>.dkr.ecr.eu-west-1.amazonaws.com/basic-ml-
microservice:latest
```

如果成功，这最后一个命令将会把本地构建的 Docker 镜像推送到远程托管的 ECR 仓库。你可以通过导航到 AWS 管理控制台，进入 ECR 服务，并选择 basic-ml-microservice 仓库来确认这一点。然后你应该看到如图 5-6 所示的内容。

实际上，我们刚刚经历的步骤在一般情况下非常强大，因为你现在能够在你的 AWS 账户下的中央仓库中构建跨平台的 Docker 镜像并分享它们。你也可以通过 DockerHub 分享 Docker 容器和镜像：https://hub.docker.com/，但是如果你希望在自己的组织内部进行这些操作，这将给你更多的控制权。

既然我们已经构建了托管 Flask 应用的容器，接下来考虑将其部署在可扩展的基础设施上。为了实现这一点，在下一部分中，我们将在 ECS 上设置我们的集群。

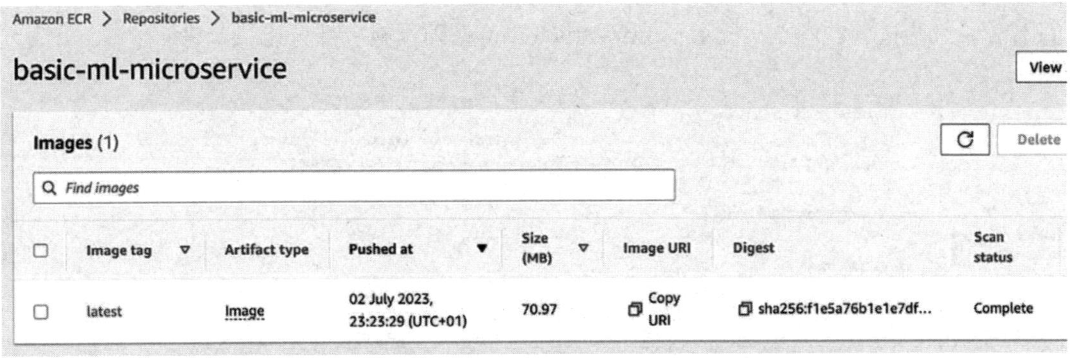

图 5-6 成功将本地构建的 Docker 镜像推送到 ECR 仓库

在 ECS 上托管

现在，让我们开始设置！截至 2023 年中期，AWS 最近推出了一款全新的 ECS 控制台，相较于以前，它的设置要顺畅得多。因此，如果你阅读了本书的第一版，就会发现这次体验更加顺畅：

1. 导航到 AWS 管理控制台上的 ECS，然后点击“Create Cluster”。你将看到一个表单，询问有关网络、基础设施、监控以及要创建的资源的所有标签的详细信息。这应该看起来像如图 5-7 所示。

2. 首先，我们可以将集群命名为 mlewp2-ecs-cluster，或者你喜欢的任何名称！然后，当你展开网络部分时，你会发现许多 VPC 和子网的详细信息已根据你的 AWS 账户设置自动填充了默认值。如果你需要设置这些内容，表单会指向相关的文档。参见图 5-8 作为示例。

3. Infrastructure（基础设施）部分包含三个选项，其中使用 AWS Fargate 是预先选择的默认选项。我们不需要了解 Fargate 工作原理的细节，但可以说，它提供了一个非常高级的抽象，用于管理跨多台服务器的容器工作负载。引入 Fargate，意味着你不需要担心为运行容器工作负载而配置和运行虚拟机集群的详细信息。根据 AWS 文档，Fargate 服务非常适合动态工作负载爆发或具有低操作开销的大型工作负载。如果你知道你将运行需要价格优化的大型作业，那么你可以查看其他基础设施选项，例如 EC2 实例。对于本例而言，我们不需要这些选项。图 5-9 显示了 Infrastructure（基础设施）部分以供参考。

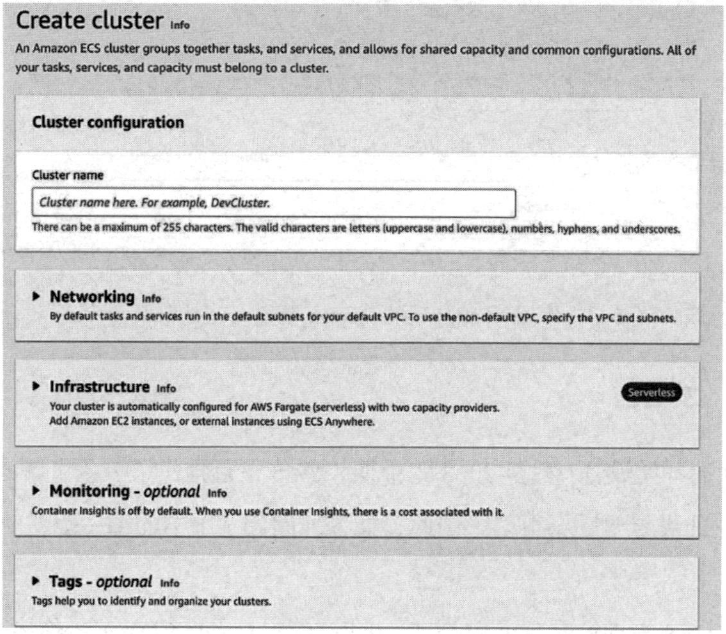

图 5-7　在弹性容器服务中创建集群

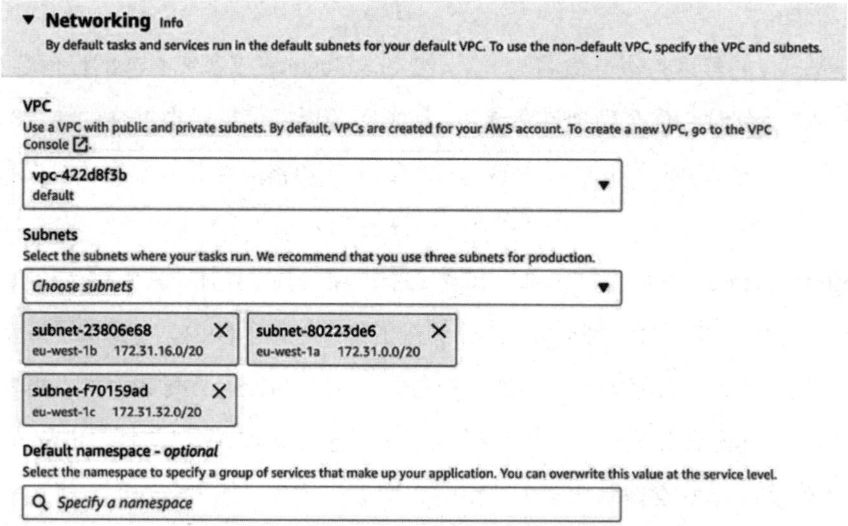

图 5-8　在 AWS ECS 中为我们的集群配置网络

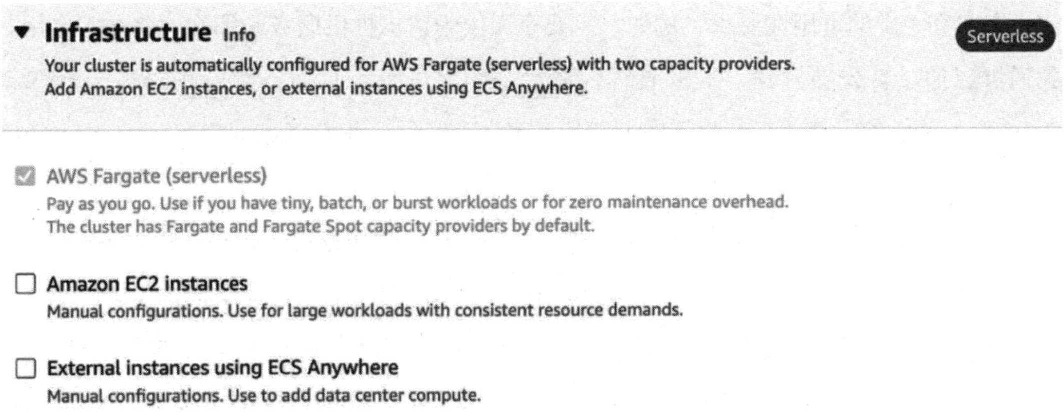

图 5-9　在 ECS 服务中配置 Infrastructure（基础设施）选项

4. Monitoring（监控）和 Tag（标签）部分相对而言比较容易理解，并允许你切换 container insights（容器洞察），并为将要创建的 ECS 资源提供自己的字符串标签。让我们暂时将这些保持默认设置，然后点击页面底部的“Create”按钮。几分钟后，你应该会看到集群已成功创建，如图 5-10 所示。

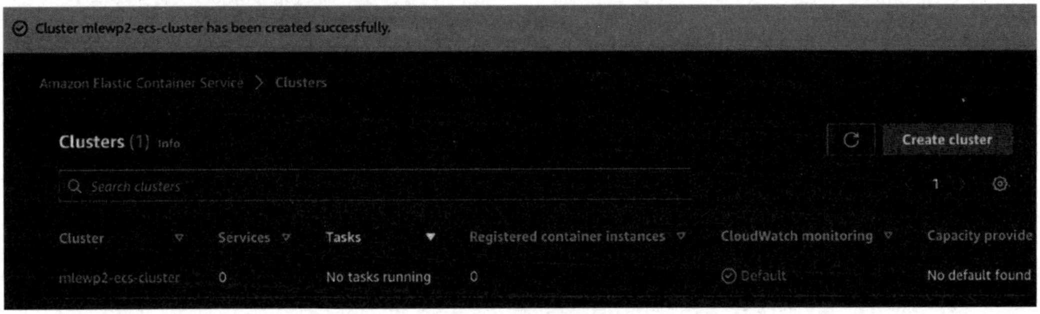

图 5-10　ECS 集群成功创建

前面的步骤都是关于设置 ECS 集群，即我们的容器化应用程序可以运行的基础设施。我们需要定义 Task（任务），来告诉 ECS 如何运行解决方案，这些简单的任务是我们希望在集群上执行的进程。ECS 中还有一个相关的概念叫作 Services（服务），它指的是管理任务的一种过程，例如，通过确保一定数量的任务始终在集群上运行来管理任务。如果你的解决方案有一定的可用性要求，例如，需要全天候为请求提供服务，那么这将非常有用。

我们可以通过首先导航到 AWS 管理控制台中的集群审查页面，然后在左侧选择 Task Definitions（任务定义）来在集群中创建任务定义。然后，我们将点击“ Create New Task Definition”。按照下面的步骤创建这个任务定义：

1. 我们需要为任务定义指定一个名称，这个名称就是任务定义的所有版本的集合。为了简单起见，让我们称之为 basic-ml-microservice-tasks。然后，我们需要提供一些容器的详细信息，比如我们想要使用的镜像的 URI。这是我们之前推送到 ECR 仓库的镜像的 URI，格式类似于<YOUR_AWS_ID>.dkr.ecr.eu-west-1.amazonaws.com/basicml-microservice:latest。你可以给容器一个新名称。在这里，我将其称为 mlmicro。最后，你需要提供适当的端口映射，以允许容器及其包含的应用程序可被外部流量访问。我将端口 5000 进行了映射，你可能还记得这是我们在原始 Dockerfile 中使用 TCP 协议暴露的端口。所有这些都显示在图 5-11 中。你可以将此部分其余的可选设置保留为默认设置，然后单击“Next”以继续下一页的设置。

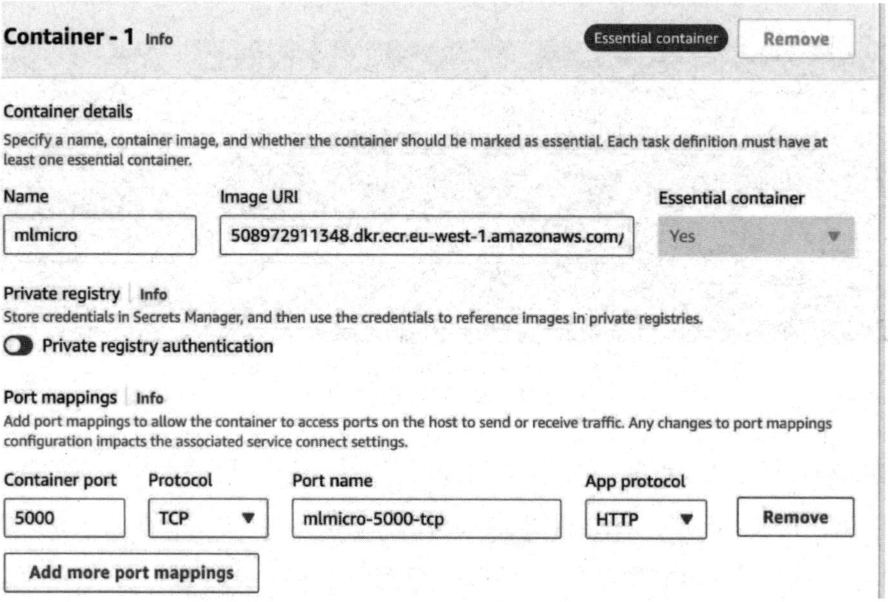

图 5-11 定义 ECS 中任务定义所使用的容器镜像

2. 控制台的下一页要求提供有关你将在其中运行解决方案的环境和基础设施的信息。根据我们用于 ECS 集群的设置，我们将使用 Fargate 作为基础设施选项，在 Linux x86_64 环境中运行。在这种情况下，我们运行的任务非常小（仅用于演示目的返回一些数字），因此我们可以保持默认选项，即 1 个 vCPU，3 GB 内存。如果需要，你还可以添加容器级别的内存和 CPU 需求，但是我们现在可以将其留空。如果你的服务需要大量计算，或者包含预加载了一些大型模型或配置数据的应用程序，这将特别有用。你可以在图 5-12 中看到这一点：

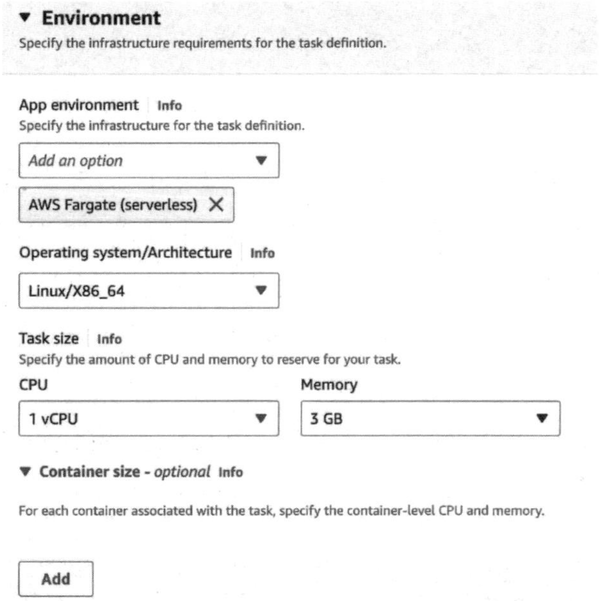

Figure 5.12: Configuring our application environment for the AWS ECS task definition used for our ML microservice.

图 5-12　为我们用于机器学习微服务的 AWS ECS 任务定义配置我们的应用环境

3. 我们需要配置 IAM 角色。我们的应用不会调用其他 AWS 服务，所以目前我们不需要一个 IAM 任务角色，但如果你需要在后续的某个时刻调用其他数据或机器学习服务，你可以创建一个。为了执行任务，我们需要一个执行角色，这个角色默认已经为你创建好，所以我们就直接使用它吧。IAM 配置部分如图 5-13 所示：

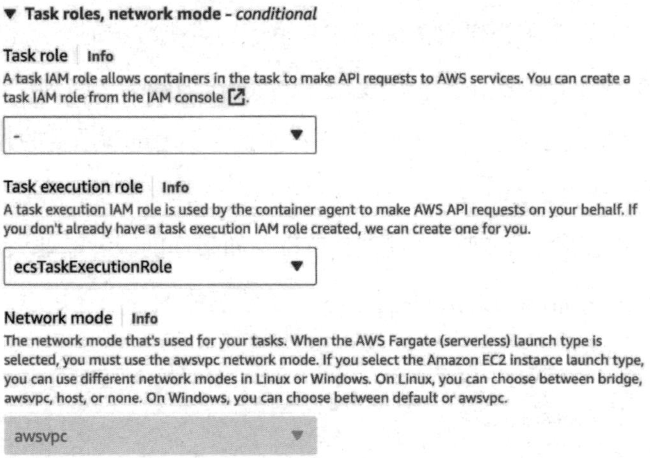

图 5-13　为 AWS ECS 任务定义指定的 IAM 角色

4．本节的其余部分包含存储、监控和标记的可选部分。存储子部分指的是用于解压缩和托管你的 Docker 容器的临时存储。同样，对于较大的容器，你可能需要考虑将此大小从默认的 21 GiB 进行增加。监控可以使用 Amazon CloudWatch 启用，当你需要基础设施监控作为解决方案的一部分时，这将非常有用，但我们不会在这里涵盖此内容，而是更专注于核心部署。暂时保持这些部分不变，并在页面底部点击“Next”。

5．我们快要完成了，现在我们将回顾并创建任务定义。如果你在回顾时对所选内容感到满意，那么创建任务定义，你将被带到一个总结页面，类似于如图 5-14 所示。

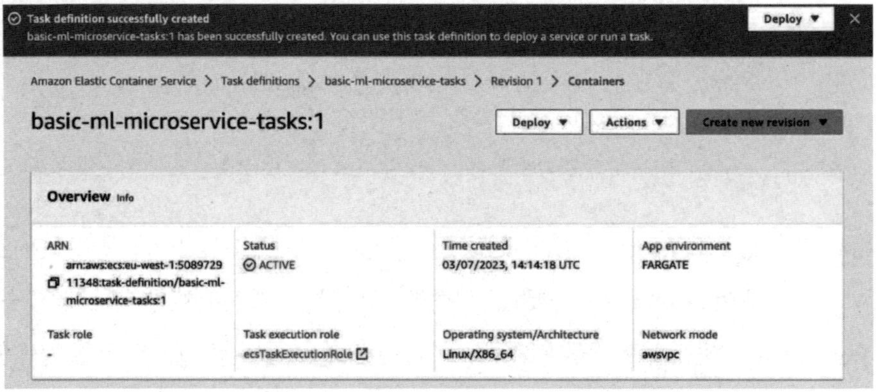

图 5-14　ML 微服务任务定义成功创建

现在，设置我们的 ECS 托管解决方案的最后一步是创建一个服务。我们现在将逐步介绍如何执行此操作：

1. 导航到我们在之前步骤中刚创建的任务定义，并选择“Deploy”按钮。这将提供一个下拉菜单，你可以在其中选择“Create Service”。图 5-15 显示了此操作的外观，因为可能很容易忽略。

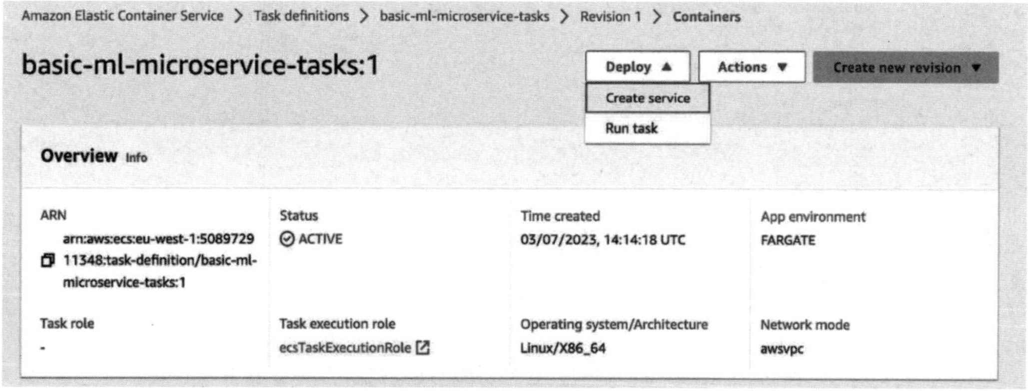

图 5-15　选择我们在前几步创建的任务定义中的“Create service”选项

2. 你将进入另一页，需要填写我们希望创建的服务的详细信息。对于 Existing cluster（现有集群），请选择我们之前定义的 ECS 集群，对于本例来说，它被称为 mlewp2-ecs-cluster。对于 Compute configuration（计算配置）而言，我们将仅使用 Launch type（启动类型）选项，这意味着我们可以让 Fargate 管理基础设施需求。如果你有多个基础设施选项想要混合在一起，那么你可以使用 Capacity provider strategy（容量提供者策略）选项。请注意，这是更高级的选项，因此如果你需要使用此路径，请阅读 AWS 文档了解更多的信息。我的选择如图 5-16 所示，以供参考。该服务将启用我们之前创建的任务定义，因此我们的应用程序可以持续运行。

3. 部署配置，这涉及服务在多个副本方面的运行方式，以及在解决方案失败时要采取的操作。我简单地定义了服务名称为 basic-ml-microservice-service，并使用了 Replica 服务类型，它指定了集群中应该维护多少个任务。由于我们的任务定义中只有一个任务，因此我们现在可以将其保留为 1，如图 5-17 所示。

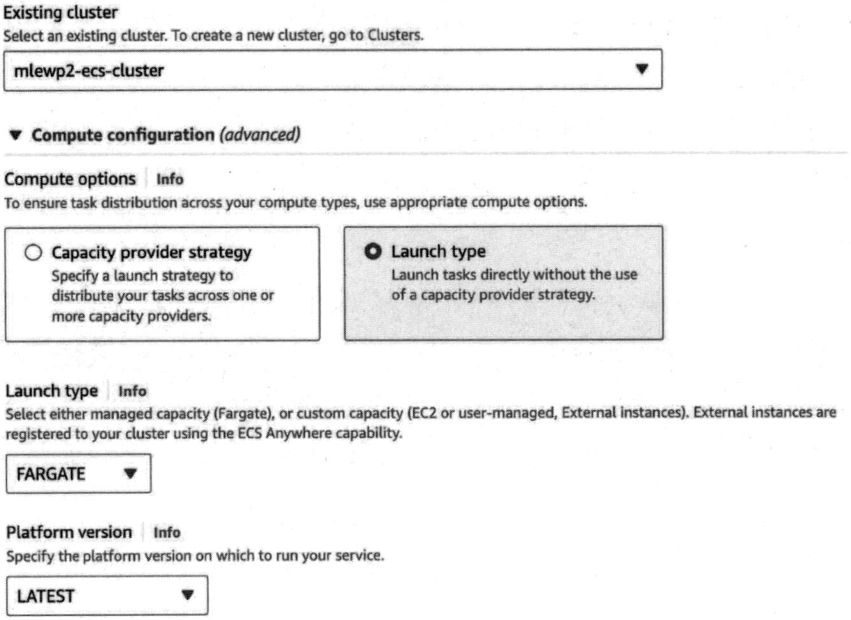

图 5-16　AWS ECS 环境选择，用于运行我们的 ECS 服务

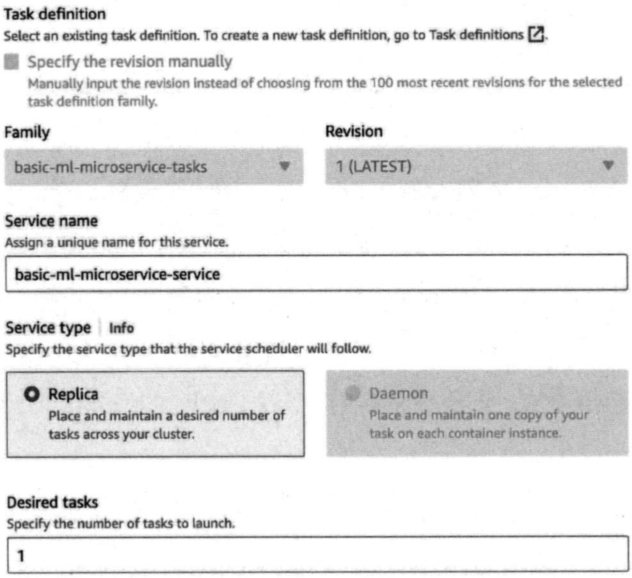

图 5-17　配置 AWS ECS 服务的名称和类型

4. Deployment options（部署选项）和 Deployment failure detection（部署失败检测）部分将自动填充一些默认值。滚动部署类型指的是当最新版本可用时，用最新版本替换容器。失败检测选项确保遇到错误的部署无法继续进行，并启用回滚到先前版本的功能。我们目前不需要在这个阶段启用 CloudWatch 告警，因为我们还没有配置 CloudWatch，但这可以在项目的未来迭代中添加。界面如图 5-18 所示：

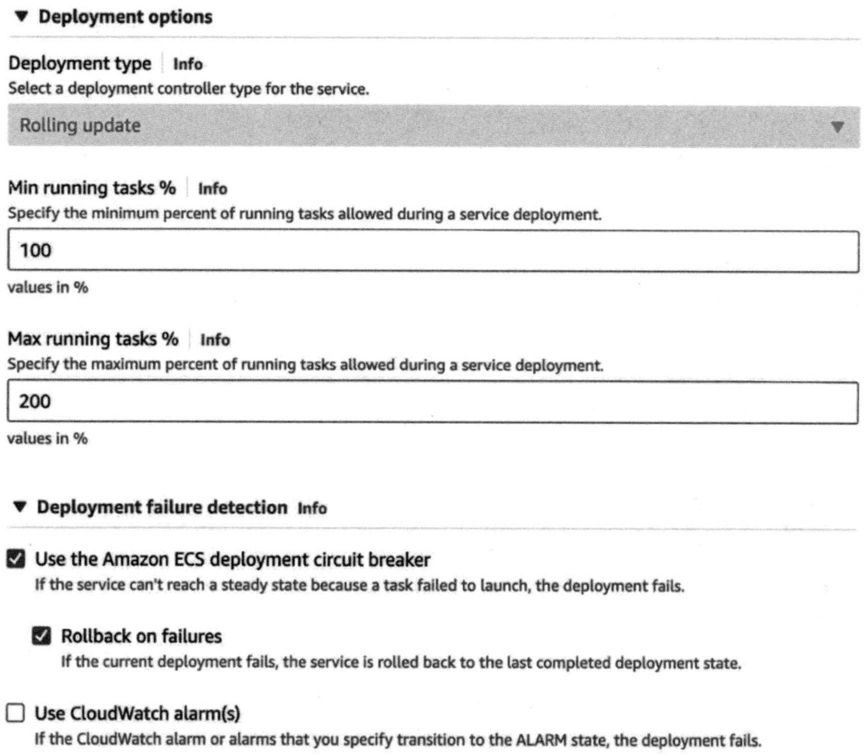

图 5-18　我们即将部署的 AWS ECS 服务的部署和故障检测选项

5. 与其他示例一样，应该预填一个网络部分，其中包含适合你账户的 VPC 和子网信息。与之前一样，你可以根据自己的需求更换特定的 VPC 和子网。图 5-19 显示了这个内容以供参考。

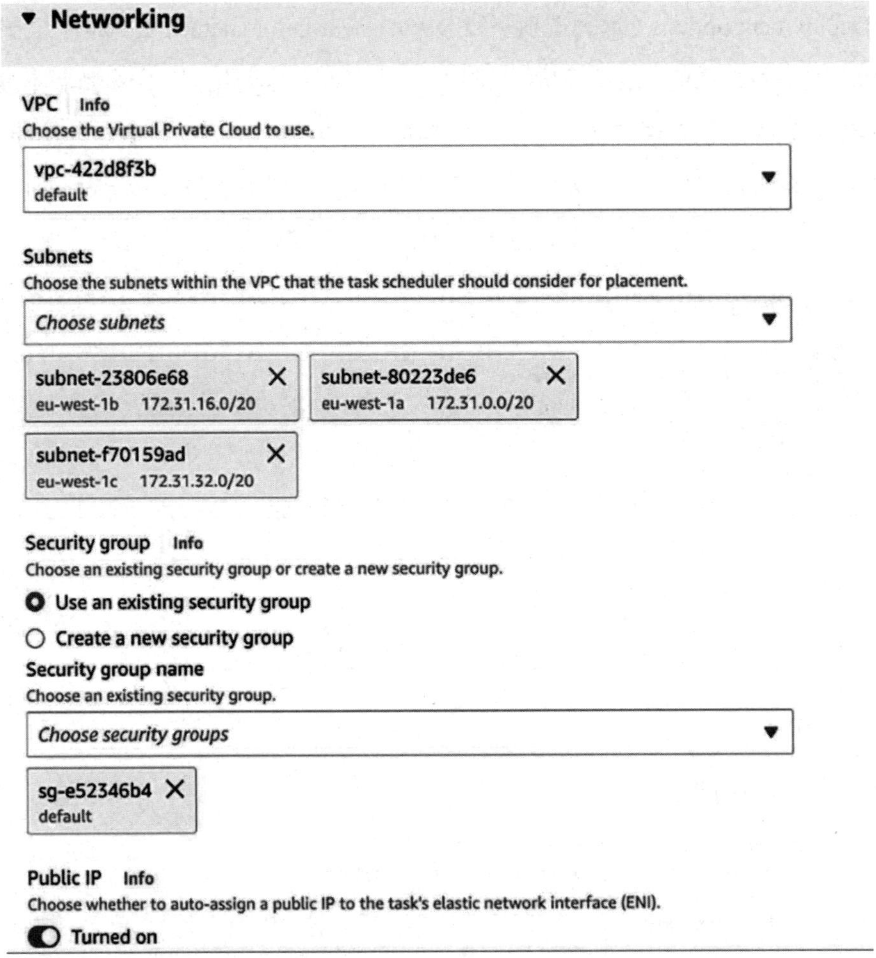

图 5-19　我们正在定义用于托管 ML 微服务的 AWS ECS 服务的网络部分

6. 剩下的部分是可选的，包含用于负载均衡、自动扩展和标记的配置元素。虽然对于这样一个简单的应用程序来说，我们并不一定需要这些功能，但我们将利用这一部分来创建一个应用程序负载均衡器，这是其中的一种选择。应用程序负载均衡器可以路由 HTTP 和 HTTPS 请求，并支持诸如基于路径的路由和动态主机端口映射等实用功能，这样就可以允许单个服务的多个任务在同一个容器中运行。我们可以将负载均衡器命名为 basic-ml-microservice-lb，并且配置此负载均衡器的监听器（listener）以在端口 80 上使用 HTTP 协议进行监听，如图 5-20 所示。监听器会检查指定端口上的连接请求，并使用指定的协议，以便负载均衡器可以将请求路由到下游系统。

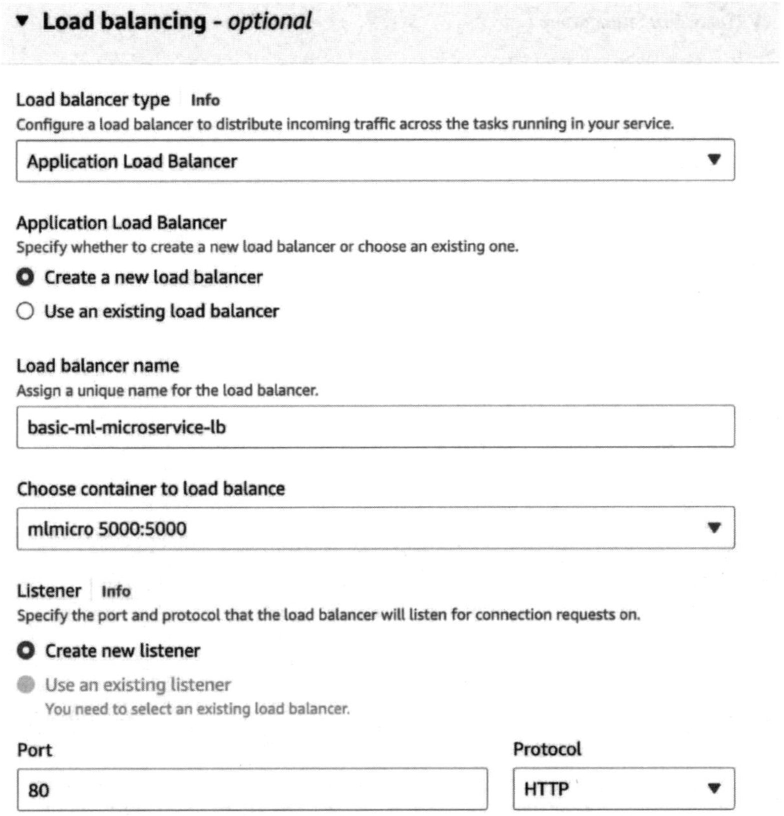

图 5-20　为 AWS ECS 服务定义负载均衡器名称和监听器细节

7. 我们必须为负载均衡器指定一个目标组，顾名思义，这基本上是你服务中任务的目标端点集合。AWS ECS 确保随着服务的生命周期，随着任务定义的更新而更新此内容。图 5-21 显示了目标组的配置，其中只指定了 HTTP 协议和健康检查的主路径。

8. 填写完这些细节后，点击“Create”按钮。这将部署你的服务。如果一切顺利，你应该能够在 AWS ECS 控制台页面的集群详情中看到该服务。你可以导航至该服务并找到负载均衡器。负载均衡器将有一个域名系统（DNS）地址，这将是发送请求的目标 URL 的根。图 5-22 显示了带有 DNS 的页面，复制或保存此 DNS 值。

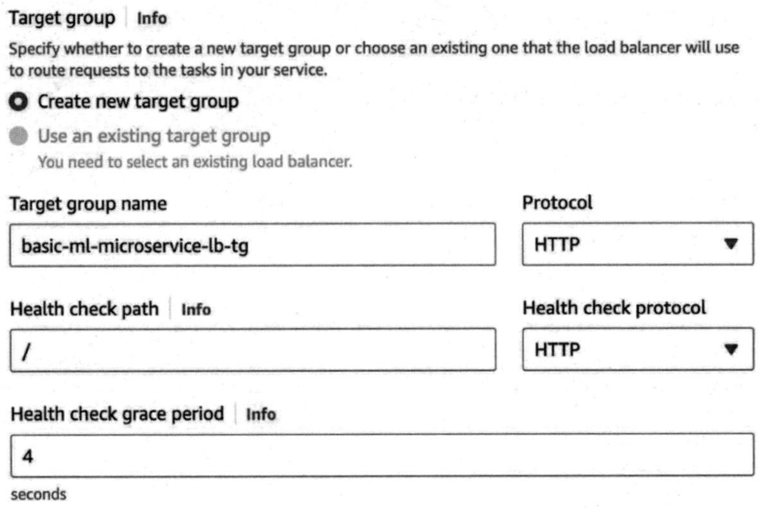

图 5-21　应用程序负载均衡器的目标组定义

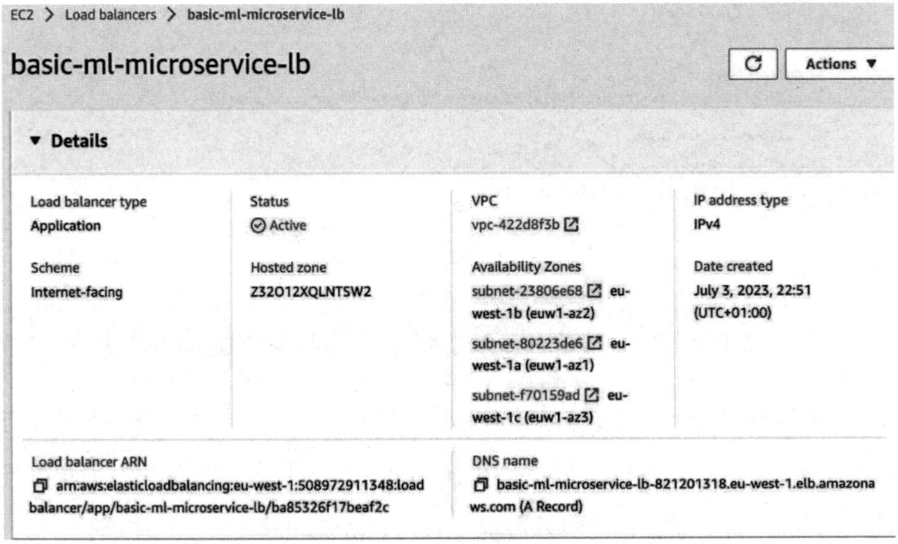

图 5-22　我们服务的部署负载均衡器中 DNS 名称显示在右下角

9. 为了测试服务，我们可以在 Postman 中运行与本地测试相同的请求，但现在更新 URL 以包含负载均衡器的 DNS 名称和我们指定的负载均衡器将接收到达流量的端口。对于我们来说，这是端口 80。图 5-23 显示了应用程序响应的情况：

图 5-23 我们从托管在 AWS ECS 上的简单预测服务中返回了有效结果

截至目前，我们已经成功地构建并部署了一个简化的预测服务，使用了 Flask、Docker、AWS Elastic Container Registry、AWS Elastic Container Service 和一个应用程序负载均衡器。这些组件都可以用于部署你未来的 ML 微服务。

本章的前半部分讲述了在系统和代码层面上适用的架构和设计原则，并展示了这些原则如何在一种非常常见的机器学习（ML）系统部署方式中汇聚在一起，那就是机器学习微服务。现在我们已经讨论了这些，我们将继续探讨一些工具和技术，这些工具和技术允许我们构建、部署和托管复杂的机器学习工作流作为管道，这是我们在本书的前面简要介绍的一个概念。我们将在本章的后半部分覆盖的工具和概念对于任何现代机器学习工程师来说都至关重要，因为他们开始形成如此多的已部署机器学习系统的基础。

接下来的部分将从探讨如何使用 Airflow 创建和编排灵活、通用、生产就绪的管道开始讨论，然后我们将转向一些针对高级 ML 管道和编排的工具。

使用 Airflow 构建通用管道

第 4 章中，我们讨论了将机器学习代码编写为管道的好处，还讨论了如何使用诸如 sklearn、Spark ML 等工具来实现一些基本的机器学习管道。我们当时关注的管道是非常好的方式，可以简化你的代码，并使多个过程可在单个对象中使用，以简化应用程序。然而，我们当时讨论的一切都非常集中在一个 Python 文件上，并不一定是我们可以灵活扩展到包的限制之外的东西。例如，使用我们讨论的技术，创建每个步骤使用不同包甚至完全不同程序的管道将非常困难。它们也不允许我们在数据流或应用程序逻辑中构建很多复杂性，因为如果其中一个步骤失败，管道就会失败。

我们即将讨论的工具将这些概念提升到了一个新的层次。它们允许你管理你的机器学习解决方案的工作流，使你能够组织、协调和指挥元素，以适当的复杂性水平完成任务。

Airflow

Apache Airflow 是由 Airbnb 在 2010 年初开发的工作流管理工具，从一开始就是开源的。它赋予数据科学家、数据工程师和机器学习工程师通过 Python 脚本编写复杂管道的能力。Airflow 的任务管理基于定义并执行有向无环图（Directed Acyclic Graph，DAG），其中节点代表要执行的任务。DAG 在 TensorFlow 和 Spark 中也被广泛使用，所以你可能早已对它们有所耳闻。

Airflow 包含多种默认运算符，可让你定义 DAG，从而可以调用和使用多个组件作为任务，而无须关心任务的具体细节。它还提供了用于调度管道的功能。举个例子，让我们构建一个 Apache Airflow 管道，该管道将获取数据、执行一些特征工程、训练模型，然后保存模型。我们不会详细讨论每个命令的实现细节，而只是向你展示如何在 Airflow DAG

中将你的机器学习流程连接在一起。第 9 章中，我们将展示一个详细的端到端示例，讨论这些更低级别的细节。而这第一个示例更关注于理解如何在云端编写、部署和管理你的 DAG 的高层次概念。

1. 在名为 classification_pipeline_dag.py 的文件中，我们可以导入相关的 Airflow 包和任何需要的实用程序包：

```
import datetime
from datetime import timedelta
from airflow import DAG
from airflow.operators.python import PythonOperator
from airflow.utils.dates import days_ago
```

2. Airflow 允许你定义默认参数，这些参数可以被所有后续任务引用，并且可以在相同级别上进行覆盖：

```
default_args = {
    'owner': 'Andrew McMahon',
    'depends_on_past': False,
    'start_date': days_ago(31),
    'email': ['example@example.com'],
    'email_on_failure': False,
    'email_on_retry': False,
    'retries': 1,
    'retry_delay': timedelta(minutes=2)
}
```

3. 我们需要实例化我们的 DAG，并提供相关的元数据，包括我们的调度间隔：

```
with DAG(
    dag_id="classification_pipeline",
    start_date=datetime.datetime(2021, 10, 1),
    schedule_interval="@daily",
```

```
    catchup=False,
) as dag:
```

4．我们只需要在 DAG 定义内部定义我们的任务。首先，我们定义一个初始任务来获取我们的数据集。下面的代码片段假设存在一个名为 get_data 的 Python 可执行内容，例如一个函数或类方法，我们可以将其传递给任务。这可以从我们想要的任何子模块或包中导入。请注意，步骤 3-5 假设我们在 DAG 实例化的代码块内部，因此我们就要假设有另一个缩进，但在这里没有显示，以节省空间：

```
get_data_task = PythonOperator(
    task_id="get_data",
    python_callable=get_data
)
```

5．然后，我们执行一个任务，该任务获取这些数据并执行我们的模型训练步骤。此任务可以封装我们在第 3 章中涵盖的任何一种管道类型，例如 Spark ML 管道、Scikit-Learn 管道或我们查看过的任何其他 ML 训练管道。再次说明，我们假设在此步骤中可以使用名为 train_model 的 Python 可执行内容：

```
train_model_task = PythonOperator(
    task_id="train_model",
    python_callable=train_model
)
```

6．此过程的最后一步是将训练好的模型持久化到我们的存储层。这意味着其他服务或管道可以使用这个模型进行预测：

```
persist_model_task = PythonOperator(
    task_id="persist_model",
    python_callable=persist_model
)
```

7．我们使用>>运算符定义了在 DAG 中定义的任务节点的运行顺序。上述任务可以任何顺序定义，但以下语法规定了它们必须运行的顺序：

```
get_data_task >> train_model_task >> persist_model_task
```

在接下来的部分中，我们将简要介绍如何在 AWS 上使用托管的 Apache Airflow 工作流服务（Managed Workflows for Apache Airflow，MWAA）建立 Airflow 管道。紧接着的部分将展示如何运用持续集成/持续交付（CI/CD）原则，持续开发和更新你的 Airflow 解决方案。这将汇集我们在之前章节中所做的设置和工作。

在 AWS 上使用 Airflow

AWS 提供了一种名为"托管工作流"（Managed Workflows for Apache Airflow，MWAA）的云托管服务，它允许你轻松且稳健地部署和托管你的 Airflow 管道。在这里，我们将简要介绍如何执行这一操作。

请完成以下步骤：

1. 在 MWAA 登录页面上，选择 Create an environment。你可以通过在 AWS 管理控制台中搜索 MWAA 来找到这个选项。

2. 你将看到一个界面，要求你提供新的 Airflow 环境的细节。图 5-24 展示了网站引导你完成的大致步骤：

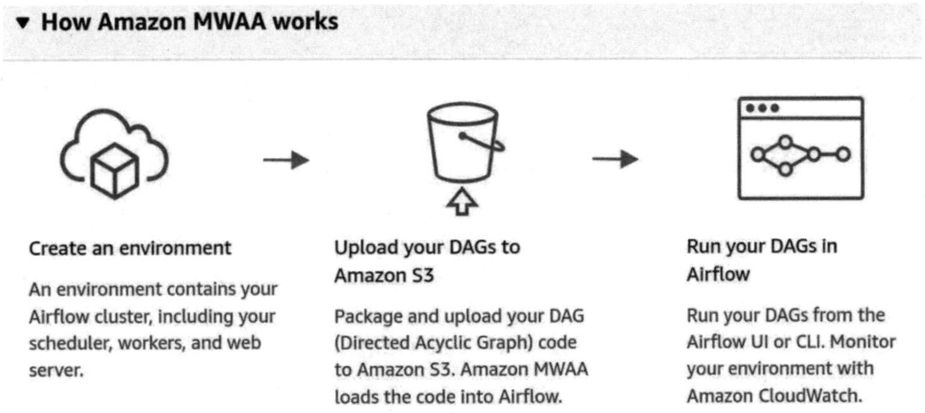

图 5-24　设置 MWAA 环境以及相关联的托管 Airflow 运行的大致步骤

Environment details，是我们指定环境名称的地方，如图 5-25 所示。在这里，我们将其命名为 mlewp2-airflow-dev-env。

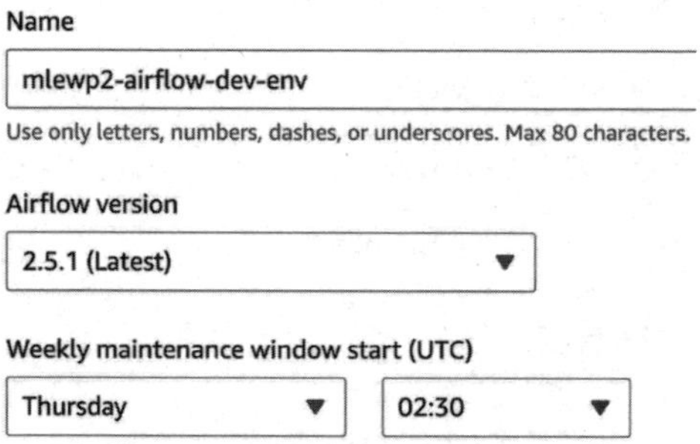

图 5-25　命名你的 MWAA 环境

3．为了让 MWAA 运行，它需要能够访问定义 DAG 的代码以及与之相关的任何依赖项或插件文件。然后，系统会询问一个 AWS S3 存储桶的位置，这些代码和配置文件就存放在这里。这个示例中，我们创建了一个名为 mlewp2-ch5-airflow-example 的存储桶，用来存放这些内容。图 5-26 显示了创建该存储桶的过程：

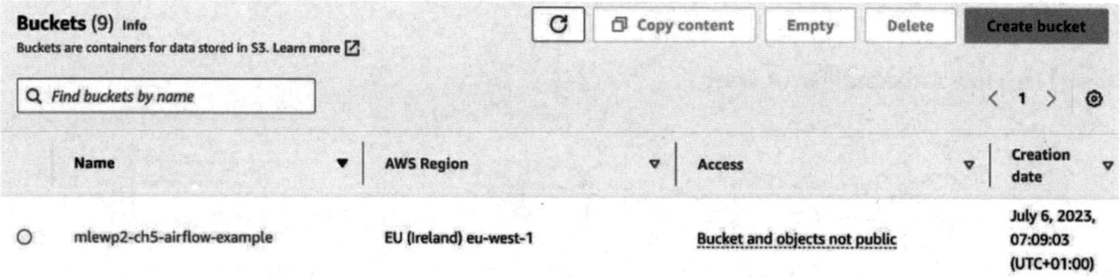

图 5-26　我们成功创建的 AWS S3 存储桶用于存储 Airflow 代码和支持的配置元素

图 5-27 显示了我们如何将 MWAA 指向正确的存储桶、文件夹以及插件或需求文件（如果有的话）：

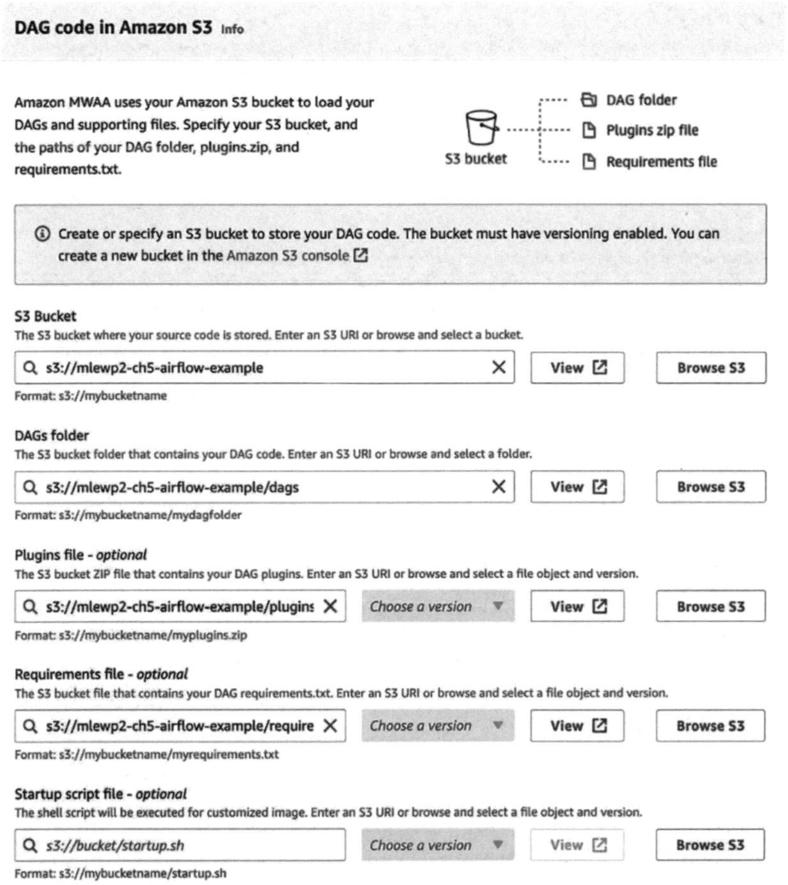

图 5-27　我们在 MWAA 实例的配置中引用了我们在前一步创建的存储桶

4. 我们需要定义托管 Airflow 实例将使用的网络配置，与本章中其他 AWS 示例类似。如果你对网络方面不太熟悉，这可能会有些令人困惑，因此建议你阅读有关子网、IP 地址和 VPC 的相关内容。在这里，创建一个新的 MWAA VPC 是开始网络配置最简单的方法，但是你的组织可能有网络专家可以帮助你，并且为你的情况选择适当的设置。我们将选择最简单的路径，点击 Create MWAA VPC，这会打开一个新窗口。我们可以根据 AWS 提供的标准堆栈定义快速设置新的 VPC 和网络设置，你需要为堆栈提供一个名称，而我将我的堆栈命名为 MLEWP-2-MWAAVPC。网络信息将被填充，如图 5-28 所示。

图 5-28　一个用于创建新 VPC 的示例堆栈模板

5. 在新的页面中，要求我们提供更多关于网络的细节。在这个示例中，我们可以选择 Public network（No additional setup），因为我们不会过分关注创建一个组织对齐的安全模型。对于在组织中部署的情况，请与你的安全团队合作，了解你需要采取哪些额外的安全措施。我们还可以选择 Create new security group，这在图 5-29 中显示。

6. 我们必须定义我们要启动的 Environment class，目前有三个选项。在这里，我们将使用最小的选项，但你可以选择最适合你需求的环境（始终征得付费者的许可！）。图 5-30 显示了我们可以选择 mw1.small 环境类，最小至最大工作节点数为 1 ~ 10。MWAA 确实允许你在实例化后更改环境类别，因此从成本的角度来看，通常最好从小规模开始，根据需要逐步扩展。你还将被询问你想要定义环境中的调度器数量，暂时让我们将其保持默认值为 2，但你可以增加到 5。

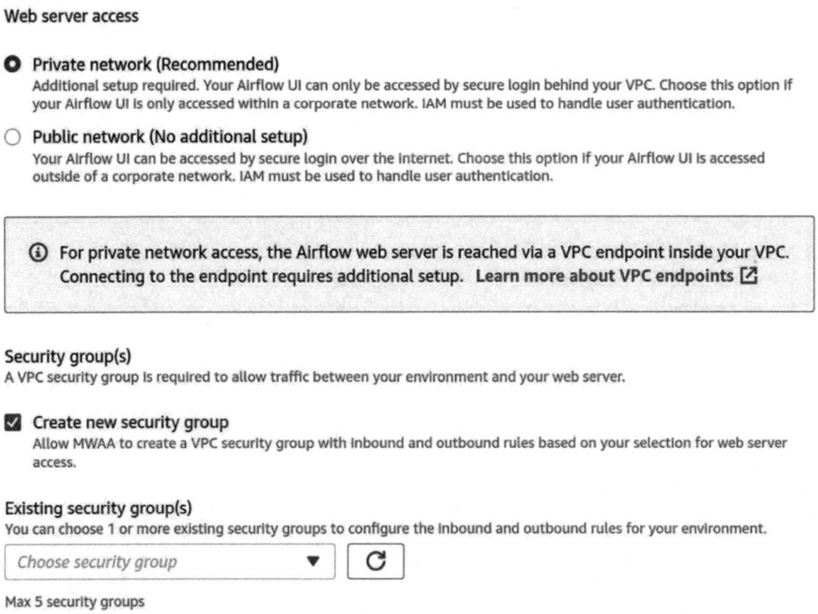

图 5-29　完成我们 MWAA 设置的网络配置

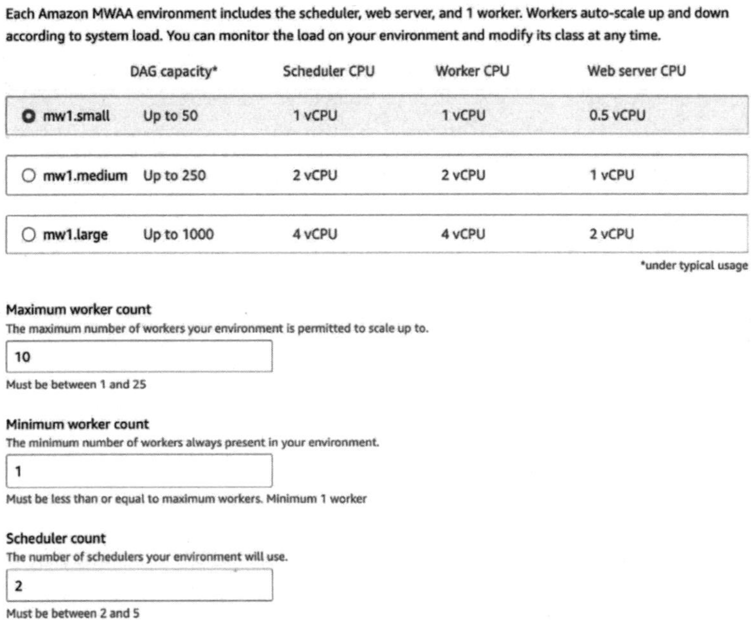

图 5-30　选择 environment class 和工作节点大小

7. 如果需要，我们确认一些可选的配置参数（或者将这些参数留空，就像这里所做的那样），并确认我们同意 AWS 创建和使用一个新的执行角色。我们也可以使用默认的监控设置。图 5-31 显示了一个示例（不用担心，在你阅读此页面时，安全组早已被删除！）：

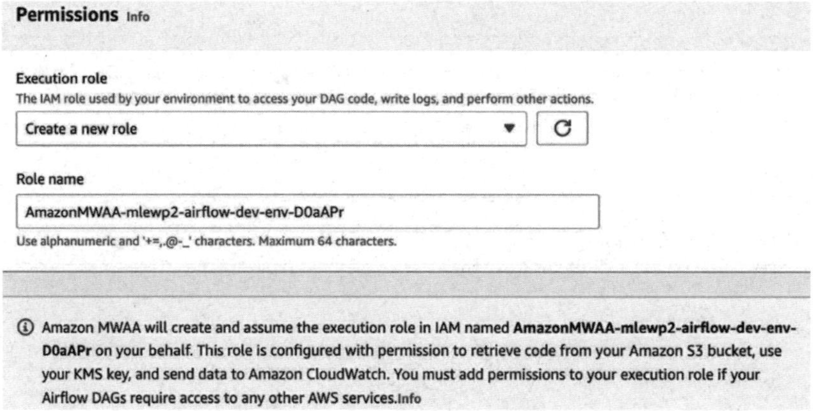

图 5-31　AWS 用于 MWAA 环境的执行角色的创建

8. 下一页将在允许你创建 MWAA 环境之前向你提供最终摘要。一旦完成，你将能够在 MWAA 服务中看到新创建的环境，如图 5-32 所示。这个过程可能需要一些时间，对于这个示例，大约需要 30 分钟。

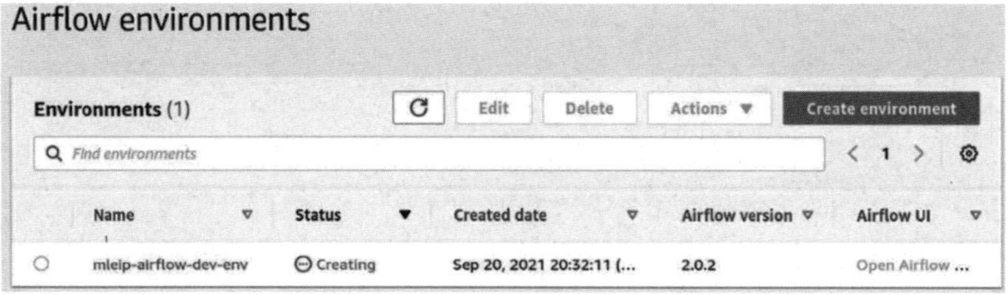

图 5-30　我们新创建的 MWAA 环境

现在你已经拥有了这个 MWAA 环境，并且已经将你的 DAG 提供给了它指向的 S3 存储桶，你可以打开 Airflow UI 并查看由你的 DAG 定义的调度作业。你现在已经部署了一个基本运行的服务，我们能够在以后的工作中进行进一步的构建。

现在我们希望在 Airflow UI 中看到 DAGs，以便我们可以编排和监视作业。要实现这一点，你可能需要根据 AWS 文档页面中概述的详细信息，为你自己的账户配置对 MWAA UI 的访问权限。简要概括一下，你需要转到 AWS 上的 IAM 服务。你需要以根用户身份登录，然后创建一个新的策略标题，名为 AmazonMWAAWebServerAccess。给这个策略指定以下 JSON 内容：

```
{
    "Version": "2012-10-17",
    "Statement": [
        {
            "Effect": "Allow",
            "Action": "airflow:CreateWebLoginToken",
            "Resource": [
                "arn:aws:airflow:{your-region}:YOUR_ACCOUNT_ID:role/{your-
                environment-name}/{airflow-role}"
            ]
        }
    ]
}
```

根据此定义，Airflow 角色指的是 Airflow 文档中定义的五个角色之一：Admin、Op、Viewer、User 或 Public。在此示例中，我使用了 Admin 角色。如果你将此策略添加到账户的权限中，就应该能够通过单击 MWAA 服务中的 Open Airflow UI 按钮来访问 Airflow UI。然后，你将被引导到 Airflow UI，此视图显示了我们之前在示例中编写的分类 DAG，如图 5-33 所示。

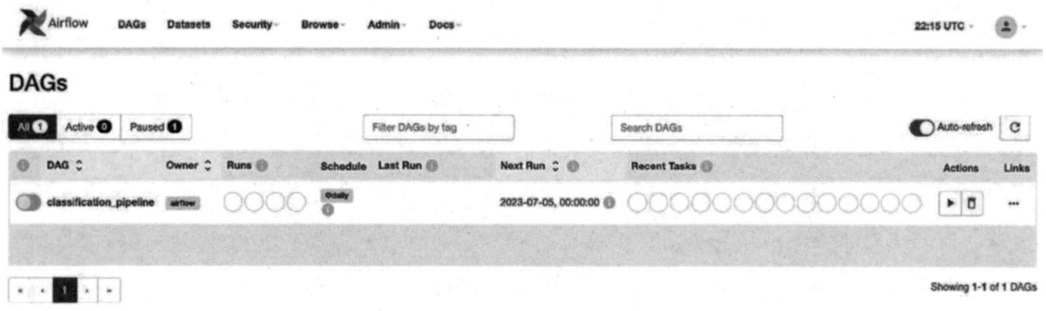

图 5-33　通过 AWS MWAA 服务访问的 Airflow UI

Airflow UI 允许你触发 DAG 运行，管理你已经调度的任务，并监视和排查你的管道。举个例子，在成功运行后，你可以看到运行的摘要信息，并可以使用不同的视图来了解每个管道步骤所需的时间，并诊断如果出现错误时可能出现的任何问题，如图 5-34 所示。

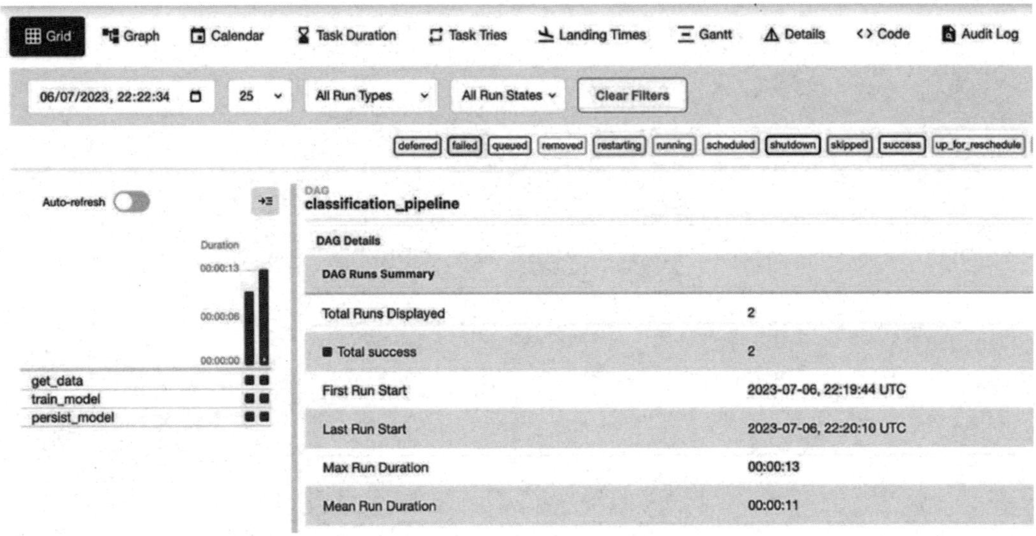

图 5-34　Airflow UI 中简单分类 DAG 的运行摘要示例

本示例中构建和运行的管道显然非常简单，只使用了核心的 Python 功能。如果你想利用其他 AWS 服务，例如通过向 EMR 集群提交 Spark 作业，那么你将需要配置进一步的访问策略，就像我们上面为 UI 访问所做的一样。这在 MWAA 文档中有所涵盖。

重要提示

一旦你创建了这个 MWAA 环境，你就无法暂停它，因为它每小时运行会产生一小笔费用（上述环境配置约为每小时 0.5 美元）。目前，MWAA 还没有包含暂停和恢复环境的功能，因此当需要时，你必须删除环境并重新实例化一个具有相同配置的新环境。这可以使用诸如 Terraform 或 AWS CloudFormation 等工具进行自动化，但我们在这里不会涵盖这些内容。所以，请注意，千万不要意外地让你的环境保持运行状态，如让其运行一周。

重新审视 Airflow 的持续集成/持续交付（CI/CD）

我们在第 2 章中介绍了 CI/CD 的基础知识，并讨论了如何通过使用 GitHub Actions 来实现。现在，我们将进一步开始设置 CI/CD 管道，将代码部署到云端。

首先，我们将从一个重要的示例开始，把一些代码推送到 AWS S3 存储桶中。这可以通过在你的 GitHub 存储库中创建一个名为 aws-s3-deploy.yml 的文件来完成，该文件位于.github./workflows 目录下。这将是我们构建 CI/CD 管道的核心。

我们的例子中，.yml 文件将上传 Airflow DAG，并包含以下部分：

1. 我们使用名称语法来命名此过程，并表达我们希望部署过程在对主分支进行推送或对主分支发起拉取请求时触发：

```
name: Upload DAGS to S3
on:
  push:
    branches: [ main ]
  pull_request:
    branches: [ main ]
```

2. 我们将定义在部署过程中希望进行的任务。在这个例子中，我们希望将 DAG 文件上传到已经创建的 S3 存储桶，并且我们希望使用我们在 GitHub 密钥库中配置的适当的 AWS 凭证。

```
jobs:
  deploy:
    name: Upload DAGS to Amazon S3
    runs-on: ubuntu-latest
    steps:
      - name: Checkout
        uses: actions/checkout@v2
      - name: Configure AWS credentials from account
        uses: aws-actions/configure-aws-credentials@v1
```

```
        with:
          aws-access-key-id: ${{ secrets.AWS_ACCESS_KEY_ID }}
          aws-secret-access-key: ${{ secrets.AWS_SECRET_ACCESS_KEY }}
          aws-region: us-east-1
```

然后，作为工作的一部分，我们执行将相关文件复制到我们指定的 AWS S3 存储桶的步骤。在这种情况下，我们还指定了一些关于如何使用 AWS CLI 进行复制的细节。具体来说，我们希望将所有 Python 文件复制到仓库的 dags 文件夹中。

```
      - name: Copy files to bucket with the AWS CLI
        run: |
          aws s3 cp ./dags s3://github-actions-ci-cd-tests
          --recursive--include "*.py"
```

3. 一旦我们执行带有更新代码的 git push 命令，这将执行操作并将 dag Python 代码推送到指定的 S3 存储桶。在 GitHub 用户界面中，如果运行成功，你将能够看到类似图 5-35 的内容：

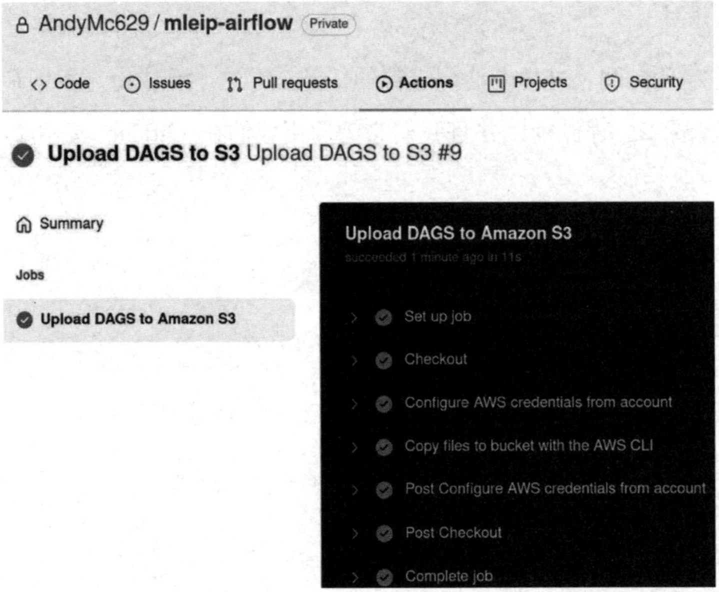

图 5-35　一个通过 GitHub Actions 运行并使用 AWS CLI 的成功 CI/CD 流程

这个过程让你能够成功地将新的更新推送到你的 Airflow 服务，并在 AWS 中运行，由你的 MWAA 实例执行。这是真正的 CI/CD，让你能够在不停机的情况下持续更新你提供的服务。

构建高级机器学习管道

本章中，我们已经讨论了 SciKit-learn 和 Spark ML 提供的创建机器学习管道的机制。你可以将这些视为开始的基本方式。现在有一系列工具可用，包括开源和企业级工具，将这个概念推向了一个新的水平。

目前需要注意的是，三大主要公共云服务提供商都提供了一系列在机器学习领域使用的工具，你可能对此感兴趣并希望尝试。其中，Amazon SageMaker 是这个领域的巨头之一，它内置了庞大的工具生态系统，可帮助你将机器学习模型投入生产环境中。虽然本书完全可以专注于 Amazon SageMaker，但由于这已经在其他地方做了介绍，在《学习 Amazon SageMaker》(https://tinyurl.com/mr48rsxp) 一书中，我们将留下细节供读者自行探索。你需要知道的关键信息是，Amazon SageMaker 是 AWS 提供的托管服务，可用于构建机器学习管道、监控模型、模型注册表等，以便你能够贯穿整个机器学习生命周期来开发和推广你的模型。Google Vertex AI 则是谷歌云平台的机器学习管道、开发和部署工具。它将众多功能集成到一个统一的用户界面和 API 中，类似于 Sagemaker，但似乎在可训练的模型类型方面略显不足。Azure ML 是微软云服务提供商的机器学习解决方案。

这些都是企业级解决方案，你可以免费试用，但当规模扩大时，你应该准备好信用卡。上述解决方案与特定的云服务提供商自然地绑定在一起，因此可能会产生“供应商锁定”问题，以后可能会变得难以更换。幸运的是，有一些解决方案可以帮助解决这个问题，并允许机器学习工程师在初始阶段使用较简单的设置，随后迁移到更复杂的基础设施和环境。我们将首先讨论的是 ZenML。

使用 ZenML

ZenML 是一个完全开源的框架，它帮助你以与底层基础架构完全分离的方式编写 ML

管道。这意味着你的本地开发环境和最终的生产环境可以是非常不同的，并且可以通过更改配置而不改变管道核心来进行更改。这是一个非常强大的思想，也是 ZenML 的关键优势之一。

为了充分利用 ZenML 工具，你需要理解一些核心概念：

- 管道（Pipelines）：正如你在本章的讨论中可能已经预料到的那样，这些是 ML 工作流程中步骤的定义。管道由按照指定顺序连接在一起的“步骤”组成。
- 堆栈（Stacks）：指定管道要运行的环境和基础设施的配置。
- 协调器(Orchestrator)：在堆栈定义中，有两个关键组件，第一个是协调器。它的工作是协调在基础架构上执行的管道中的步骤。这可能是随分发版提供的默认协调器，也可能是像 Airflow 或 Kubeflow 协调器这样的东西。Airflow 在本章的“使用 Airflow 构建通用管道”部分中有介绍，Kubeflow 在“选择 Kubeflow”部分有介绍。
- 工件存储：这是负责数据和元数据存储的堆栈组件。ZenML 开箱即用具有一系列不同的兼容的存储库，具体包括 AWS S3、Azure Blob Storage 和 Google Cloud Storage。这里的假设是，工件存储实际上只是一个存储层，并没有太复杂的内容。

截至目前，一切都很简单。让我们开始设置 ZenML 吧。你可以使用以下命令来安装它：

```
pip install zenml
```

我们还想使用 ZenML 附带的 React 仪表板，但要在本地运行此仪表板，你还需要安装另一个存储库：

```
pip install zenml[server]
```

ZenML 还附带了一系列现有的模板，你可以利用这些模板，使用以下命令安装：

```
pip install zenml[templates]
```

然后，我们能够通过运行以下命令开始使用模板：

```
zenml init --template
```

这将启动一个基于终端的向导，以帮助你生成 ZenML 模板，如图 5-36 所示。

```
Next, you will be prompted to generate a project from the template.
No git tags found in template; using HEAD as ref
🎤 The project template you would like to use
   (Use arrow keys)
 » ZenML Starter
```

图 5-36　ZenML 模板向导

首先按 Enter 键；然后你将被询问一系列问题，以帮助配置模板。一些问题及其答案如图 5-37 所示。

```
Next, you will be prompted to generate a project from the template.
No git tags found in template; using HEAD as ref
🎤 The project template you would like to use
   ZenML Starter
🎤 Short name for your project
   zenml-mlewp1
🎤 Version of your project
   0.1.0
🎤 The license under which your project will be released
   MIT license
🎤 The name of the person/entity holding the copyright
   Andy McMahon
```

图 5-37　为 ZenML 模板定义提供响应

接下来的一系列问题开始变得非常有趣，因为我们被询问关于我们希望在命令行界面(CLI)中记录和显示的信息的细节，以及选择数据集和模型类型。在这里，我们将再次使用葡萄酒数据集，并采用随机森林分类器（RandomForestClassifier），如图 5-38 所示。

```
🎤 The generated ZenML project will be populated with some example code
   featuring one of the scikit-learn classifier models.
   Which model class would you like to see being used in the generated code?
   Random Forest Classifier

Copying from template version 0.0.0.post28.dev0+88e5d96
 identical  .
    create  .copier-answers.yml
    create  run.py
    create  requirements.txt
  conflict  __init__.py
 Overwrite __init__.py? [Y/n] Y
    create  pipelines
```

图 5-38　选择用于 ZenML 模板实例化的模型

接下来，ZenML 将开始为你初始化模板。你可以看到，此过程会生成许多新文件供你使用，如图 5-39 所示。

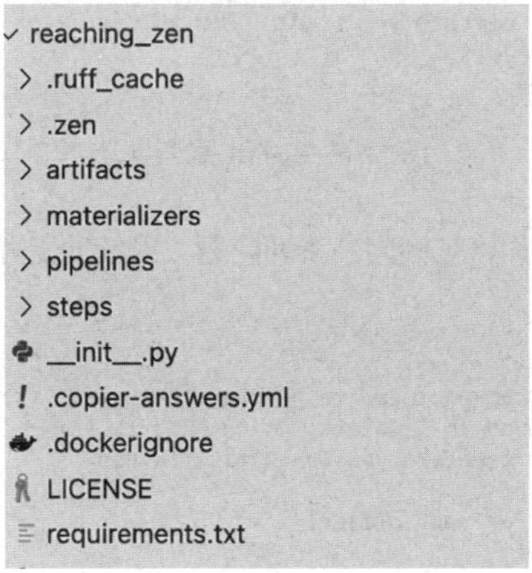

图 5-39　使用 ZenML 模板初始化向导后生成的文件和文件夹结构

让我们开始探索 ZenML 解决方案中的一些元素。首先，我们来看一下 pipelines/model_training.py。这是一个简短的脚本，旨在为你提供起点。然后，我们忽略文件中的注释，有以下代码：

```
from zenml.pipelines import pipeline

@pipeline()
def model_training_pipeline(
    data_loader,
    data_processor,
    data_splitter,
    model_trainer,
    model_evaluator,
):
    dataset = data_loader()
    processed_dataset = data_processor(dataset=dataset)
    train_set, test_set = data_splitter(dataset=processed_dataset)
```

```
    model = model_trainer(train_set=train_set)
    model_evaluator(
        model=model,
        train_set=train_set,
        test_set=test_set,
    )
```

我们已经开始领略到 ZenML 的一些特性及其工作原理。首先，我们可以看到，使用 @pipeline 装饰器意味着接下来的函数将包含主管道的逻辑。我们还发现，管道实际上是用纯 Python 语法编写的；只需一个装饰器，就能让它变得“Zen”。这是 ZenML 的一个非常强大的特性，因为它既允许你按自己的方式工作，又能利用即将看到的针对部署目标的下游抽象。管道中的步骤只是在模板初始化时创建的虚拟函数调用，目的是引导你开发所需的功能。

现在，我们查看已在 steps/data_loaders.py 和 steps/model_trainers.py 文件中定义的管道步骤。我们对这些模块进行讨论时，不会讨论使用的辅助类和实用函数，这些留给读者自行探索。相反，我们会专注于展示最重要的 ZenML 功能的部分。在此之前，让我们简要讨论一些在模块顶部导入的重要 ZenML 模块。

```
from zenml.enums import StrEnum
from zenml.logger import get_logger
from zenml.steps import (
    BaseParameters,
    Output,
    step,
)
```

第一个导入语句引入了 ZenML 的 enums 模块中的 StrEnum。这是一组 Python 枚举，专门用于帮助构建 ZenML 工作流中的特定元素。

重要提示

请回忆一下，Python 的枚举（或称为 enum）是一种包含唯一值的成员集合，可以对其进行迭代以返回它们按照定义顺序的值。你可以将这些看作类和字典之间的某种东西。首先，在 data_loaders.py 模块中，我们可以看到第一步包装了简单的逻辑，用于根据提供的参数从 scikit-learn 中拉取不同的数据集。这是一个非常基础的例子，但可以更新以纳入更复杂的行为，比如调用数据库或从云托管的对象存储中拉取数据。该方法如下所示：

```
@step
def data_loader(
    params: DataLoaderStepParameters,
    ) -> pd.DataFrame:
    # 加载步骤参数中指定的数据集，并将其格式化为 pandas DataFrame
    if params.dataset == SklearnDataset.wine:
        dataset = load_wine(as_frame=True).frame
    elif params.dataset == SklearnDataset.iris:
        dataset = load_iris(as_frame=True).frame
    elif params.dataset == SklearnDataset.breast_cancer:
        dataset = load_breast_cancer(as_frame=True).frame
    elif params.dataset == SklearnDataset.diabetes:
        dataset = load_diabetes(as_frame=True).frame
    logger.info(f"Loaded dataset {params.dataset.value}:
                                  %s", dataset.info())
    logger.info(dataset.head())
    return dataset
```

请注意，此函数的输出是一个 pandas DataFrame，在 ZenML 的术语中，这是一个工件。接下来给出的重要步骤是数据处理。模板中的示例具体如下：

```
@step
def data_processor(
    params: DataProcessorStepParameters,
    dataset: pd.DataFrame,
```

```
    ) -> pd.DataFrame:
    if params.drop_na:
        # 删除具有缺失值的行
        dataset = dataset.dropna()
    if params.drop_columns:
        # 删除列
        dataset = dataset.drop(columns=params.drop_columns)
    if params.normalize:
        # 对数据进行标准化（归一化）
        target = dataset.pop("target")
        dataset = (dataset - dataset.mean()) / dataset.std()
        dataset["target"] = target
    return dataset
```

我们可以看到，这里的处理相对标准，将在数据集中删除 NULL 值，删除我们在 DataProcessingStepParameters 类中标记的列（此处未显示），并应用一些标准缩放标准化（归一化）——给出的步骤实际上与应用 sklearn.preprocessing.StandardScaler 方法完全相同。

数据加载器模块中的最后一个方法执行数据的训练/测试分割，使用了本书中已经见过的方法：

```
@step
def data_splitter(
    params: DataSplitterStepParameters,
    dataset: pd.DataFrame,
    ) -> Output(train_set=pd.DataFrame, test_set=pd.DataFrame,):
    # 将数据集分割成训练集和开发集
    train_set, test_set = train_test_split(
        dataset,
        test_size=params.test_size,
        shuffle=params.shuffle,
        stratify=dataset["target"] if params.stratify else None,
        random_state=params.random_state,
    )
    return train_set, test_set
```

现在，回到 steps 文件夹中，我们可以看到还有一个名为 model_trainers.py 的模块。该模块的顶部，有一些我们在继续之前应该了解的重要导入：

```
from zenml.enums import StrEnum
from zenml.logger import get_logger
from zenml.steps import (
    BaseParameters,
    Output,
    step,
)
from artifacts import ModelMetadata
from materializers import ModelMetadataMaterializer
logger = get_logger(__name__)
```

特别是，我们可以看到 ZenML 为 Python 的 logging 库提供了一个封装，这里使用了两个模块，分别称为 artifacts 和 materializers。这些模块在模板仓库中定义，展示了如何创建自定义代码以与工件存储库交互。具体来说，在 artifacts/model_metadata.py 模块中，有一个类允许你以自己选择的格式存储模型元数据，以便稍后进行序列化和反序列化。为了简洁起见，所有的文档字符串和大部分导入都被省略了：

```
from typing import Any, Dict
from sklearn.base import ClassifierMixin

class ModelMetadata:
    def __init__(self) -> None:
        self.metadata: Dict[str, Any] = {}
    def collect_metadata(
        self,
        model: ClassifierMixin,
        train_accuracy: float,
        test_accuracy: float,
        ) -> None:
        self.metadata = dict(
          model_type = model.__class__.__name__,
```

```
            train_accuracy = train_accuracy,
            test_accuracy = test_accuracy,
        )

    def print_report(self) -> None:
        """打印一个用户友好的模型元数据报告。"""
        print(f"""
        Model type: {self.metadata.get('model_type')}
        Accuracy on train set: {self.metadata.get('train_accuracy')}
        Accuracy on test set: {self.metadata.get('test_accuracy')}
        """)
```

在 ZenML 中，Materializer 是包含序列化和反序列化工件的逻辑的对象。它们定义了你的管道如何与 Artifact 存储交互。在定义 Materializer 时，你可以创建自定义代码，但必须从 BaseMaterializer 类继承，以确保 ZenML 知道如何在步骤之间以及管道的开头和结尾之间持久化和读取数据。下面是 materializers/model_metadata.py 中的重要代码示例：

```
from zenml.materializers.base_materializer import BaseMaterializer

class ModelMetadataMaterializer(BaseMaterializer):
    # 这需要指向与Materializer相关联的工件数据类型。
    ASSOCIATED_TYPES = (ModelMetadata,)
    ASSOCIATED_ARTIFACT_TYPE = ArtifactType.DATA
    def save(self, model_metadata: ModelMetadata) -> None:
        super().save(model_metadata)
        # 直接将模型元数据存储到工件存储中作为一个YAML文件。
        with fileio.open(os.path.join(self.uri, 'model_metadata.yaml'),
                         'w') as f:
            f.write(yaml.dump(model_metadata.metadata))

    def load(self, data_type: Type[ModelMetadata]) -> ModelMetadata:
        super().load(data_type)
        with fileio.open(os.path.join(self.uri, 'data.txt'), 'r') as f:
            model_metadata = ModelMetadata()
```

```
        model_metadata.metadata = yaml.safe_load(f.read())
    return model_metadata
```

请注意，此模块路径的命名约定显示，资料生成器与我们在前面的代码片段中讨论过的 model_metadata 工件配对。这是一个良好的实践，类似于我们在第 4 章中讨论的测试组织方式。

现在我们已经讨论了 ZenML 模板的所有关键部分，想要运行管道。这是通过位于存储库的最高级别的 runner run.py 完成的。然后，你可以运行管道：

```
python run.py
```

在管道成功运行后（你将在终端中看到一系列输出），你可以运行以下命令来启动本地托管的 ZenML 仪表板：

```
zenml up
```

现在，如果你导航到返回的 URL，通常类似于 http://127.0.0.1:8237/login，你将看到一个类似于如图 5-40 所示的主界面。

图 5-40　ZenML 用户登录页面

在提供 URL 的输出中还包含了默认的用户名和密码，其中默认情况下用户名是默认的，密码为空。你填写这些信息后，将看到如图 5-41 所示的主页。

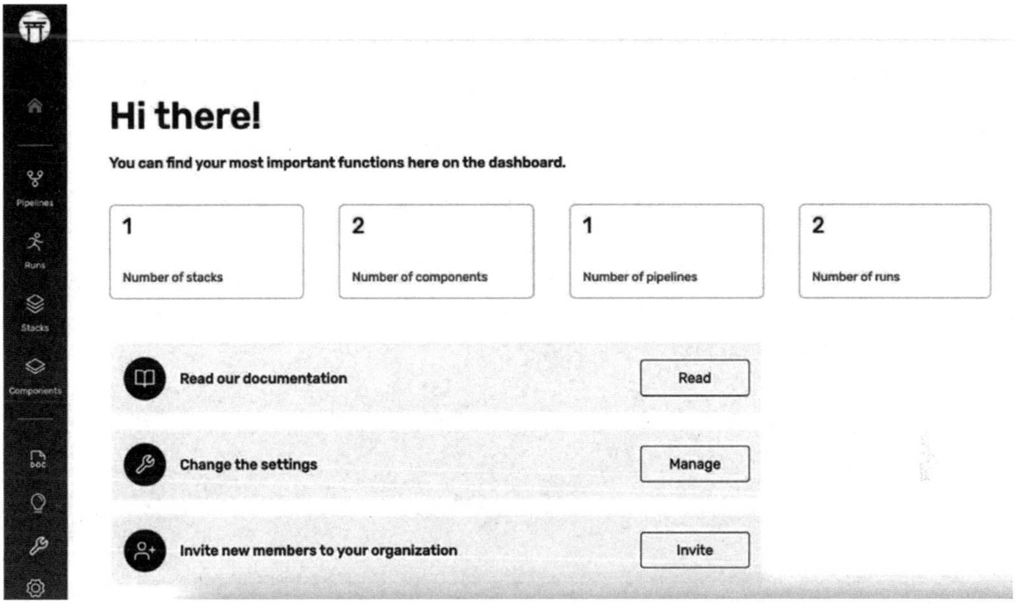

图 5-41　ZenML 用户界面首页

如果你点击左侧的 Pipelines 部分，然后点击首次运行创建的管道，你将能够看到自那时以来它已经运行的所有时间。此视图如图 5-42 所示：

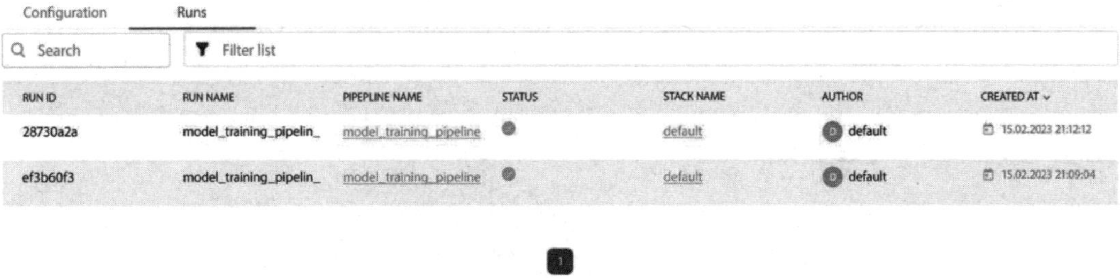

图 5-42　ZenML 用户界面中的管道视图

你还可以通过点击查看每次运行的具体信息，这样可以获得非常详细的信息。这些信息包括在运行时以 DAG 形式呈现的管道的图形表示，如图 5-43 所示。

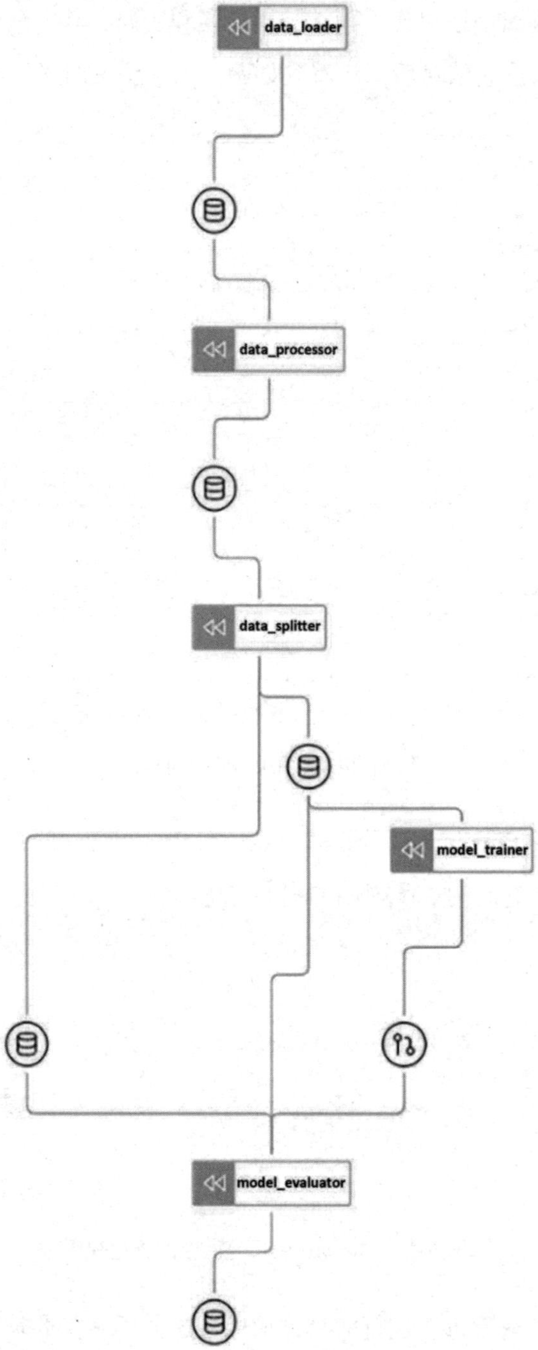

图 5-43　在 UI 中显示的 ZenML 管道的示例 DAG

如果你在任何这些视图中点击管道名称，还以 YAML 格式检索执行时的运行配置，就可以下载然后在后续的管道运行中使用：

图 5-44　ZenMLUI 中显示的 ZenML 管道运行的 YAML 配置示例

这只是开始探索 ZenML 的可能性，但希望你能够看到它是一种非常灵活的方式来定义和执行你的 ML 管道。当你利用其能够在不同的堆栈和不同的工件存储之间部署相同管道的能力时，它会变得更加强大。

下一节，我们将讨论另一种管道工具 Kubeflow，它专注于为你的机器学习管道创建跨平台兼容性和标准化。

使用 Kubeflow

Kubeflow 是一个开源解决方案，旨在为构建端到端机器学习系统提供可移植的方法。该工具尤其注重赋予开发人员快速创建平台无关的数据处理、机器学习模型训练以及预测和监控管道的能力。它通过利用 Kubernetes 实现这一点，使你能够在与最终部署环境完全不同的环境中开发解决方案。Kubeflow 与你使用的特定编程和机器学习框架无关，因此你可以利用开源社区中自己喜欢的任何技术，并以一种可信赖的方式将它们集成在一起。

Kubeflow 文档提供了丰富的细节，涵盖了该工具的架构和设计原则，网址是

https://www.kubeflow.org/docs/。我们将重点放在理解最重要的内容上，并通过一些实际示例来开始。这样做可以让你与本章讨论的其他工具进行比较，并在未来项目中做出你自己的决定。

Kubeflow 是一个平台，由多个模块化组件构成，每个组件在 ML 开发生命周期中都扮演着不同的角色。具体而言，包括以下组件：

- Jupyter Notebook 是一个用于探索性数据分析和初步建模的网络应用程序和控制器。
- 训练操作符，如 PyTorch、TFJob 和 XGBoost 等，用于构建多种模型。
- 使用 Katib 进行超参数调优和神经网络架构搜索功能。
- Spark 操作符用于数据转换，包括一个用于 AWS EMR 集群的选项。
- 仪表板用于与你的 Kubernetes 集群交互，并管理你的 Kubeflow 工作负载。
- Kubeflow 管道：其自身的平台，用于构建、运行和管理端到端的机器学习工作流。这包括一个用于具有多个步骤的工作流的编排引擎和一个用于处理管道的 SDK。你可以将 Kubeflow Pipelines 安装为一个独立的平台。

安装 Kubeflow 并使其运行的步骤可能相当复杂，因此最好查看官方文档，并根据你的平台和需求运行适当的步骤。我们将按照以下步骤进行：

1. 安装 Kind，这是一个方便构建和运行本地 Kubernetes 集群的工具。在 Linux 上，可以通过以下方式进行：

```
curl -Lo ./kind https://kind.sigs.k8s.io/dl/{KIND_VERSION}/kind-
linux-amd64 && \
chmod +x ./kind && \
mv ./kind /{YOUR_KIND_DIRECTORY}/kind
```

在 MacOS 上，可以通过以下方式进行：

```
brew install kind
```

2. 安装 Kubernetes 命令行工具 kubectl，它允许你与集群进行交互。在 Linux 上，可以通过以下方式进行：

```
sudo apt-get install kubectl
```

在 MacOS 上，可以通过以下方式进行：

```
brew install kubernetes-cli
```

3．要检查这是否已经生效，你可以在终端运行以下命令：

```
kubectl version --client --output=yaml
```

4．你应该会收到类似以下的输出：

```
clientVersion:
  buildDate: "2023-01-18T15:51:24Z"
  compiler: gc
  gitCommit: 8f94681cd294aa8cfd3407b8191f6c70214973a4
  gitTreeState: clean
  gitVersion: v1.26.1
  goVersion: go1.19.5
  major: "1"
  minor: "26"
  platform: darwin/arm64
kustomizeVersion: v4.5.7
```

5．使用 Kind 创建你的本地集群。默认情况下，集群的名称将为 kind，但你可以通过提供一个标志来指定自己的名称：

```
kind create cluster -name=mlewp
```

6．你将看到类似以下的输出：

```
Creating cluster "mlewp" ...
 ✓ Ensuring node image (kindest/node:v1.25.3) 🖼
 ✓ Preparing nodes 📦
 ✓ Writing configuration 📜
 ✓ Starting control-plane 🕹️
 ✓ Installing CNI 🔌
 ✓ Installing StorageClass 💾
```

```
Set kubectl context to "kind-mlewp"
You can now use your cluster with:
kubectl cluster-info --context kind-mlewp
Thanks for using kind! 😊
```

7. 你需要将 Kubeflow 管道部署到集群中。执行此操作的命令已经整理到一个名为 deploy_kubeflow_pipelines.zsh 的脚本中，该脚本包含以下代码（PIPELINE_VERSION 可以根据需要进行更新，以匹配你的安装版本）：

```
export PIPELINE_VERSION=1.8.5
kubectl apply -k "github.com/kubeflow/pipelines/manifests/kustomize/
cluster-scoped-resources?ref=$PIPELINE_VERSION"
kubectl wait --for condition=established --timeout=60s crd/
applications.app.k8s.io
kubectl apply -k "github.com/kubeflow/pipelines/manifests/kustomize/
env/dev?ref=$PIPELINE_VERSION"
```

运行这些命令后，你可以通过端口转发并在 http://localhost:8080/上打开 Kubeflow 管道 UI 来验证安装是否成功：

```
kubectl port-forward -n kubeflow svc/ml-pipeline-ui 8080:80
```

这样，你将会看到一个类似于如图 5-45 所示的主页面。

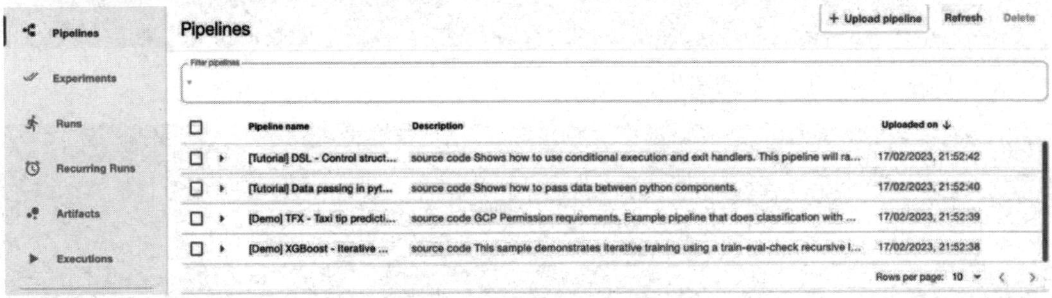

图 5-45　Kubeflow UI 的主页面

现在，你已经使用前面的命令启动了端口转发，你将使用以下 Python 代码允许

Kubeflow Pipelines SDK 通过该端口与集群通信（请注意，在安装 Kubeflow Pipelines SDK 之前无法执行此操作，安装步骤将在下一步介绍）：

```
import kfp
client = kfp.Client(host="http://localhost:8080")
```

要安装 Kubeflow Pipelines SDK，请运行：

```
pip install kfp -upgrade
```

要检查一切是否正常，你可以运行此命令：

```
pip list | grep kfp
```

这会产生类似以下的输出：

```
kfp                     1.8.19
kfp-pipeline-spec       0.1.16
kfp-server-api          1.8.5
```

这就是全部了！我们现在已经准备好开始构建一些 Kubeflow 管道了。让我们从一个基本示例开始吧。

现在我们可以使用 SDK 开始构建一些基本的管道，然后将它们部署到我们的集群中。在接下来的几个步骤中，我们假设正在一个名为 pipeline_basic.py 的文件中工作：

1. 我们导入所谓的 KFP 领域特定语言（Domain-Specific Language，DSL），它是一组包含各种用于定义 KFP 步骤的 Python 包。我们又导入用于与集群交互的客户端包，还将导入几个稍后将使用的 DSL 子模块。这里需要注意的一个重点是，我们将利用的一些功能实际上包含在 Kubeflow 管道 SDK 的 V2 版本中，因此我们还需要导入一些特定的模块：

```
from kfp import Client
import kfp.dsl
from kfp.v2 import dsl
from kfp.v2.dsl import Dataset
from kfp.v2.dsl import Input
```

```
from kfp.v2.dsl import Model
from kfp.v2.dsl import Output
```

2．定义管道中的步骤。这些被称为“组件”，是用 dsl 装饰器包装的函数。在这第一步中，我们将检索鸢尾花数据集并将其写入 CSV 文件。在第一行中，我们将使用 dsl 装饰器，并且还将定义需要在运行该步骤的容器中安装哪些包：

```
@dsl.component(packages_to_install=['pandas==1.3.5'])
def create_dataset(iris_dataset: Output[Dataset]):
    import pandas as pd
    csv_url = "https://archive.ics.uci.edu/ml/machine-learning-
              databases/iris/iris.data"
    col_names = ["Sepal_Length", "Sepal_Width", "Petal_Length",
                 "Petal_Width", "Labels"]
    df = pd.read_csv(csv_url)
    df.columns = col_names
    with open(iris_dataset.path, 'w') as f:
        df.to_csv(f)
```

3．现在我们已经检索到了一个数据集，并且了解第 3 章中学到的内容，我们想要对这些数据进行特征工程处理。因此，我们将在另一个组件中对数据进行归一化处理。大部分代码应该是不言自明的，但请注意，我们不得不在 packages_to_install 关键字参数中添加了 scikit-learn 依赖，并且需要再次将组件的结果写入一个 CSV 文件中：

```
@dsl.component(packages_to_install=['pandas==1.3.5', 'scikit-
learn==1.0.2'])
def normalize_dataset(
    input_iris_dataset: Input[Dataset],
    normalized_iris_dataset: Output[Dataset],
    standard_scaler: bool,
    min_max_scaler: bool,
):
```

```
    if standard_scaler is min_max_scaler:
        raise ValueError(
            'Exactly one of standard_scaler or min_max_scaler must
             be True.')
    import pandas as pd
    from sklearn.preprocessing import MinMaxScaler
    from sklearn.preprocessing import StandardScaler
    with open(input_iris_dataset.path) as f:
        df = pd.read_csv(f)
    labels = df.pop('Labels')
    if standard_scaler:
        scaler = StandardScaler()
    if min_max_scaler:
        scaler = MinMaxScaler()
    df = pd.DataFrame(scaler.fit_transform(df))
    df['Labels'] = labels
    with open(normalized_iris_dataset.path, 'w') as f:
        df.to_csv(f)
```

4. 我们将在数据上训练一个 K 近邻分类器。在这个组件中，我们不会输出数据集，而是输出训练好的模型工件，一个.pkl 文件：

```
@dsl.component(packages_to_install=['pandas==1.3.5', 'scikit-
               learn==1.0.2'])
def train_model(
    normalized_iris_dataset: Input[Dataset],
    model: Output[Model],
    n_neighbors: int,
):
    import pickle
    import pandas as pd
    from sklearn.model_selection import train_test_split
    from sklearn.neighbors import KNeighborsClassifier
```

```
    with open(normalized_iris_dataset.path) as f:
        df = pd.read_csv(f)
    y = df.pop('Labels')
    X = df
    X_train, X_test, y_train, y_test = train_test_split(X, y,
                                                        random_state=0)
    clf = KNeighborsClassifier(n_neighbors=n_neighbors)
    clf.fit(X_train, y_train)
    with open(model.path, 'wb') as f:
        pickle.dump(clf, f)
```

5. 现在我们已经有了完成我们想要进行的工作所需的所有组件，所以最终可以将它们组合成一个 Kubeflow 管道。为了做到这一点，我们使用@dsl.pipeline 装饰器，并将管道的名称作为装饰器的参数：

```
@dsl.pipeline(name='iris-training-pipeline')
def my_pipeline(
    standard_scaler: bool,
    min_max_scaler: bool,
    neighbors: List[int],
):
    create_dataset_task = create_dataset()
    normalize_dataset_task = normalize_dataset(
        input_iris_dataset=create_dataset_task
        .outputs['iris_dataset'],
        standard_scaler=True,
        min_max_scaler=False)
    with dsl.ParallelFor(neighbors) as n_neighbors:
        train_model(
            normalized_iris_dataset=normalize_dataset_task
            .outputs['normalized_iris_dataset'],
            n_neighbors=n_neighbors)
```

6. 将管道提交并运行。这通过实例化一个 Kubeflow Pipelines 客户端类并传入适当的参数来完成。<KFP_UI_URL>是你的 Kubeflow Pipelines 实例的主机 URL——在这种情况下，是我们之前进行端口转发时获取的 URL。还要注意，由于我们使用了 V2Kubeflow Pipelines API 的多个功能，因此我们应该在 mode 参数中传入 kfp.dsl.PipelineExecutionMode.V2_COMPATIBLE 标志。

```
endpoint = '<KFP_UI_URL>'
kfp_client = Client(host=endpoint)
run = kfp_client.create_run_from_pipeline_func(my_pipeline,
    mode=kfp.dsl.PipelineExecutionMode.V2_COMPATIBLE,
    arguments={
        'min_max_scaler': True,
        'standard_scaler': False,
        'neighbors': [3, 6, 9]
    },
)
url = f'{endpoint}/#/runs/details/{run.run_id}'
print(url)
```

7. 要构建和部署这个管道并运行它，你可以执行以下命令：

```
python basic_pipeline.py
```

在运行最后一步后，你将在终端上看到打印出运行的 URL，类似于以下内容：

```
http://localhost:8080/#/runs/details/<UID>
```

如果你导航到该链接并且管道成功运行，你应该在 Kubeflow 仪表板中看到一个视图，显示管道的各个步骤，侧边栏允许你浏览有关管道及其运行的一系列元数据。运行上述代码的示例如图 5-46 所示：

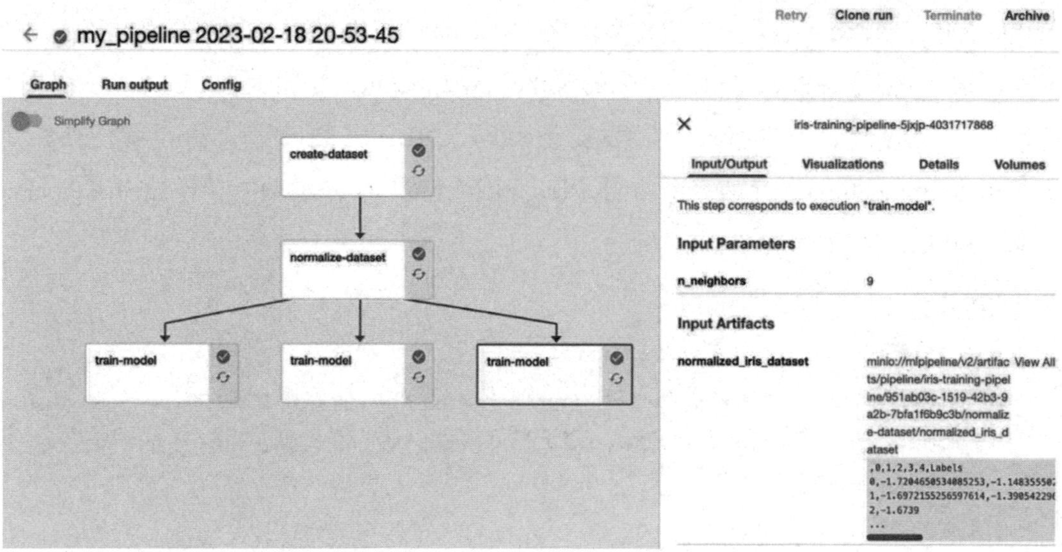

图 5-46　Kubeflow UI 显示了在主文本中定义的训练管道成功运行的情况

就是这样，你现在已经构建并运行了你的第一个 Kubeflow 管道！

重要提示

你还可以将 Kubeflow 管道编译为序列化的 YAML，然后被 Kubeflow 后端读取。你可以通过运行以下命令来实现，其中 pipeline 是与前面示例中使用相同的管道对象：

```
cmplr = compiler.Compiler()
cmplr.compile(my_pipeline, package_path='my_pipeline.yaml')
```

将管道编译为 YAML 的一个原因是这样运行管道就非常简单了。你可以将其直接上传到 Kubeflow 管道 UI，或者以编程方式将 YAML 发送到集群。

正如在使用 ZenML 部分一样，我们只是初步了解了这个工具的表面，并且最初专注于本地环境中掌握基础知识。Kubeflow 的优势在它建立于 Kubernetes 之上，因此它非常灵活，可以在支持容器的任何地方进行有效运行。

重要提示

尽管我将 ZenML 和 Kubeflow 描述为两种不同的管道工具，但实际上它们可以相互补充。事实上，ZenML 通过使用 ZenML Kubeflow 协调器提供了部署 Kubeflow 管道的功能。这意味着你可以利用 ZenML 提供的高级抽象，同时获得 Kubeflow 作为部署目标的扩展行为并提升健壮性。我们不会在这里详细介绍，但 ZenML 文档提供了一个出色的指南：https://docs.zenml.io/stacks-and-components/componentguide/orchestrators/kubeflow。

接下来的部分将以简要说明不同的部署策略来完成本章，当你打算将所有工具和技术应用于实际解决方案时，你应该了解这些策略。

选择你的部署策略

本章中，我们讨论了许多将 ML 解决方案投入生产的技术细节。然而，缺失的部分是我们没有定义如何处理现有基础设施以及如何将你的解决方案引入实际的流量和请求中。这就是由你的部署策略定义的内容，作为 ML 工程师，选择一个适当的部署策略至关重要。

大多数部署策略都像本书中的许多概念一样，是继承自软件工程和 DevOps 领域。以下列出了两种最重要的部署策略，并讨论了它们在 ML 环境中使用的情况。

蓝绿部署是一种部署策略，新版本的软件与现有解决方案并行运行，直到满足一些预定义的条件。在达到这些条件后，你会将所有流量/请求切换到新系统，然后将旧系统停用，或者保留它作为潜在的回滚解决方案。这种方法最初由两位开发人员 Daniel North 和 Jez Humble 在 2005 年共同开发，当时他们正在开发一个电子商务网站。

该名称的起源在这个 GitHub Gist 中有描述（https://gitlab.com/-/snippets/1846041），但基本上归结为任何其他命名惯例都暗示了候选解决方案或环境中的一个“比另一个更好”或“更差”，例如“ A 和 B”或“绿色和红色”。这个策略后来成为一个经典。

在机器学习工程的背景下，这在你想要完全部署之前收集模型和解决方案性能数据的已知时间段内尤其有用。它还有助于向利益相关者提供证据，表明机器学习解决方案将在实际环境中的表现如预期。它与批处理作业特别相配，因为你实际上只是同时运行另一个批处理作业。如果作业很大或复杂，或者你的生产环境维护成本高昂，这可能会带来一些成本方面的影响，你需要考虑这一点。

下一个策略被称为金丝雀部署，它涉及与蓝绿方法类似的设置，但涉及在两个解决方案之间逐渐切换流量的过程。在这里，新系统的理念是首先部署并接收一部分流量，比如5%或 10%，在确认稳定性和性能之后，然后增加流量的下一个增量。总量始终保持在 100%，因此随着新系统接收更多流量，旧系统接收的流量会减少。“金丝雀”这个名字源于旧的煤矿技术，使用金丝雀作为矿井中大气毒性的测试。放飞金丝雀，如果它们存活下来，那么一切正常。幸运的是，在使用这种部署技术时，没有鸟类受到伤害。当你能够划分所需评分数据并且仍然可以获得下一阶段所需的信息时，这种策略非常有意义。例如，作为一个在网站后端被调用的机器学习微服务，非常适合这个策略，因为你只需逐渐在负载均衡器上更改到新服务的路由。这对于大规模批处理任务可能不太合适，因为也许没有很好的方式将你的数据分成不同的增量，但对于网络流量绝对有效。

第 8 章中，将向你展示如何在使用 Kubernetes 构建自定义 ML 端点时使用这些策略。

无论你使用何种部署策略，始终记住关键是在成本效益、解决方案的可用性和对其产生的输出的信任之间取得平衡。如果你能做到这些，那么你将部署了一个成功的组合。

本章小结

本章中，我们讨论了部署 ML 解决方案时的一些最重要的概念。特别是，我们着重讨论了架构概念以及在将解决方案部署到云端时可能使用的工具。我们涵盖了现代 ML 工程中使用的一些最重要的模式，以及如何使用容器、AWS Elastic Container Registry、Elastic Container Service 等工具来实现这些模式，还有如何使用 AWS Managed Workflows for Apache Airflow 创建定期管道。我们还探讨了如何将 MWAA 示例与 GitHub Actions 连接起来，以便代码的更改能够直接触发运行中服务的更新，从而为未来的 CI/CD 流程提供了一个模板。

接着，我们讨论了更高级的管道工具，以进一步完善第 4 章“打包封装”。这集中讨论了如何使用 Apache Airflow 来构建和编排通用管道，以运行你的数据工程、ML 和 MLOps 管道。然后，我们详细介绍了 ZenML 和 Kubeflow，这两个强大的工具可以在规模上开发与部署 ML 和 MLOps 管道。

下一章中，我们将探讨如何扩展我们的解决方案，以处理大量数据和高吞吐量计算的问题。

加入我们在 Discord 上的社区

加入我们的社区 Discord 空间，与作者和其他读者进行讨论：https://packt.link/mle。

第 6 章　扩展规模

第 5 章主要是围绕着如何使用不同的部署模式将我们的解决方案推向世界展开的讨论，以及我们可以使用的一些工具。本章将继续探讨这个话题，讨论可以用来扩展我们的解决方案以处理大量数据或流量的概念和工具。

在笔记本电脑上运行一些简单的机器学习（ML）模型，处理几千个数据点，是一个很好的练习，特别是当你在进行发现和概念验证步骤时，这是我们在任何 ML 开发项目的初期所概述的。然而，如果我们需要以相对高频率运行数百万乃至数千万个数据点，或者如果我们需要同时训练数千个规模相似的模型，那么这种方法就不合适了。这需要一种不同的方法、心态和工具包。

在接下来的几页中，我们将详细介绍两种今天最流行的用于分布式数据计算的框架：Apache Spark 和 Ray。具体来说，我们将讨论这些框架在内部如何运作的一些关键要点，以便在开发过程中能够做出明智的决策来使用它们。然后，我们将讨论如何在你的 ML 工作流程中使用这些框架，并提供一些具体的示例，这些示例旨在帮助你处理大批量的数据。接着，我们会简要介绍如何创建无服务器应用程序，以便你可以扩展推理端点。最后，我们将介绍如何使用 Kubernetes 来扩展容器化的 ML 应用程序，这与我们在第 5 章中的工作相辅相成，并将在第 8 章中进行详细讨论和构建。

这将有助于你在本书之前已经涉及的一些实际示例的基础上构建更多内容，当时我们使用 Spark 解决了我们的 ML 问题，加深了对理论的理解，并提供了更详细的实际示例。在本章之后，你应该能够自信地使用一些最佳框架和技术来将你的 ML 解决方案扩展到越来越大的数据集。

本章中，我们将在以下几个部分涵盖所有这些内容：

- 使用 Spark 进行扩展

- 创建无服务器基础设施
- 使用 Kubernetes 进行大规模容器化
- 使用 Ray 进行扩展
- 设计大规模系统

技术要求

和其他章节一样，你可以通过使用本书中提供的 Conda 环境 yml 文件或者书库中的 requirements.txt 文件来设置你的 Python 开发环境，以便能够运行本章的示例代码。这些文件可以在 Chapter06 的目录下找到，如下所示：

```
conda env create -f mlewp-chapter06.yml
```

本章的示例还需要安装一些非 Python 工具才能从头到尾地跟随示例，请参阅每个工具的相关文档：

- AWS CLI v2
- Docker
- Postman
- Ray
- Apache Spark（3.0.0 或更高版本）

使用 Spark 进行扩展

Apache Spark，简称 Spark，源自加利福尼亚大学伯克利分校的一些杰出研究人员在 2012 年的工作，自那时以来，它已经彻底改变了我们处理大数据集问题的方式。

Spark 是一个集群计算框架，这意味着它基于多台计算机相互连接的原理，使得计算任务可以被共享。这使我们能够有效地协调这些任务。每当我们讨论运行 Spark 作业时，我们总是谈论我们正在运行的集群。

这是执行任务的计算机集合，即工作节点，以及托管组织工作负载的计算机，称为集群管理器。

Spark 是用 Scala 编写的，Scala 是一种具有浓厚函数式风格的语言，可以编译成 Java 虚拟机（JVM）代码。由于这是一本关于 Python 中的 ML 工程的书，我们不会太多地讨论 Spark 底层的 Scala 组件，除非它们在我们的工作中有帮助。Spark 有几个流行的 API，允许程序员使用多种语言进行开发，包括 Python。这就产生了我们在本书中多次使用的 PySpark 语法。

那么，这一切是如何组合在一起的呢？

首先，使 Apache Spark 如此受欢迎的其中一个原因是它拥有庞大的连接器、组件和 API 资源。例如，有四个主要组件与 Spark Core 进行交互：

- Spark SQL、DataFrames 和 Datasets：这个组件允许你创建处理结构化数据的高度可扩展的程序。通过其中一个主要的结构化 API（Python、Java、Scala 或 R）编写符合 SQL 标准的查询，并创建利用底层 Spark 引擎的数据表，可以非常轻松地访问 Spark 的主要功能集。
- Spark 结构化流式处理：这个组件允许工程师处理流式数据，例如由 Apache Kafka 等解决方案提供的数据。此设计非常简单，允许开发人员将流式数据视为一个不断增长的 Spark 结构化表，具有与标准表相同的查询和操作功能。这为创建可扩展的流式处理解决方案提供了低门槛。
- GraphX：这是一个库，允许你实现图并行处理，并应用标准算法到基于图的数据上（例如，像 PageRank 或 Triangle Counting 等算法）。来自 Databricks 的 GraphFrames 项目通过允许我们使用 Spark 中基于 DataFrame 的 API 来分析图数据，使这一功能变得更加易用。
- Spark ML：最后但并非最不重要的是，对于我们作为 ML 工程师而言，最适合的组件是 Spark 的本地 ML 库。该库包含了本书中已经见过的许多算法和特征工程能力的实现，能够在库中使用 DataFrame API 使得这个库极易使用，同时仍然为我们提供了创建非常强大代码的途径。

通过在 Spark 集群上使用 Spark ML，而不是在单个线程上运行另一个 ML 库，你可以获得的潜在加速效果是巨大的。我们可以对自己喜爱的 ML 实现应用其他技巧，然后利用 Spark 将它们扩展出来；我们稍后会看到这一点。

Spark 的架构基于驱动程序/执行程序架构。驱动程序是作为 Spark 应用程序的主要入口点的程序，它是创建 SparkContext 对象的地方。SparkContext 将任务发送到执行程序（它们在自己的 JVM 中运行），并根据给定的管理器和解决方案运行的模式与集群管理器进行通信。驱动程序的主要任务之一是将我们编写的代码转换为一个有向无环图（DAG）中的一系列逻辑步骤（与我们在第 5 章"部署模式和工具"中使用的 Apache Airflow 中的概念相同），然后将该 DAG 转换为需要在可用计算资源上执行的任务集。

在接下来的页面中，我们将假设正在使用 Hadoop YARN 资源管理器来运行 Spark，这是最受欢迎的选项之一，也是 AWS Elastic MapReduce (EMR)解决方案的默认选项（稍后会详细介绍）。在集群模式下与 YARN 一起运行时，驱动程序在 YARN 集群上的容器中运行，这允许客户端通过驱动程序提交作业或请求，然后退出（而不需要客户端保持连接到集群管理器，这在运行所谓的客户端模式时可能会发生，但我们在这里不讨论）。

集群管理器负责在集群中的可用资源上启动执行程序。

Spark 的架构使我们作为 ML 工程师能够使用相同的 API 和语法构建解决方案，无论我们是在本地笔记本电脑上工作还是在拥有数千个节点的集群上工作。驱动程序、资源管理器和执行程序之间的连接是实现这一特性的关键。

Spark 技巧和窍门

在这个小节中，我们将介绍一些简单但有效的 Spark 编写高性能解决方案的技巧。我们将重点关注数据操作和准备的关键语法，这些通常是任何机器学习管道中的第一步。让我们开始吧：

1. 我们将介绍编写良好的 Spark SQL 的基础知识。任何 Spark 程序的入口点都是 SparkSession 对象，我们需要在应用程序中导入一个该对象的实例。

通常使用 spark 变量进行实例化：

```
from pyspark.sql import SparkSession

spark = SparkSession\
    .builder\
    .appName("Spark SQL Example")\
    .config("spark.some.config.option", "some-value")\
    .getOrCreate()
```

2．你可以使用 spark 对象和 sql 方法对可用的数据运行 Spark SQL 命令：

```
spark.sql('''select * from data_table''')
```

根据数据存在的位置，有多种方法可以在 Spark 程序中使所需数据可用。以下示例取自我们在第 3 章中讨论过的一些代码，展示了如何从 csv 文件中将数据导入 DataFrame 中：

```
data = spark.read.format("csv")\
    .option("sep", ";")\
    .option("inferSchema", "true")\
    .option("header", "true").load(
    "data/bank/bank.csv")
```

3．我们可以使用以下语法创建此数据的临时视图：

```
data.createOrReplaceTempView('data_view')
```

4．我们可以使用之前提到的方法对这些数据进行查询，以查看记录或创建新的 DataFrame：

```
new_data = spark.sql('''select …''')
```

编写 Spark SQL 时，遵循一些标准实践可以提高代码的效率：

- 尽量避免将大表从左连接到小表，因为这样做的效率低下。通常，尽量使用于连接的数据集尽可能精简，因此，尽量不要使用未使用的列或行进行连接。
- 避免使用会扫描整个数据集的查询语法，如果数据集非常大，例如选择 max(date_time_value)。

在这种情况下，尝试定义逻辑，可以在查找最小值或最大值之前更积极地过滤数据，并且通常允许解决方案扫描更小的数据集。

我们处理 Spark 数据时的一些其他良好实践如下：

- 避免数据倾斜：尽力了解数据在执行器之间如何分割。如果你的数据是按日期列分区的，如果每天的数据量大致相同，这可能是一个不错的选择；但如果某些日期的数据量占据大部分，而其他日期的数据量很少，则可能不适合。在这种情况下，需要使用更合适的列进行重新分区（或使用 Spark 生成的 ID 进行重新分区命令）。
- 尽量避免数据洗牌：这种情况发生在数据被重新分配到不同的分区时。例如，我们可能有一个按天级别进行分区的数据集，然后要求 Spark 对数据集中的某一列进行所有时间的求和。这将导致所有日分区被访问，并将结果写入新的分区。为了完成这个过程，需要进行磁盘写入和网络传输，这通常会导致 Spark 作业的性能瓶颈。
- 避免在大型数据集上执行动作：例如，当你运行 collect( )命令时，会将所有数据带回驱动节点。如果这是一个大型数据集，就可能非常糟糕，但可能需要将计算结果转换为其他格式。请注意，toPandas( )命令将你的 Spark DataFrame 转换为 pandas DataFrame，也会将所有数据收集到驱动程序的内存中。
- 在合适的情况下使用 UDF：作为一名使用 Apache Spark 的 ML 工程师，UDF 是你工具库中的又一利器。UDF 允许你封装更复杂、更定制化的逻辑，并在各种情况下以规模化的方式应用它。其中一个重要的方面是，如果你编写了标准的 PySpark（或 Scala）UDF，那么你可以在 Spark SQL 语法中应用它，这样可以高效地重用你的代码，甚至简化应用你的 ML 模型的过程。但缺点是，这些代码有时可能不是最高效的，但如果它有助于使你的解决方案更简单、更易于维护，那么这可能是正确的选择。

作为一个具体的例子，让我们构建一个 UDF，查看我们在第 3 章中使用的银行数据，以创建一个名为“month_as_int”的新列，将当前的月份字符串表示转换为整数，以便稍后进行处理。我们不关心训练/测试拆分或这可能被用于什么；而是简单地突出说明如何将一些逻辑应用于 PySpark UDF。

让我们开始吧：

1. 我们必须读取数据。请注意，这里给出的相对路径与 spark_example_udfs.py 脚本一致，该脚本可以在本书的 GitHub 存储库中找到，链接为 https://github.com/ PacktPublishing/ Machine-Learning-Engineering-withPython-Second-Edition/blob/main/Chapter06/mlewp2-spark/ spark_example_udfs.py。

```
from pyspark.sql import SparkSession
from pyspark import SparkContext
from pyspark.sql import functions as f

sc = SparkContext("local", "Ch6BasicExampleApp")
# 获取 Spark 会话
spark = SparkSession.builder.getOrCreate()
# 获取数据并将其放入一个 Spark DataFrame 中
data = spark.read.format("csv").option("sep", ";").
option("inferSchema", "true").option("header", "true").load(
        "data/bank/bank.csv")
```

如果我们使用 data.show( )命令显示当前数据，将看到类似如下的内容（如图 6-1 所示）：

age	job	marital	education	default	balance	housing	loan	contact	day	month	duration	campaign	pdays	previous	poutcome	y
30	unemployed	married	primary	no	1787	no	no	cellular	19	oct	79	1	-1	0	unknown	no
33	services	married	secondary	no	4789	yes	yes	cellular	11	may	220	1	339	4	failure	no
35	management	single	tertiary	no	1350	yes	no	cellular	16	apr	185	1	330	1	failure	no
30	management	married	tertiary	no	1476	yes	yes	unknown	3	jun	199	4	-1	0	unknown	no
59	blue-collar	married	secondary	no	0	yes	no	unknown	5	may	226	1	-1	0	unknown	no
35	management	single	tertiary	no	747	no	no	cellular	23	feb	141	2	176	3	failure	no
36	self-employed	married	tertiary	no	307	yes	no	cellular	14	may	341	1	330	2	other	no
39	technician	married	secondary	no	147	yes	no	cellular	6	may	151	2	-1	0	unknown	no
41	entrepreneur	married	tertiary	no	221	yes	no	unknown	14	may	57	2	-1	0	unknown	no
43	services	married	primary	no	-88	yes	yes	cellular	17	apr	313	1	147	2	failure	no

图 6-1　银行数据集中初始 DataFrame 的数据样本

2. 我们可以使用 data.printSchema( )命令再次检查这个 DataFrame 的模式。这将确认当前月份是以字符串形式存储的，如下所示：

```
 |-- age: integer (nullable = true)
```

```
 |-- job: string (nullable = true)
 |-- marital: string (nullable = true)
 |-- education: string (nullable = true)
 |-- default: string (nullable = true)
 |-- balance: integer (nullable = true)
 |-- housing: string (nullable = true)
 |-- loan: string (nullable = true)
 |-- contact: string (nullable = true)
 |-- day: integer (nullable = true)
 |-- month: string (nullable = true)
 |-- duration: integer (nullable = true)
 |-- campaign: integer (nullable = true)
 |-- pdays: integer (nullable = true)
 |-- previous: integer (nullable = true)
 |-- poutcome: string (nullable = true)
 |-- y: string (nullable = true)
```

3. 我们可以定义 UDF 了，它将使用 Python datetime 库将月份的字符串表示转换为整数：

```
import datetime

def month_as_int(month):
    month_number = datetime.datetime.strptime(month, "%b").month
    return month_number
```

4. 如果我们想要在 Spark SQL 中应用我们的函数，那么我们必须将该函数注册为 UDF。register( )函数的参数是此函数的注册名称、我们刚刚编写的 Python 函数的名称以及返回类型。默认情况下，返回类型是 StringType( )，但我们在这里明确指定了：

```
from pyspark.sql.types import StringType

spark.udf.register("monthAsInt", month_as_int, StringType())
```

5．现在我们已经注册了该函数，可以将其应用于我们的数据。首先，我们将创建银行数据集的临时视图，然后对其运行一个 Spark SQL 查询，该查询引用了我们的 UDF：

```
data.createOrReplaceTempView('bank_data_view')
spark.sql('''
select *, monthAsInt(month) as month_as_int from bank_data_view
''').show()
```

使用 show( )命令运行上述代码，可以看到我们已成功计算出了新列。结果 DataFrame 的最后几列显示如图 6-2 所示：

```
+-----+--------+--------+---+------------+
|pdays|previous|poutcome|  y|month_as_int|
+-----+--------+--------+---+------------+
|   -1|       0| unknown| no|          10|
|  339|       4| failure| no|           5|
|  330|       1| failure| no|           4|
|   -1|       0| unknown| no|           6|
|   -1|       0| unknown| no|           5|
|  176|       3| failure| no|           2|
|  330|       2|   other| no|           5|
|   -1|       0| unknown| no|           5|
|   -1|       0| unknown| no|           5|
|  147|       2| failure| no|           4|
|   -1|       0| unknown| no|           5|
|   -1|       0| unknown| no|           4|
|   -1|       0| unknown| no|           8|
|   -1|       0| unknown|yes|           4|
|  241|       1| failure| no|           1|
|   -1|       0| unknown| no|           8|
|   -1|       0| unknown| no|           8|
|  152|       2| failure| no|           4|
|   -1|       0| unknown| no|           5|
|  152|       1|   other| no|           7|
+-----+--------+--------+---+------------+
```

图 6-2　通过应用我们的 UDF，新列已成功计算完成

6．或者，我们可以使用以下语法创建我们的 UDF，并将结果应用到一个 Spark DataFrame 上。如前所述，使用 UDF 有时可以简单地包装相对复杂的语法。这里的语法很简单，但我还是会展示给你。这会给我们带来与前面截图中显示相同的结果：

```
from pyspark.sql.functions import udf

month_as_int_udf = udf(month_as_int, StringType())
df = spark.table("bank_data_view")
df.withColumn('month_as_int', month_as_int_udf("month")).show()
```

7. PySpark 还提供了一种很好的装饰器语法来创建我们的 UDF，这意味着如果你确实在构建一些更复杂的功能，你可以直接将其放在被装饰的 Python 函数中。以下的代码块也能得到与前面的截图相同的结果：

```
@udf("string")
def month_as_int_udf(month):
    month_number = datetime.datetime.strptime(month, "%b").month
    return month_number

df.withColumn('month_as_int', month_as_int_udf("month")).show()
```

这展示了我们如何在 UDF 中应用一些简单的逻辑，但要使用这种方法在规模上部署模型，我们必须将 ML 逻辑放在函数内部，并以相同的方式应用它。如果我们想使用来自数据科学领域的一些标准工具，比如 Pandas 和 Scikit-learn，这可能会变得有些棘手。幸运的是，我们可以使用另一种选项，它具有一些好处。我们现在来讨论这个选项。

目前正在考虑的 UDF 在 Python 中存在一个小问题，即在 JVM 和 Python 之间转换数据可能需要一段时间。解决此问题的一种方法是使用所谓的 pandas UDF，它在底层使用 Apache Arrow 库，以确保数据在执行 UDF 时快速读取。这使我们能够在没有任何减速的情况下使用 UDF。

Pandas UDF 也非常强大，因为它们与 pandas Series 和 DataFrame 对象的语法兼容。这意味着很多习惯于使用 pandas 在本地构建模型的数据科学家可以轻松地调整他们的代码，利用 Spark 进行扩展。

作为一个例子，让我们演示如何将一个简单的分类器应用到我们在本书前面部分使用过的葡萄酒数据集上。请注意，该模型并没有针对这个数据进行优化；我们只是展示了如何应用一个预训练的分类器的示例：

1．让我们在葡萄酒数据集上创建一个基于支持向量机（SVM）的简单分类器。在这里，我们不执行正确的训练/测试拆分、特征工程或其他最佳实践，因为我们只是想向你展示如何应用 sklearn 模型：

```
import sklearn.svm
import sklearn.datasets

clf = sklearn.svm.SVC()
X, y = sklearn.datasets.load_wine(return_X_y=True) clf.fit(X, y)
```

2．我们可以将特征数据导入一个 Spark DataFrame，以向你展示如何在后续阶段应用 pandas UDF：

```
df = spark.createDataFrame(X.tolist())
```

3．定义 pandas UDF 非常简单。我们只需在一个函数中编写我们的逻辑，然后添加@pandas_udf 装饰器，在装饰器中还需要提供函数的输出类型。在最简单的情况下，我们只需将通过训练好的模型进行预测的过程（通常是串行或局部并行化的）包装起来即可：

```
import pandas as pd
from pyspark.sql.types import IntegerType
from pyspark.sql.functions import pandas_udf

@pandas_udf(returnType=IntegerType())
def predict_pd_udf(*cols):
    X = pd.concat(cols, axis=1)
    return pd.Series(clf.predict(X))
```

4．我们可以将这个函数应用到包含数据的 Spark DataFrame 中，通过传递我们函数所需的适当输入。在这种情况下，我们将传递包含 13 个特征列名的输入。

```
col_names = ['_{}'.format(x) for x in range(1, 14)]
df_pred = df.select('*', predict_pd_udf(*col_names).alias('class'))
```

现在，如果你查看 df_pred DataFrame 的前几行结果，就会看到如图 6-3 所示的内容：

_1	_2	_3	_4	_5	_6	_7	_8	_9	_10	_11	_12	_13	class
14.23	1.71	2.43	15.6	127.0	2.8	3.06	0.28	2.29	5.64	1.04	3.92	1065.0	0
13.2	1.78	2.14	11.2	100.0	2.65	2.76	0.26	1.28	4.38	1.05	3.4	1050.0	0
13.16	2.36	2.67	18.6	101.0	2.8	3.24	0.3	2.81	5.68	1.03	3.17	1185.0	0
14.37	1.95	2.5	16.8	113.0	3.85	3.49	0.24	2.18	7.8	0.86	3.45	1480.0	0
13.24	2.59	2.87	21.0	118.0	2.8	2.69	0.39	1.82	4.32	1.04	2.93	735.0	2
14.2	1.76	2.45	15.2	112.0	3.27	3.39	0.34	1.97	6.75	1.05	2.85	1450.0	0
14.39	1.87	2.45	14.6	96.0	2.5	2.52	0.3	1.98	5.25	1.02	3.58	1290.0	0

图 6-3 应用简单 pandas UDF 的结果

这就完成了我们在 Spark 中对 UDF 和 pandas UDF 的快速介绍，这些功能使我们能够以明显并行的方式应用串行 Python 逻辑，例如数据转换或我们的 ML 模型。

在接下来的部分，我们将专注于如何设置在云中执行基于 Spark 的计算。

云上的 Spark

正如前面的讨论所表明的那样，编写和部署基于 PySpark 的机器学习解决方案可以在你的笔记本电脑上完成，但要在大规模工作时看到好处，你必须拥有一个适当大小的计算集群。配置此类基础设施可能是一个漫长而痛苦的过程，但正如本书中已经讨论过的那样，主要的公共云提供商提供了丰富的基础设施选项。

对于 Spark，AWS 提供了一种特别好用的解决方案，称为 AWS Elastic MapReduce（EMR），它是一个托管的大数据平台，可以让你轻松地配置各种不同类型的集群，涵盖了大数据生态系统的多个组件。本书中，我们将专注基于 Spark 的解决方案，因此我们将重点介绍如何创建和使用具有 Spark 工具的集群。

下一节中，我们将通过一个具体的示例来演示如何在 EMR 上启动一个 Spark 集群，然后将一个简单的基于 Spark ML 的应用程序部署到该集群上。

那么，让我们开始探索在 AWS EMR 上使用 Spark 吧！

AWS EMR 示例

为了理解 EMR 的工作原理，我们将继续按照本书的实践方法，并深入到一个示例中。我们将首先学习如何创建一个全新的集群，然后讨论如何编写并部署我们的第一个 PySpark ML 解决方案到其中。让我们开始吧：

1. 首先，导航到 AWS 上的 EMR 页面，并找到 Create Cluster 按钮。然后，你将被带到一个页面，允许你为自己的集群输入配置数据。第一部分是你指定集群名称和要在其上安装的应用程序的地方。我将此集群命名为 mlewp2-cluster，使用撰写时可用的最新 EMR 版本 6.11.0，并选择 Spark 应用程序包。

2. 在这个第一部分，所有其他配置都可以保持默认设置，如图 6-4 所示：

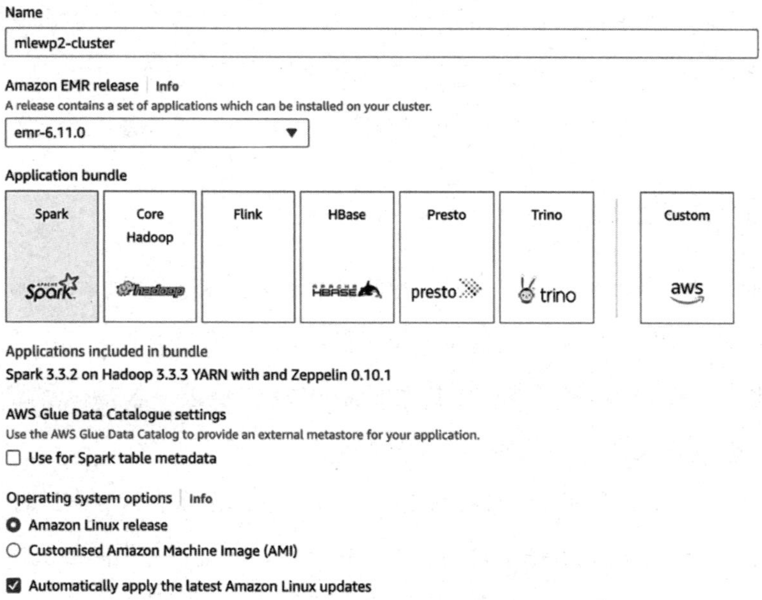

图 6-4　使用一些默认配置创建我们的 EMR 集群

3. 配置集群中的计算资源。你可以再次使用默认设置，但重要的是要了解正在进行的操作。首先，选择使用实例组（instance groups）还是实例舰队（instance fleets），这取决于你提供的一些约束条件来扩展计算资源的策略。实例组比较简单，它定义了你要为每种节点类型运行的具体服务器，稍后我们会详细介绍这一点，你可以在需要时选择 on-demand

或 spot instances 来获取更多的服务器。实例舰队允许使用更复杂的获取策略，并为每种节点类型提供混合的不同服务器实例类型。如果你要获取更多信息，请阅读 AWS 文档，以确保你清楚了解不同的选项，链接为 https://docs.aws.amazon.com/emr/index.html；我们将继续使用具有默认设置的实例组。现在，让我们继续进行节点的配置。在 EMR 集群中有不同类型的节点：主节点、核心节点和任务节点。主节点将运行我们的 YARN 资源管理器，并跟踪作业状态和实例组健康状况。核心节点运行一些守护进程和 Spark 执行器。最后，任务节点执行实际的分布式计算。现在，让我们继续使用实例组选项提供的默认设置，如图 6-5 所示。我们选择了更简单的 instance groups 选项进行配置，并使用了服务器类型的默认设置，以主节点为例。

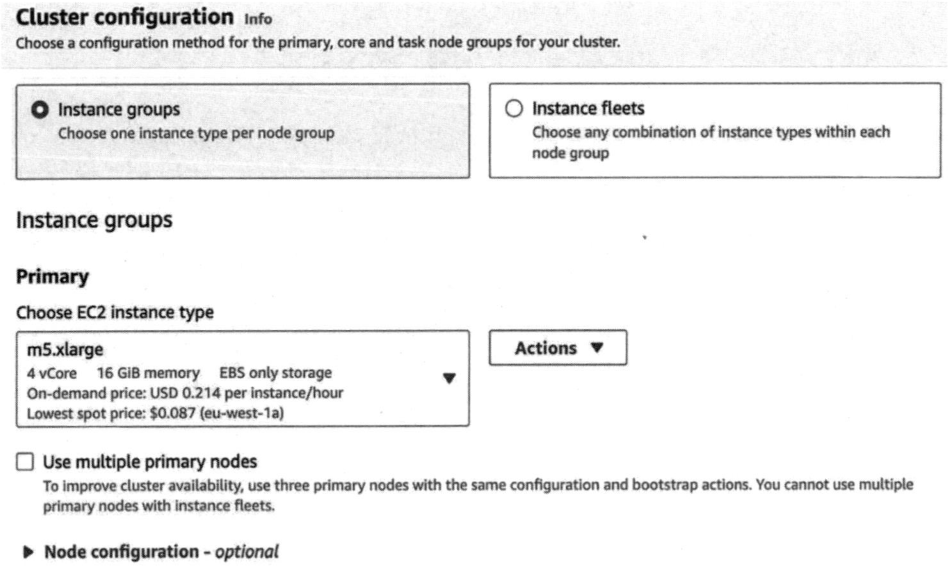

图 6-5　计算我们 EMR 集群的配置

4. 我们开始定义在第 2 步中提到的实例组和实例舰队计算选项中使用的显式集群扩展行为。同样，暂时选择默认设置，但你可以尝试调整集群的规模，增加节点的数量，或者定义自动扩展行为，以应对更大的工作负载。在这里，我们选择了特定的小型集群规模的默认值，但你可以增加这些值以获得更大的集群，或者使用自动扩展选项来设置最小和最大规模限制。图 6-6 展示了这个过程的样子。

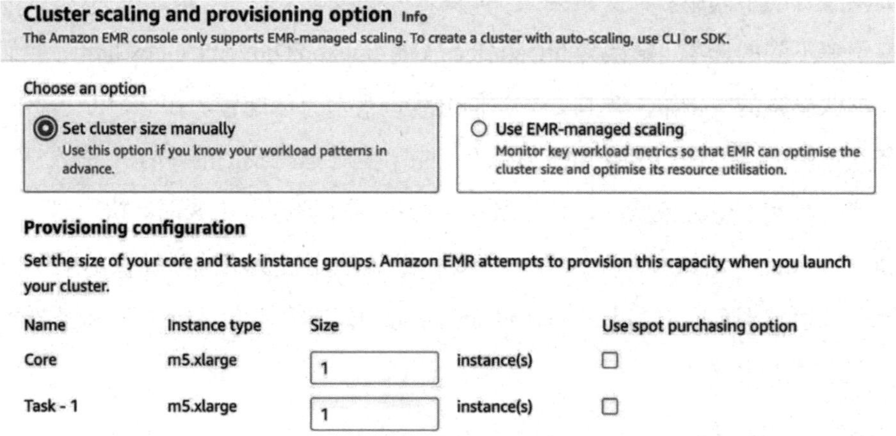

图 6-6　集群的规模和扩展策略选择

5. 有一个网络部分，如果你已经为书中的其他示例创建了一些虚拟私有云（VPC）和子网，这将更容易；请参阅第 5 章“部署模式和工具”以及 AWS 文档以获取更多信息。只需记住，VPC 主要是为了将你正在配置的基础设施与你 AWS 账户中的其他服务以及更广泛的互联网隔离开来，因此熟悉它们及其应用绝对是件好事。

6. 为了完整起见，图 6-7 展示了我在这个示例中使用的设置。网络配置使用的 VPC，如果没有选择子网，它将自动为集群创建一个子网。

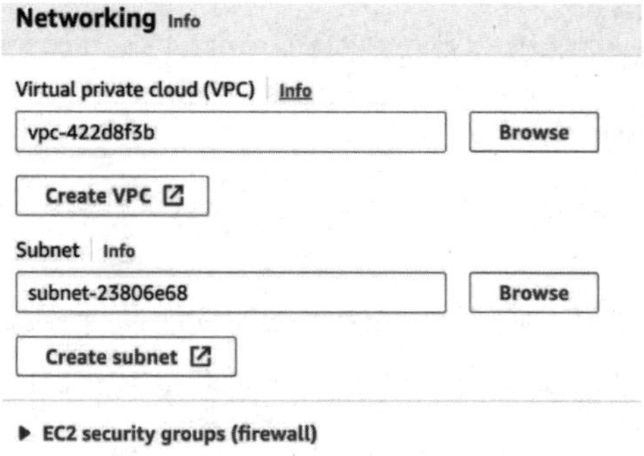

图 6-7　网络配置使用的 VPC

7. 我们只剩下几个部分需要输入来定义我们的集群。下一个强制性部分是关于集群终止策略的。我始终建议尽可能在基础设施中使用自动拆除策略，因为这有助于管理成本。行业中有很多关于团队忘记关闭未使用的服务器而产生巨额费用的故事！图 6-8 显示我们正在使用这样一个自动集群终止策略，即集群在未被使用 1 小时后将会终止。像这样定义一个集群终止策略被认为是最佳实践，可以帮助避免不必要的成本。

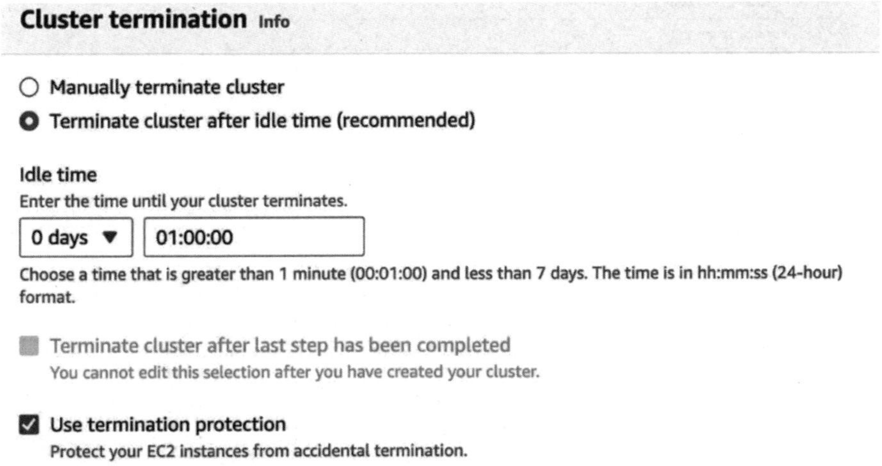

图 6-8　自动集群终止策略

8. 完成的最后一个必需部分是定义适当的身份和访问管理（Identity and Access Management，IAM）角色，它定义了可以访问我们正在创建的资源的账户。如果你已经有了愿意重用作为你的 EMR 服务角色的 IAM 角色，那么你可以这样做；但是，对于这个示例，让我们为这个集群专门创建一个新的服务角色。图 6-9 显示，选择创建一个新角色会预先填充 VPC、子网和安全组，这些值与你通过此过程已经选择的值匹配。你可以添加更多内容。我们还可以选择创建一个“实例配置文件”，这只是为 EC2 集群中的所有服务器实例在启动时应用的服务角色的名称，图 6-10 显示实例配置文件只是在启动时分配给所有集群 EC2 实例的服务角色的名称。

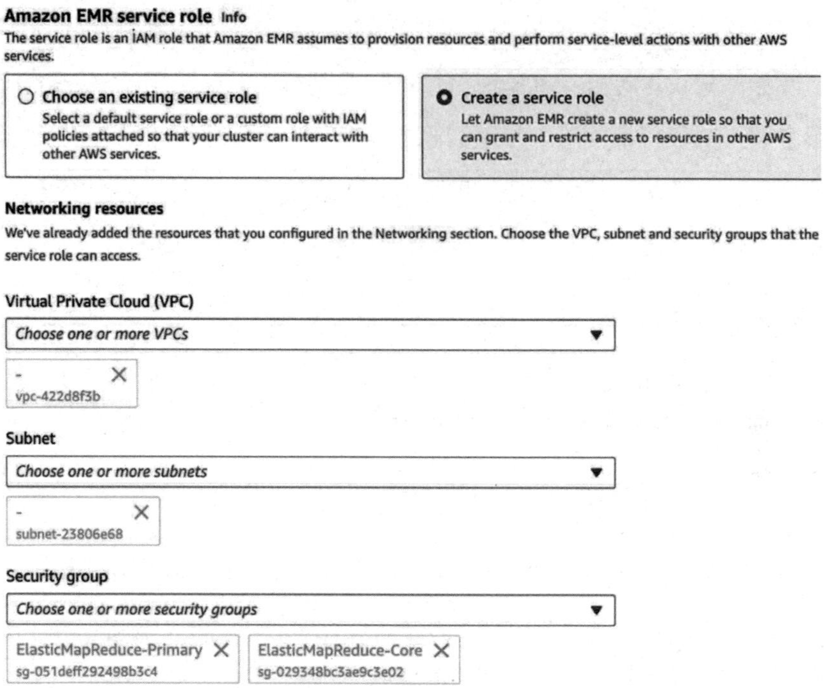

图 6-9　创建 AWS EMR 服务角色

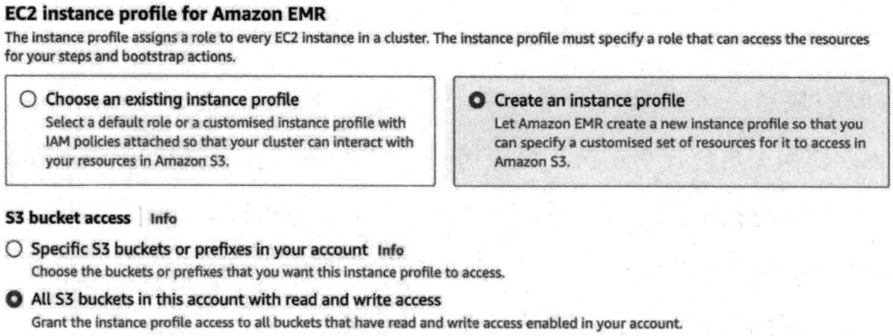

图 6-10　EMR 集群中使用的 EC2 服务器创建的一个实例配置文件

9. 我们所讨论的部分都是创建集群所需的强制部分，但还有一些可选部分，我想简要提一下以指导你进一步探索。有一个选项可以指定步骤，在这里你可以定义要按顺序运行的 shell 脚本、JAR 应用程序或 Spark 应用程序。这意味着你可以在所需顺序中准备好应用程序启动集群，而不是在基础架构部署后提交作业。你还有一个 Bootstrap actions 部分，允许你定义在安装任何应用程序或处理任何数据之前应在 EMR 集群上运行的定制安装或配置步骤。你还可以配置集群日志位置、标签和一些基本软件注意事项。最后要提到的重点是集群安全配置，如图 6-11 所示。这里展示的集群安全配置是可选的，但如果你打算在生产环境中运行该集群，应该仔细考虑。尽管我们将部署此集群而不指定任何 EC2 密钥对或安全配置，但如果你希望在生产中运行此集群，那么理解组织的安全要求和规范至关重要。请咨询你的安全或网络团队，以确保这一切都符合预期和要求。现在，我们可以将其留空并继续创建集群。

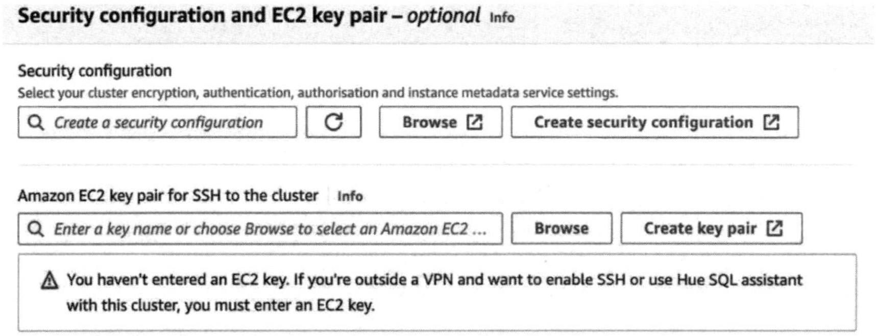

图 6-11　集群安全配置

10. 现在我们已经选择了所有必要的选项，点击 Create cluster 按钮来启动创建过程。成功创建后，你应该会看到一个类似图 6-12 的审查页面。就这样，你现在已经在云端创建了自己的 Spark 集群！

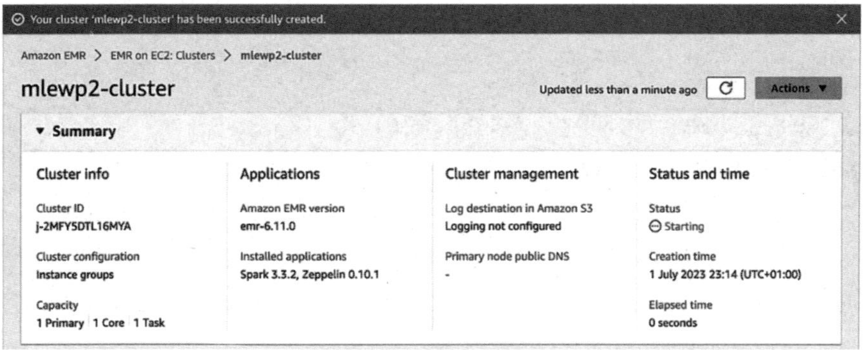

图 6-12　成功启动后显示的 EMR 集群审核页面

在我们启动了 EMR 集群之后，我们希望能够向其提交任务。在这里，我们将调整第 3 章中创建的 Spark ML 管道示例，以分析银行数据集，并将此作为一个步骤提交到我们新创建的集群。我们将使用一个独立的单 PySpark 脚本作为我们应用程序的唯一步骤来完成这个任务，但基于此构建更复杂的应用程序是非常容易的：

1. 我们将从第 3 章中提取代码，并根据我们关于良好实践的讨论进行一些优雅的重构。我们可以更有效地模块化代码，使其包含一个提供我们所有建模步骤的函数（为了简洁，这里没有重复所有的步骤）。我们还增加了最后一步，将建模的结果写入 parquet 文件。

```
def model_bank_data(spark, input_path, output_path):
    data = spark.read.format("csv")\
        .option("sep", ";")\
        .option("inferSchema", "true")\
        .option("header", "true")\
        .load(input_path)
    data = data.withColumn('label', f.when((f.col("y") == "yes"),
                                            1).otherwise(0))
    # ...
    data.write.format('parquet')\
        .mode('overwrite')\
        .save(output_path)
```

2. 在这个基础上，我们将所有的主要样板代码封装到一个主函数中，这个主函数可以在程序的 if __name__=="__main__":入口点被调用。

```
def main():
    parser = argparse.ArgumentParser()
    parser.add_argument(
        '--input_path', help='S3 bucket path for the input data.
        Assume to be csv for this case.'
    )
```

```
    parser.add_argument(
        '--output_path', help='S3 bucket path for the output data.
        Assume to be parquet for this case'
    )
    args = parser.parse_args()
    # 创建Spark上下文
    sc = SparkContext("local", "pipelines")
    # 获取Spark会话
    spark = SparkSession\
        .builder\
        .appName('MLEWP Bank Data Classifier EMR Example')\
        .getOrCreate()
    model_bank_data(
        spark,
        input_path=args.input_path,,
        output_path=args.output_path
    )
```

3. 我们将上述函数放入一个名为 spark_example_emr.py 的脚本中，稍后提交给 EMR 集群。

```
import argparse
from pyspark.sql import SparkSession
from pyspark import SparkContext
from pyspark.sql import functions as f
from pyspark.mllib.evaluation import BinaryClassificationMetrics,
MulticlassMetrics
from pyspark.ml.feature import StandardScaler, OneHotEncoder,
StringIndexer, Imputer, VectorAssembler
from pyspark.ml import Pipeline, PipelineModel
from pyspark.ml.classification import LogisticRegression

def model_bank_data(spark, input_path, output_path):
```

```
    ...
def main():
    ...
if __name__ == "__main__":
    main()
```

4．要将这个脚本提交到刚刚创建的 EMR 集群，我们需要找到集群 ID。我们可以从 AWS 用户界面获取，或者运行以下命令来获取：

```
aws emr list-clusters --cluster-states WAITING
```

5．我们需要将 spark_example_emr.py 脚本发送到 S3，以便集群读取。我们可以创建一个名为 s3://mlewp-ch6-emr-examples 的 S3 存储桶来存储这个脚本和其他工件，使用 CLI 或者 AWS 控制台进行操作（详见第 5 章“部署模式和工具”）。一旦复制完成，我们就可以进行最后一步了。

6．我们必须使用以下命令提交脚本，将<CLUSTER_ID>替换为我们刚刚创建的集群的 ID。请注意，如果你的集群因为我们设置的自动终止策略而被终止，你无法重新启动它，但可以克隆它。几分钟后，步骤应该已经完成，并且输出应该已经写入同一 S3 存储桶中的 results.parquet 文件中：

```
aws emr add-steps\
--region eu-west-1 \
--cluster-id <CLUSTER_ID> \
--steps Type=Spark,Name="Spark Application
Step",ActionOnFailure=CONTINUE,\
Args=[--files,s3://mlewp-ch6-emr-examples/spark_example_emr.py,\
--input_path,s3://mlewp-ch6-emr-examples/bank.csv,\
--output_path,s3://mleip-emr-ml-simple/results.parquet]
```

这就是我们如何在云端使用 AWS EMR 开始开发 PySpark ML 管道的方式！

你将看到，通过导航到相应的 S3 存储桶并确认 results.parquet 文件已成功创建，可以证明此前的过程已经成功执行，如图 6-13 所示。

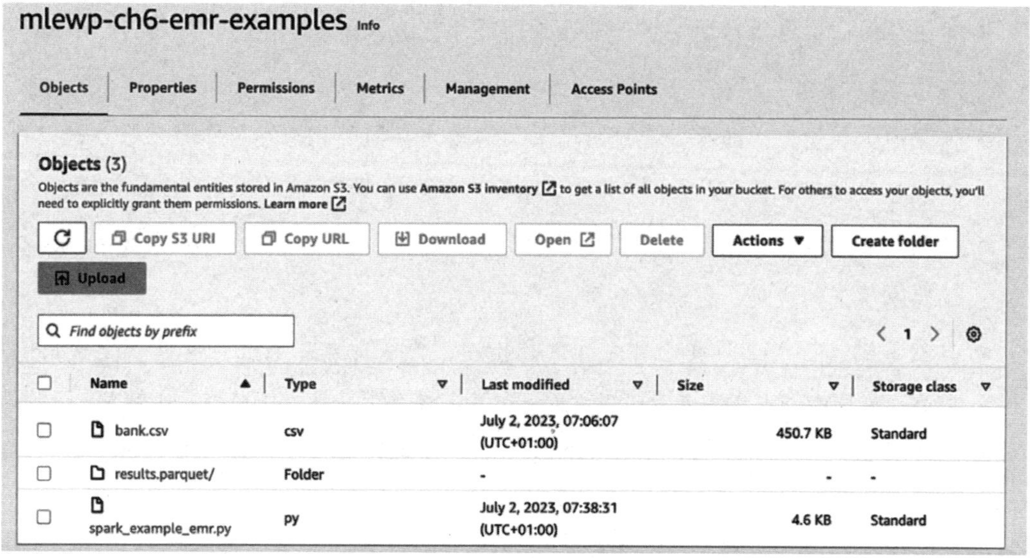

图 6-13　成功提交 EMR 脚本后生成的结果文件 results.parquet

在接下来的章节中，我们将探索一种通过使用所谓的无服务器工具来扩展我们解决方案的方法。

启动无服务器基础设施

在进行机器学习或软件工程时，我们常常需要在计算机上运行必要的任务和计算，这通常涉及适当的网络、安全以及其他协议和软件。我们已经经常提到这些，它们构成了我们的基础设施。基础设施的一个重要部分是我们用来进行实际计算的服务器。这可能听起来有些奇怪，那么让我们从无服务器架构（怎么会有这种东西？）开始讨论。本节将解释这个概念，并展示如何利用它来扩展你的机器学习解决方案。

无服务器这个术语有些误导，因为它并不意味着没有物理服务器在运行你的程序。然而，它确实意味着你正在运行的程序不应该被视为静态地托管在一台机器上，而应该被视为在底层硬件之上的另一层上的短暂实例。

服务器工具为你的机器学习解决方案带来的好处包括（但不限于）以下几点：

- 无服务器：不要低估通过将基础设施管理外包给云服务提供商，这能为你节省时间和精力。
- 简化的扩展能力：通常，通过明确定义的最大实例数，来定义你的无服务器组件的扩展行为是非常简单的。
- 低门槛入门：这些组件通常非常容易安装和运行，让你和你的团队成员能够专注于编写高质量的代码、逻辑和模型。
- 自然集成点：在工具和组件之间的交接中，无服务器工具往往非常易于使用。它们易于设置的特点意味着你可以立即开始运行简单的作业，传递数据或触发其他服务。
- 简化服务：一些无服务器工具非常适合为你的机器学习模型提供服务层。前面提到的可扩展性和低门槛意味着你可以快速创建一个非常可扩展的服务，该服务可以根据请求或被某些其他事件触发来提供预测。

最受欢迎和广泛使用的无服务器功能之一是 AWS Lambda，它允许我们使用简单的网络浏览器界面或通过我们通常的开发工具，用多种语言编写程序，然后让它们完全独立于任何已设置的基础设施运行。

Lambda 是一个令人惊叹的低门槛解决方案，可以快速启动和运行代码，并对其进行扩展。然而，它主要针对的是创建可以通过 HTTP 请求触发的简单 API。如果你旨在构建一个基于事件或请求驱动的系统，那么使用 Lambda 部署你的机器学习模型特别有用。

为了看到这个操作的实际效果，让我们构建一个基本的系统，该系统接收一个带有 JSON 体的 HTTP 请求中的传入图像数据，并返回一个包含使用预构建的 Scikit-Learn 模型对数据进行分类的类似消息。这基于 AWS 的示例，网址为 https://aws.amazon.com/blogs/compute/deploying-machine-learning-models-with-serverlesstemplates/。

为了实现这一点，我们可以通过利用已经构建并作为 AWS 无服务器应用程序模型（Serverless Application Model，SAM）框架一部分维护的模板来节省大量时间。这些模板可以在 AWS 的官方网站上找到：https://aws.amazon.com/aboutaws/whats-new/2021/06/aws-sam-launches-machine-learning-inference-templates-foraws-lambda/。

你要在平台上安装 AWS SAM CLI，请按照以下链接中的说明进行操作：https://docs.

aws.amazon.com/serverless-application-model/latest/developerguide/serverless-samcli-install.html。

现在，让我们执行以下步骤来为托管和服务一个分类手写数字图像的机器学习模型设置无服务器部署模板：

1. 我们必须运行 sam init 命令并选择 AWS Quick Start Templates 选项：

```
Which template source would you like to use?
        1 - AWS Quick Start Templates
        2 - Custom Template Location
Choice: 1
```

2. 你将有机会选择要使用的 AWS Quick Start 应用程序模板；选择选项 15，机器学习：

```
Choose an AWS Quick Start application template
    1 - Hello World Example
    2 - Data processing
    3 - Hello World Example with Powertools for AWS Lambda
    4 - Multi-step workflow
    5 - Scheduled task
    6 - Standalone function
    7 - Serverless API
    8 - Infrastructure event management
    9 - Lambda Response Streaming
    10 - Serverless Connector Hello World Example
    11 - Multi-step workflow with Connectors
    12 - Full Stack
    13 - Lambda EFS example
    14 - DynamoDB Example
    15 - Machine Learning
Template:
```

3. 你想要使用的 Python Runtime 的选项；与本书的其余部分保持一致，我们将使用 Python 3.10 Runtime：

```
Which runtime would you like to use?
    1 - python3.9
    2 - python3.8
    3 - python3.10
Runtime:
```

4. 在撰写本文时，SAM CLI 将根据当前选项，在可选范围内自动选择一些选项，首先是包类型，然后是依赖关系管理器。系统会要求你确认想要使用的 ML 启动模板。对于这个例子，我们应选择“XGBoost Machine Learning API”：

```
Based on your selections, the only Package type available is Image.
We will proceed to selecting the Package type as Image.
Based on your selections, the only dependency manager available is
pip.
We will proceed copying the template using pip.
Select your starter template
    1 - PyTorch Machine Learning Inference API
    2 - Scikit-learn Machine Learning Inference API
    3 - Tensorflow Machine Learning Inference API
    4 - XGBoost Machine Learning Inference API
Template: 4
```

5. SAM CLI 然后会询问一些关于配置请求跟踪和监控的选项；你可以根据自己的喜好选择“是”或“否”。在这个例子中，我选择了否。然后你可以给解决方案命名，在这里我选择了“mlewp-sam-ml-api”：

```
Would you like to enable X-Ray tracing on the function(s) in your
application? [y/N]: N
Would you like to enable monitoring using CloudWatch Application
Insights?
For more info, please view: https://docs.aws.amazon.com/
AmazonCloudWatch/latest/monitoring/cloudwatch-application-insights.
html [y/N]: N
```

```
Project name [sam-app]: mlewp-sam-ml-api
Cloning from https://github.com/aws/aws-sam-cli-app-templates
(process may take a moment)
```

6. 你的命令行将提供有关安装和下一步操作的一些有用的信息：

```
    -----------------------
    Generating application:
    -----------------------
    Name: mlewp-sam-ml-api
    Base Image: amazon/python3.10-base
    Architectures: x86_64
    Dependency Manager: pip
    Output Directory: .
    Configuration file: mlewp-sam-ml-api/samconfig.toml
    Next steps can be found in the README file at mlewp-sam-ml-api/
README.md
Commands you can use next
=========================
[*] Create pipeline: cd mlewp-sam-ml-api && sam pipeline init
--bootstrap
[*] Validate SAM template: cd mlewp-sam-ml-api && sam validate
[*] Test Function in the Cloud: cd mlewp-sam-ml-api && sam sync
--stack-name {stack-name} --watch
```

请注意，前面的步骤为基于 XGBoost 的手写数字分类系统创建了一个模板。对于其他应用程序和项目用例，你应根据需要调整模板的源代码。如果你想部署这个示例，请按照接下来的几个步骤操作：

1. 我们必须构建模板中提供的应用程序容器。导航到项目的顶级目录，你可以看到目录结构应该如下所示。我使用了 tree 命令在命令行中提供一个清晰的目录结构大纲：

```
cd mlewp-sam-ml-api
```

```
ls
tree
├── README.md
├── __init__.py
├── app
│   ├── Dockerfile
│   ├── __init__.py
│   ├── app.py
│   ├── model
│   └── requirements.txt
├── events
│   └── event.json
├── samconfig.toml
└── template.yaml
3 directories, 10 files
```

2．现在我们已经处于顶级目录，可以运行构建命令。这需要你的机器在后台运行Docker。

```
sam build
```

3．在构建成功后，你应该会在终端收到如下所示的成功信息：

```
Build Succeeded
Built Artifacts  : .aws-sam/build
Built Template   : .aws-sam/build/template.yaml
Commands you can use next
=========================
[*] Validate SAM template: sam validate
[*] Invoke Function: sam local invoke
[*] Test Function in the Cloud: sam sync --stack-name {{stack-name}}
--watch
[*] Deploy: sam deploy --guided
```

4. 我们可以在本地测试服务，以确保一切都能与仓库提供的模拟数据正常工作。这会使用一个 JSON 文件，该文件编码了一个基本图像并运行服务的推理步骤。如果这可以成功运行，你将看到如下所示的服务输出：

```
sam local invoke  --event events/event.json
Invoking Container created from inferencefunction:python3.10-v1
Building image.................
Using local image: inferencefunction:rapid-x86_64.
START RequestId: de4a2fe1-be86-40b7-a59d-151aac19c1f0 Version:
$LATEST
END RequestId: de4a2fe1-be86-40b7-a59d-151aac19c1f0
REPORT RequestId: de4a2fe1-be86-40b7-a59d-151aac19c1f0    Init
Duration: 1.30 ms    Duration: 1662.13 ms    Billed Duration: 1663
ms    Memory Size: 5000 MB    Max Memory Used: 5000 MB
{"statusCode": 200, "body": "{\"predicted_label\": 3}"}%
```

5. 在一个真实项目中，你在将解决方案部署到云端之前，会根据需要编辑 app.py 和其他文件中的源代码。我们将使用 SAM CLI 来完成这项工作，同时理解如果你想自动化这个过程，可以使用本书在多个地方讨论的 CI/CD 过程和工具，尤其是在第 4 章中讨论的内容进行部署。你可以使用 CLI 的部署向导运行 deploy 命令，这将返回以下输出：

```
sam deploy --guided
Configuring SAM deploy
======================
    Looking for config file [samconfig.toml] :  Found
    Reading default arguments  :  Success
    Setting default arguments for 'sam deploy'
    =========================================
    Stack Name [mlewp-sam-ml-api]:
```

6. 我们必须为每个提供的元素配置应用程序。在大多数情况下，我选择了默认值，但你可以根据 AWS 文档参考并选择与你的项目最相关的选项：

```
Configuring SAM deploy
```

```
======================
    Looking for config file [samconfig.toml] :  Found
    Reading default arguments  :  Success
    Setting default arguments for 'sam deploy'
    =========================================
    Stack Name [mlewp-sam-ml-api]:
    AWS Region [eu-west-2]:
    #Shows you resources changes to be deployed and require a 'Y' to
initiate deploy
    Confirm changes before deploy [Y/n]: y
    #SAM needs permission to be able to create roles to connect to
the resources in your template
    Allow SAM CLI IAM role creation [Y/n]: y
    #Preserves the state of previously provisioned resources when an
operation fails
    Disable rollback [y/N]: y
    InferenceFunction has no authentication. Is this okay? [y/N]: y
    Save arguments to configuration file [Y/n]: y
    SAM configuration file [samconfig.toml]:
    SAM configuration environment [default]:
```

7. 前面的步骤将在终端生成大量数据；你可以监控这些数据以查看是否有任何错误或问题。如果部署成功，那么你应该看到一些关于应用程序的最终元数据，如下所示：

```
CloudFormation outputs from deployed stack
---------------------------------------------------------------------
-------------------------------------------------
Outputs
---------------------------------------------------------------------
-------------------------------------------------
Key                  InferenceApi
Description          API Gateway endpoint URL for Prod stage for
Inference function
Value                https://8qg87m9380.execute-api.eu-west-2.
```

```
amazonaws.com/Prod/classify_digit/
Key                  InferenceFunctionIamRole
Description          Implicit IAM Role created for Inference function
Value                arn:aws:iam::508972911348:role/mlewp-sam-ml-api-
InferenceFunctionRole-1UE509ZXC1274
Key                  InferenceFunction
Description          Inference Lambda Function ARN
Value                arn:aws:lambda:eu-west-
2:508972911348:function:mlewp-sam-ml-api-InferenceFunction-
ueFS1y2mu6Gz
-----------------------------------------------------------------
-----------------------------------------------
```

8. 为了快速确认云托管的解决方案是否正常工作，我们可以使用像 Postman 这样的工具来访问我们全新的 ML API。我们只需从第 8 步的输出屏幕复制 InferenceApi URL 作为请求的目的地，选择 POST 作为请求类型，然后选择 binary 作为正文类型。请注意，如果你需要获取推理 URL，可以在终端中再次运行 sam list endpoints --output json 命令。然后，你可以选择一个手写数字的图像，或者任何其他图像，发送到 API。你可以在 Postman 中通过选择 binary 正文选项并附加图像文件，或者你可以复制图像的编码字符串。在图 6-14 中，

图 6-14　使用 Postman 调用我们的无服务器 ML 端点

我使用了 events/event.json 文件中的 body 键值对中的编码字符串，我们之前用它来本地测试函数。这使用了一个编码过的示例图像作为请求体，该请求体是与 SAM XGBoost ML API 模板一起提供的。

9. 你也可以通过类似以下的 curl 命令进行更多的程序化测试——只需将图像的编码二进制字符串替换为相应的值，或者编辑命令指向数据二进制文件，你就可以开始了：

```
curl --location --request POST 'https://8qg87m9380.execute-api.eu-
west-2.amazonaws.com/Prod/classify_digit/' \
--header 'Content-Type: raw/json' \
--data '<ENCODED_IMAGE_STRING>'
```

在这一步和第 9 步中，Lambda 函数的响应体如下所示：

```
{
    "predicted_label": 3
}
```

就是这样，我们刚刚在 AWS 上构建并部署了一个简单的无服务器 ML 推理服务！

在接下来的章节中，我们将涉及本章讨论的最后一种扩展解决方案，即使用 Kubernetes（K8s）和 Kubeflow 来水平扩展容器化应用程序。

使用 Kubernetes 实现大规模容器化

我们已经介绍了如何使用容器构建和部署我们的 ML 解决方案。下一步是了解如何编排和管理多个容器，以便规模化部署和运行应用程序。这就是开源工具 Kubernetes（K8s）发挥作用的地方。

Kubernetes（K8s）是一个极其强大的工具，提供了各种不同的功能，帮助我们创建和管理高度可扩展的容器化应用程序。其包括（但不限于）以下功能：

- 负载均衡：K8s 将负责传入流量路由到你的容器，以确保负载均衡，使流量分配均匀。

- 水平扩展：K8s 提供了简单的接口，让你可以控制任何时候容器实例的数量，允许你根据需要进行大规模扩展。
- 自我修复：K8s 提供内置的管理功能，用于替换或重新调度未通过健康检查的组件。
- 自动回滚：K8s 存储系统的历史记录，以便在出现问题时可以回滚到先前的工作版本。

所有这些功能有助于确保你部署的解决方案在任何情况下都能稳健地运行，并且能够按照要求进行执行。

K8s 的设计旨在通过使用微服务架构，从底层开始确保前述功能被嵌入其中，其中控制平面与节点（服务器）交互，每个节点托管着运行你应用程序组件的 Pod（一个或多个容器）。

K8s 最重要的功能之一是通过创建基本解决方案的副本，根据负载来扩展应用程序的能力。如果你正在构建具有 API 端点的服务，并且可能在不同时间面临需求激增，这将非常有用。你要了解如何实现这一点的一些方法，请参阅 https://kubernetes.io/docs/concepts/workloads/ controllers/deployment/#scaling-a-deployment。K8s 架构如图 6-15 所示。

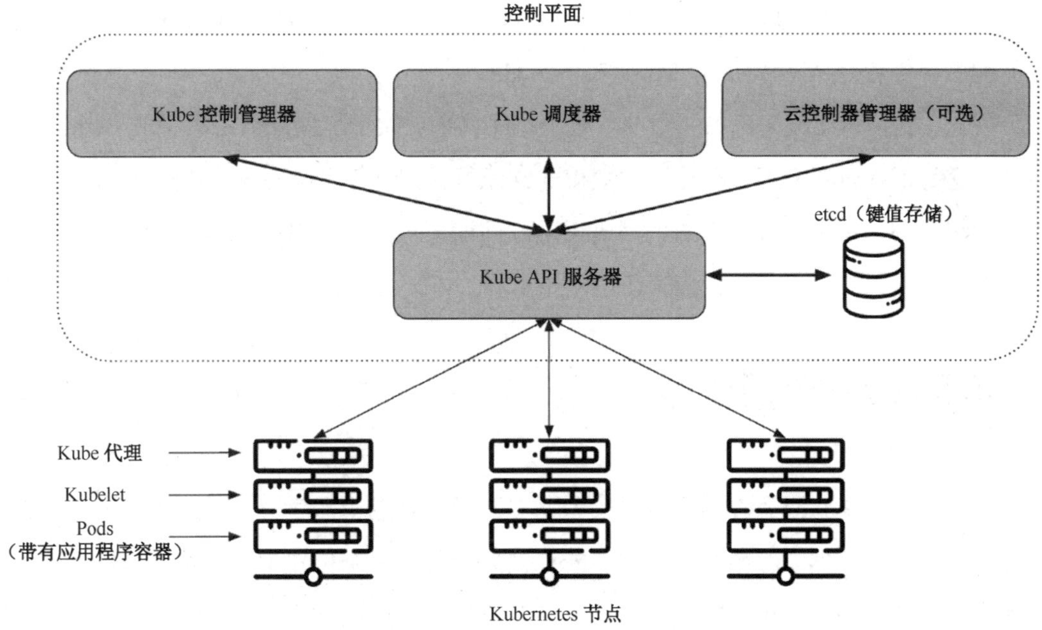

图 6-15　K8s 架构

但是对于机器学习方面，我们可以看看 K8s 生态系统中的一个更新的组件：Kubeflow，在第 5 章中我们学习了如何使用它。

Kubeflow 将自己定位为 K8s 的机器学习工具包（https://www.kubeflow.org/），因此作为机器学习工程师，了解这个快速发展的解决方案是有意义的。这是一个非常令人兴奋的工具，并且是一个活跃的开发领域。

在这里，K8s 的水平扩展概念通常仍然适用，但 Kubeflow 提供了一些标准化工具，用于将你构建的管道转换为标准的 K8s 资源，然后可以像之前描述的方式进行管理和分配资源。这有助于减少样板代码，并让我们作为机器学习工程师专注于构建建模逻辑，而不是设置基础架构。第 5 章中，我们构建了一些示例管道时就利用了这一点。

我们将在第 8 章中更详细地探讨 Kubernetes，在那里我们会使用它来扩展我们自己封装的 ML 模型以创建 REST API。这能够很好地补充本章关于可用于扩展的更高级抽象的工作，特别是在"快速启动无服务器基础设施"部分。在这里，我们只会简要提及 K8s 和 Kubeflow，以确保你了解这些工具供你进一步探索。如果你要了解更多关于 K8s 和 Kubeflow 的详细信息，请查阅文档。我还建议阅读 Packt 出版的另一本名为《Kubernetes 生产最佳实践》的书，作者是 Aly Saleh 和 Murat Karslioglu。

现在，我们将继续讨论另一个非常强大的工具包，用于扩展计算密集型的 Python 工作负载，它目前在机器学习工程社区中变得非常流行，并被像 Uber、亚马逊甚至 OpenAI 这样的组织使用，用于训练他们的大型语言生成预训练转换器（GPT）模型，在第 7 章中我们将对此进行详细讨论。让我们来了解一下 Ray。

使用 Ray 进行扩展

Ray 是一个 Python 原生的分布式计算框架，旨在帮助机器学习工程师满足大规模数据和高度可扩展的机器学习系统的需求。Ray 的宗旨是为每个机器学习开发者提供可扩展的计算资源，并以一种抽象化的方式实现，使其可以在任何地方运行，而无须关注底层基础设施的所有交互。Ray 具有一个分布式调度器的独特特性，与 Spark 中运行在中心进程的调度器或 DAG 创建机制不同。Ray 从一开始就被设计用于处理计算密集型任务，例如 ML 模型训练，这与 Apache Spark 针对数据密集型任务的设计略有不同。因此，你可以简化地考虑这一点：如果你需要多次处理大量数据，则使用 Spark；如果你需要多次处理一条数据，则使用 Ray。这只是一个启发式的想法，不必严格遵循，但希望它能给你提供一个有用的经验法则。举例来说，如果你需要在大批处理过程中转换数百万行数据，则使用 Spark 可能更合适；但如果你想要在相同的数据上训练机器学习模型，包括超参数调整，则使用 Ray 可能更合适。

这两个工具可以相当有效地结合使用，Spark 可以在特征集转换后将其输入到 Ray 的 ML 训练工作负载中。这一点尤其由 Ray AI Runtime（AIR）负责，它有一系列不同的库，可以帮助扩展 ML 解决方案的不同部分，如图 6-16 所示。这些包括以下几方面：

- Ray Data：专注于提供数据预处理和转换的基本操作。
- Ray Train：用于促进大规模模型训练。
- Ray Tune：帮助进行可扩展的超参数训练。
- Ray RLib：支持强化学习模型开发的方法。
- Ray Batch Predictor：用于批量推理。
- Ray Serving：用于实时推理。

AIR 框架提供了一个统一的 API，通过这个 API 可以与所有这些功能进行交互，并且与你熟悉的大量标准 ML 生态系统很好地集成，我们在本书中已经利用了这些生态系统。

Ray Core API 具有一系列不同的对象，你在使用 Ray 时可以利用这些对象来分发你的解决方案，如图 6-17 所示。首先是任务（tasks），它们是系统执行的异步工作项。如果你要定义一个任务，可以使用以下 Python 函数：

```
def add(int: x, int: y) -> int:
    return x+y
```

然后，你需要添加@remote 装饰器，并使用.remote( )语法将此任务提交到集群。这不是一个阻塞函数，因此只会返回一个 ID，Ray 会在后续计算步骤中使用该 ID 来引用任务（https://www.youtube.com/live/XME90SGL6Vs?feature=share&t=832）。

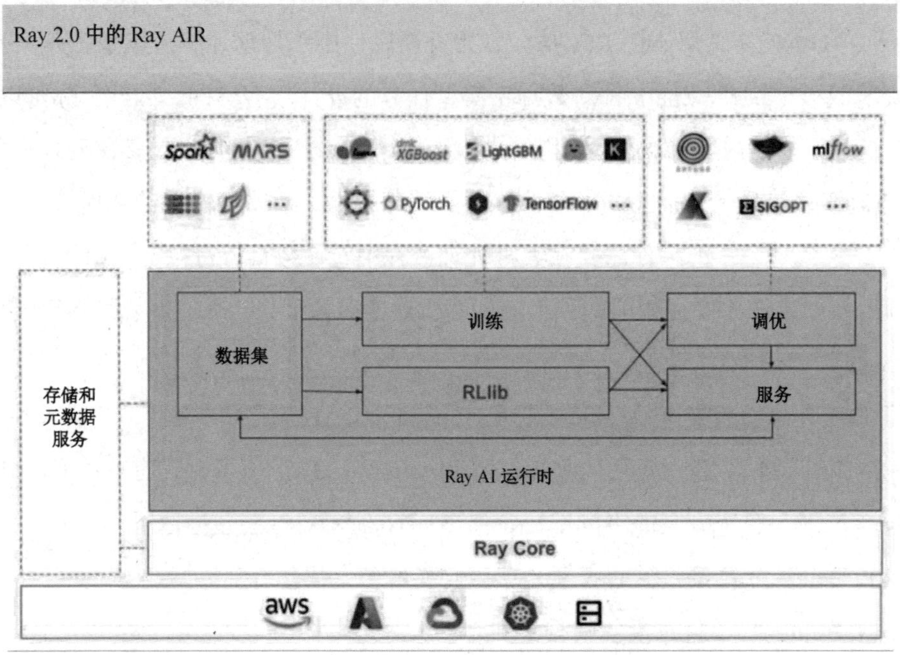

图 6-16　Ray AI 运行时，来自 Anyscale 的 Jules Damji 的演示

（https://microsites.databricks.com/sites/default/files/2022-07/Scaling%20AI%20Workloads%20with%20the%20Ray%20Ecosystem.pdf）

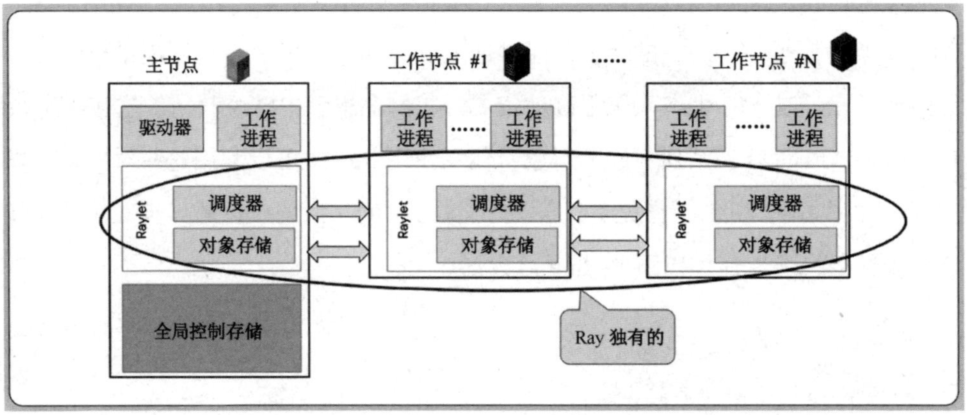

图 6-17　Ray 架构，包括 Raylet 调度器（来源：Jules Damji 的演示）

（https://microsites.databricks.com/sites/default/files/2022-07/Scaling%20AI%20Workloads%20with%20the%20Ray%20Ecosystem.pdf）

```
import ray

@remote
def add(int: x, int: y) -> int:
    return x+y
add.remote()
```

同样地，Ray API 也可以将相同的概念扩展到类中。在这种情况下，它们被称为 Actors：

```
import ray

@ray.remote
class Counter(object):
    def __init__(self):
        self.value = 0
    def increment(self):
        self.value += 1
        return self.value
    def get_counter(self):
        return self.value

# 创建一个从这个类中生成的Actor。
counter = Counter.remote()
```

最后，Ray 还拥有一个分布式的不可变对象存储。这是一种有效的方式，可以在集群的所有节点之间共享一个数据存储，而无须移动大量数据并消耗带宽。你可以使用以下语法将数据写入对象存储：

```
import ray

numerical_array = np.arange(1,10e7)
obj_numerical_array = ray.put(numerical_array)
new_numerical_array = 0.5*ray.get(obj_numerical_array)
```

重要提示

在本章的内容中，Actor 是一个服务或有状态的工作进程，这个概念在其他分布式框架中也有使用，比如运行在 JVM 上并具有与 Java 和 Scala 绑定的 Akka。

开始使用 Ray 进行机器学习

要开始使用 Ray 进行机器学习，你可以通过运行以下命令安装 Ray 与 AI Runtime，以及一些超参数优化包、中央仪表板和增强的 Ray XGBoost 实现：

```
pip install "ray[air, tune, dashboard]"
pip install xgboost
pip install xgboost_ray
```

重要提示

在这本书中，当你看到 pip install 时，请记住你也可以使用 Poetry，如第 4 章中所述。因此，在这种情况下，你可以在运行 poetry new project_name 后使用以下命令：

```
poetry add "ray[air, tune, dashboard]"
poetry add xgboost
poetry add pytorch
```

让我们首先看一下 Ray Train，它提供了一系列 Trainer 对象的 API，有助于促进分布式训练。在撰写本文时，Ray 2.3.0 支持多种不同框架的训练器，包括以下几方面：

- 深度学习：Horovod、TensorFlow 和 PyTorch。
- 基于树的方法：LightGBM 和 XGBoost。
- 其他：Scikit-learn、HuggingFace 和 Ray 的强化学习库 RLlib。

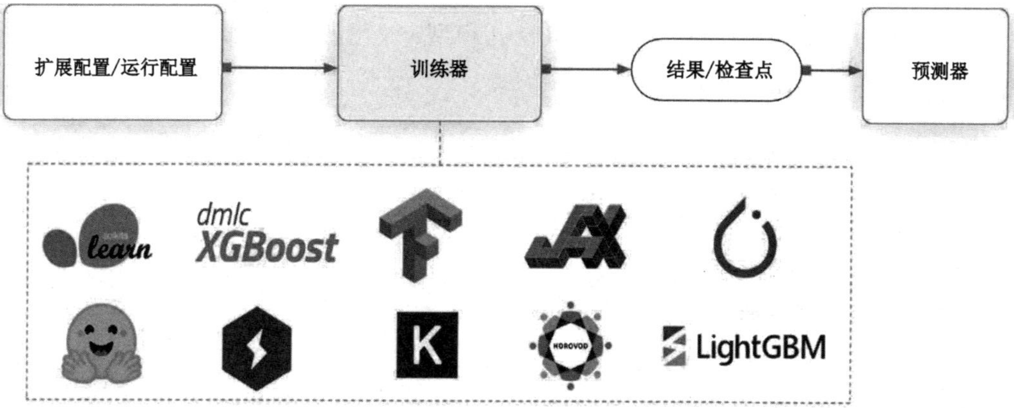

图 6-18 Ray 训练器（来自 Ray 文档：https://docs.ray.io/en/latest/train/train.html）

我们首先来看一个使用 XGBoost 的基于树的学习器示例。打开一个脚本并开始添加内容；在代码库中，这称为 getting_started_with_ray.py。以下内容基于 Ray 文档中提供的入门示例。首先，我们可以使用 Ray 下载一个标准数据集；如果需要的话，我们也可以使用 sklearn.datasets 或其他来源，就像我们在本书的其他地方所做的那样：

```
import ray

dataset = ray.data.read_csv("s3://anonymous@air-example-data/breast_
                           cancer.csv")
train_dataset, valid_dataset = dataset.train_test_split(test_size=0.3)
test_dataset = valid_dataset.drop_columns(cols=["target"])
```

请注意，这里我们使用了 ray.data.read_csv( )方法，它返回一个 PyArrow 数据集。Ray API 还有其他方法可以读取其他数据格式，比如 JSON 或 Parquet，以及来自 MongoDB 或你自己的定制数据源的数据。

接下来，我们将定义一个预处理步骤，用于标准化我们想要使用的特征；有关特征工程的更多信息，你可以查看第 3 章：

```
from ray.data.preprocessors import StandardScaler

preprocessor = StandardScaler(columns=["mean radius", "mean texture"])
```

接下来是有趣的部分，我们将为 XGBoost 模型定义 Trainer 对象。这里有几个不同的参数和输入，我们现在定义如下所示：

```
from ray.air.config import ScalingConfig
from ray.train.xgboost import XGBoostTrainer

trainer = XGBoostTrainer(
    scaling_config=ScalingConfig(...),
    label_column="target",
    num_boost_round=20,
    params={...},
    datasets={"train": train_dataset, "valid": valid_dataset},
    preprocessor=preprocessor,
)
result = trainer.fit()
```

如果你在 Jupyter 笔记本或 Python 脚本中运行此代码，你将看到类似于如图 6-19 所示的输出。

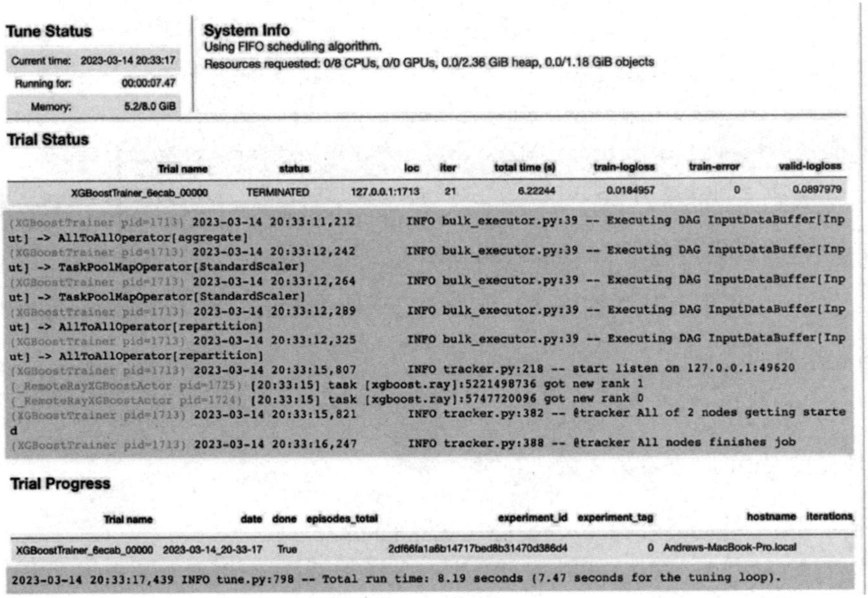

图 6-19　使用 Ray 并行训练 XGBoost 模型的输出

结果对象包含大量有用的信息；其中一个属性称为标（metrics），你能够打印它以揭示运行的最终状态。执行打印功能 [print(result.metrics)]，你将看到类似以下内容的信息：

```
{'train-logloss': 0.01849572773292735,
'train-error': 0.0, 'valid-logloss': 0.089797893552767,
'valid-error': 0.04117647058823529,
'time_this_iter_s': 0.019704103469848633,
'should_checkpoint': True,
'done': True,
'timesteps_total': None,
'episodes_total': None,
'training_iteration': 21,
'trial_id': '6ecab_00000',
'experiment_id': '2df66fa1a6b14717bed8b31470d386d4',
'date': '2023-03-14_20-33-17',
'timestamp': 1678825997,
'time_total_s': 6.222438812255859,
'pid': 1713,
'hostname': 'Andrews-MacBook-Pro.local',
'node_ip': '127.0.0.1',
'config': {},
'time_since_restore': 6.222438812255859,
'timesteps_since_restore': 0,
'iterations_since_restore': 21,
'warmup_time': 0.003551006317138672, 'experiment_tag': '0'}
```

在 XGBoostTrainer 的实例化中，我们定义了一些重要的缩放信息，但在先前的示例中被省略了。其内容如下：

```
scaling_config=ScalingConfig(
    num_workers=2,
    use_gpu=False,
    _max_cpu_fraction_per_node=0.9,
)
```

num_workers 参数告诉 Ray 启动多少个 actor，每个 actor 默认获得一个 CPU。由于我们在这里不使用 GPU 加速，因此将 use_gpu 标志设置为 false。最后，通过将 _max_cpu_fraction_per_node 参数设置为 0.9，我们在每个 CPU 上留下了一些空闲容量，可用于其他操作。

在前一个示例中，我们还提供了一些特定的 XGBoost 参数：

```
params={
    "objective": "binary:logistic",
    "eval_metric": ["logloss", "error"],
}
```

如果你想要为 XGBoost 训练使用 GPU 加速，就需要在参数字典中添加一个键值对 tree_method: 'gpu_hist'。通过几次实验，我在笔记本电脑上（一台 8 核的 MacBook Pro）改变可用工作进程数和每个工作进程可用的 CPU 数量，结果显示了不同的 XGBoost 训练时间。

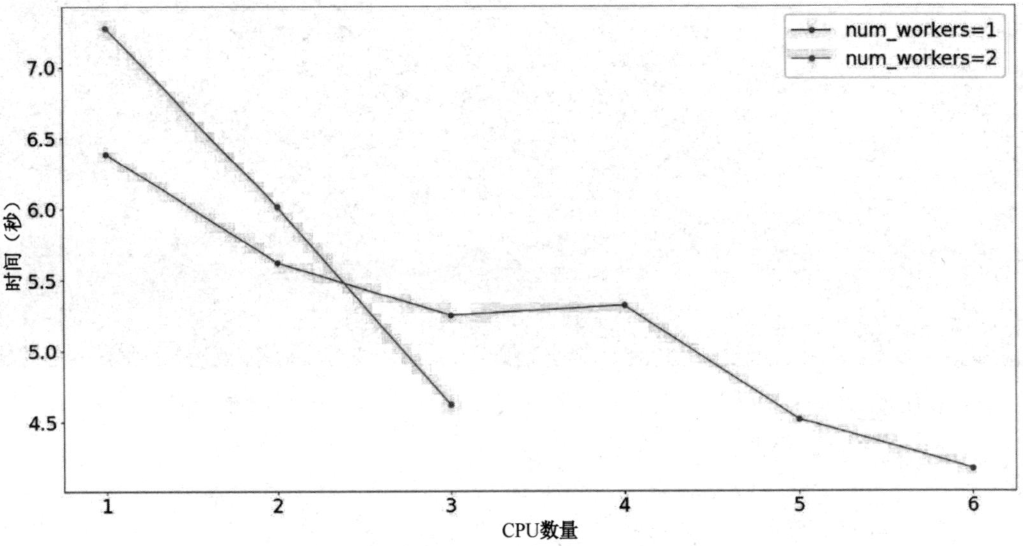

图 6-20　实验结果显示的不同 XGBoost 训练时间

我们现在简要讨论一下，在除了你的本地计算机以外的环境中，如何使用 Ray 来扩展计算。

扩展计算资源以支持 Ray

截至目前，我们看到的示例使用了一个本地的 Ray 集群，在第一次调用 Ray API 时会自动设置。这个本地集群会获取你机器上所有可用的 CPU，并将它们用于执行工作。显然，这只能带来有限的好处。下一步是使用可以扩展到更多可用工作进程的集群，以获得更多的加速效果。如果你想这样做，有几个选项具体如下：

- 在云端：Ray 提供了将应用部署到谷歌云平台和 AWS 资源的能力，而 Azure 部署则由社区维护的解决方案处理。有关在 AWS 上部署和运行 Ray 的更多信息，请查阅其在线文档。
- 使用 Kubernetes：我们已经在第 5 章遇到了 Kubeflow，它用于构建启用了 Kubernetes 的 ML 管道。在本章的“使用 Kubernetes 进行规模容器化”部分中，我们也讨论了 Kubernetes。如上所述，Kubernetes 是一个容器编排工具包，旨在基于容器创建高度可扩展的解决方案。如果你想在 Kubernetes 上使用 Ray，那么你可以使用 KubeRay 项目，网址是 https://ray-project.github.io/kuberay/。

如果在云端或 Kubernetes 上设置 Ray 主要涉及定义集群配置及其扩展行为，那么一旦完成了这一步，Ray 的美妙之处在于，扩展你的解决方案就像简单地编辑我们在前面示例中使用的 ScalingConfig 对象一样，而你可以保持其他所有代码不变。例如，如果你有一个由 20 个节点组成的 CPU 集群，就可以简单地将定义更改为以下内容，并像以前一样运行它：

```
scaling_config=ScalingConfig(
    num_workers=20,
    use_gpu=False,
    _max_cpu_fraction_per_node=0.9,
)
```

使用 Ray 扩展你的服务层

我们已经讨论了如何使用 Ray 来分布式训练机器学习模型，现在让我们看看如何利用 Ray 来帮助你扩展应用程序层。正如之前提到的，Ray AIR 提供了一些很好的功能，这些功能被标记为 Ray Serve。

Ray Serve 是一个与框架无关的库，它可以帮助你根据你的模型轻松定义机器学习端点。与我们之前交互的 Ray API 的其他部分一样，它被设计为可以提供轻松的互操作性和访问扩展能力，而不需要大量的开发成本。

在前几节的示例基础上，假设我们已经训练了一个模型，并将其存储在适当的注册表中，例如 MLflow，并且我们已经检索到了这个模型并将其保存在内存中。

在 Ray Serve 中，我们通过使用@ray.serve.deployments 装饰器来创建部署。这些部署包含了我们希望用于处理传入的 API 请求的逻辑，包括通过我们构建的任何机器学习模型。举个例子，让我们构建一个简单的包装类，使用类似于我们在上一个示例中使用的 XGBoost 模型，根据通过请求对象传入的一些预处理特征数据进行预测。首先，Ray 文档鼓励使用 Starlette 请求库：

```
from starlette.requests import Request
import ray
from ray import serve
```

接下来，我们可以定义这个简单的类，并使用 serve 装饰器来定义服务。我将假设从 MLflow 或任何其他模型存储位置提取的逻辑已经封装到下面代码块中的实用函数 get_model 中：

```
@serve.deployment
class Classifier:
    def __init__(self):
        self.model = get_model()
    async def __call__(self, http_request: Request) -> str:
        request_payload = await http_request.json()
        input_vector = [
            request_payload["mean_radius"],
            request_payload["mean_texture"]
        ]
        classification = self.model.predict([input_vector])[0]
        return {"result": classification}
```

然后，你可以将其部署到现有的 Ray 集群中。

至此，我们对 Ray 的介绍告一段落。接下来，我们将以设计大规模系统的最后一轮讨论作为结束，然后对我们所学的内容进行总结。

设计大规模系统

在第 5 章以及本章所呈现的理念基础上，我们现在应该考虑一些方法，这些方法是我们讨论过的扩展能力，可以在你的机器学习工程项目中发挥最大效能。

整体扩展的概念应该被理解为提供分析或推理的吞吐量增加，或者可以处理的最终数据规模的增加。至少在大多数情况下，你能开发的分析和解决方案的种类并没有真正的差异。这意味着，即使我们考虑到使用这些工具带来的任何开销，成功应用扩展工具和技术更多地取决于选择将从中受益的正确流程。这就是我们目前要在这个部分讨论的内容，以便你在做出自己的扩展决策时，有几个指导原则可以参考。

正如本书中多次讨论的，你为机器学习项目开发的流程通常需要包含以下几个任务阶段：

- 数据摄取/预处理
- 特征工程（如果与上述步骤不同）
- 模型训练
- 模型推断
- 应用层

并行化或分布式处理在许多步骤中都能提供帮助，但通常以不同的方式。对于摄取/预处理，如果你在大型定时批处理环境中操作，那么以分布式方式扩展处理更大数据集的能力将带来巨大好处。一方面，在这种情况下，使用 Apache Spark 将是明智的选择。对于特征工程，主要瓶颈同样在于一次性处理大量数据进行转换，因此 Spark 在这里也很有用。我们在第 3 章中详细讨论的计算密集型的机器学习模型训练步骤，非常适合优化这种密集计算的框架，不管数据大小如何。这就是之前章节中讨论的 Ray 的用武之地。Ray 意味着你也可以整齐地并行化你的超参数调优（如果你需要的话）。请注意，你也可以在 Spark 中运行这些步骤，但 Ray 的低任务开销和其分布式状态管理意味着它特别适合拆分这些计算密集型任务。另一方面，Spark 有集中式状态和调度管理。最后，当涉及推理和应用层，我们产生并展示 ML 模型的结果时，需要考虑特定用例的要求。例如，如果你想将你的模型作为一个 REST API 端点提供服务，我们在前一节中展示了 Ray 的分布模型和 API 如何轻松地帮助实现这一点，但在 Spark 中这样做是没有意义的。然而，如果模型结果需要大批量生成，那么使用 Spark 或 Ray 可能是有意义的。此外，正如在特征工程和摄取步骤中提到的，如果最终结果也需要大批量转换，比如转换成特定的数据模型，如星型模式，那么由于这项任务的数据规模要求，再次使用 Spark 进行转换可能是有意义的。

让我们通过考虑来自行业的一个潜在示例来使其更具体化。许多具有零售业务的组织将分析交易和客户数据，以确定客户是否可能流失。让我们探讨一些设计和开发此解决方案的决策，特别关注使用本章涵盖的工具和技术进行扩展的问题。

首先是数据的摄入。对于这种情况，我们假设客户数据，包括与不同应用程序和系统的交互，在每个工作日结束时进行处理，并且包含数百万条记录。这些数据包含数值和分类值，需要进行处理以输入下游的机器学习算法中。如果数据按日期分区，并且可能还按数据的某些其他特征进行分区，那么这非常适合使用 Spark，因为你可以将其读入 Spark DataFrame 并使用分区来并行化数据处理步骤。

接下来，我们会进行特征工程。如果在第一步中我们使用了 Spark DataFrame，那么我们可以使用本章前面讨论过的基本 PySpark 语法应用我们的转换逻辑。例如，如果我们想要应用一些来自 Scikit-Learn 或其他机器学习库的特征转换，就可以将其包装在 UDF 中，并按照我们需要的规模应用。然后，可以使用 PySpark API 将数据导出作为我们选择的数据格式。对于客户流失模型，这可能意味着对分类变量进行编码和对数值变量进行缩放的组合，符合第 3 章“从模型到模型工厂”中探讨的技术。

现在转向模型训练，我们从数据密集型任务转向计算密集型任务。这意味着自然而然地开始使用 Ray 进行模型训练，因为你可以轻松设置并行任务，使用不同的超参数设置训练多个模型，并分发训练步骤。对于训练深度学习或基于树的模型，Ray 的使用有额外的优势，因为这些算法适合并行化处理。因此，如果我们正在使用 Spark ML 中的其中一个可用模型进行分类，那么这可以在几行代码中完成，但如果我们使用其他方法，则可能需要开始封装 UDFs。Ray 对库的依赖性要小得多，但是如果我们使用 PyTorch 或 TensorFlow 中的神经网络，或者使用 XGBoost 或 LightGBM，那么这些更自然地可以并行化，因此就会获得更大的收益。

最后，我们来谈谈模型推断的步骤。在批处理设置中，目前对于推荐的框架，还不太清楚哪些是最合适的选择。使用用户自定义函数（UDF）或核心 PySpark API，你可以利用 Apache Spark 和你的 Spark 集群，轻松地创建一个相当可扩展的批量预测阶段。这主要是因为在大批量数据上进行预测实际上就是另一种大规模数据转换，而 Spark 在这方面表现出色。然而，如果你想要将模型作为一个端点服务，可以跨集群扩展，这时候 Ray 就展现出了非常简单易用的能力，正如在“使用 Ray 扩展你的服务层”部分所展示的那样。Spark 没有提供以这种方式创建端点的功能，而且为了让 Spark 作业正常运行所需的调度和任务开销，意味着在接收请求的小数据包上运行 Spark 并不划算。

对于客户流失的示例，这意味着如果我们想要对整个客户群进行流失分类，Spark 提供了一个很好的方式来处理所有这些数据，并利用底层数据分区等概念。你仍然可以在 Ray 中完成这项任务，但是底层 API 可能意味着需要更多的工作。需要注意的是，我们可以使用许多其他机制来创建这个服务层，就像在第 5 章“部署模式和工具”中讨论的那样，以及本章关于启动无服务器基础设施的部分。此外，第 8 章“构建 ML 微服务”还将详细介绍如何使用 Kubernetes 来扩展 ML 端点的部署。

最后，我将最后一个阶段称为应用层，以涵盖解决方案中输出系统与下游系统之间的任何“最后一英里”集成。在这种情况下，Spark 实际上没有什么作用，因为它可以被视为一个大规模数据转换引擎。另外，Ray 更多地体现了一种一般性 Python 加速的理念，因此，如果你的应用程序后端有一些任务可以从并行化中受益，比如数据检索、一般计算、模拟或其他一些流程，那么你仍然可以某种方式使用 Ray，尽管可能还有其他可用的工具。因此，在客户流失的例子中，Ray 可以用于在个别客户的级别上执行并行分析，然后通过 Ray Serve 端点提供结果。

通过这个概要示例，我们的目的是强调在你的机器学习工程项目中，你可以在哪些环节做出选择以有效进行扩展。我喜欢说，通常没有绝对正确的答案，但往往有明显错误的答案。我的意思是，通常有多种构建良好解决方案的方式都是合理的，可能会利用不同的工具，重要的是要避免最严重的陷阱和死胡同。希望这个示例能够说明你如何将这种思维应用于扩展你的机器学习解决方案。

重要提示

虽然我在 Spark 和 Ray 之间提出了许多问题，并提到了 Kubernetes 作为更基本的基础架构扩展选项，但现在通过使用 RayDP，你可以将 Spark 和 Ray 结合起来。这个工具包现在允许你在 Ray 集群上运行 Spark 作业，因此它很好地允许你仍然将 Ray 作为基础扩展层，但在其擅长的领域利用 Spark API 和功能。RayDP 在 2021 年推出，并正在积极开发中，因此这绝对是一个值得关注的功能。有关更多信息，请参见项目存储库：https://github.com/oap-project/raydp。

这就结束了我们对如何开始将我们讨论过的一些扩展技术应用于我们的机器学习用例的探讨。

现在，我们将用简要总结来结束本章，概括一下我们在本章中所涵盖的内容。

本章小结

本章中，我们讨论了如何将我们在前几章中构建的机器学习解决方案扩展到更大的数据量或更多的预测请求。为此，我们主要关注了 Apache Spark，因为它是最受欢迎的通用分布式计算引擎。在讨论 Apache Spark 时，我们重新审视了本书中之前使用过的一些编码模式和语法。通过这样做，我们对在 PySpark 中开发时如何以及为什么做某些事情有了更深入的理解。我们详细讨论了 UDF（用户自定义函数）的概念，以及如何利用它们创建高度可扩展的机器学习工作流程。

接着，我们探讨了如何通过 AWS 提供的 EMR 服务在云端使用 Spark。然后，我们看了一些其他扩展解决方案的方式，即通过无服务器架构和使用容器进行水平扩展。在前一种情况下，我们演示了如何使用 AWS Lambda 构建用于提供机器学习模型的服务，这使用了 AWS SAM 框架提供的标准模板；我们提供了如何使用 K8s 和 Kubeflow 水平扩展 ML 管道的高级概览，以及使用这些工具的其他好处。接着是涵盖 Ray 并行计算框架的部分，我们展示了如何使用其相对简单的 API 在异构集群上扩展计算，以加速你的机器学习工作流程。Ray 现在是 Python 中最重要的可扩展计算工具包之一，并且已被用于训练一些全球最大的模型，包括 OpenAI 的 GPT-4 模型。

下一章中，我们将继续探讨本章所讨论的扩展思想，讨论你可以构建的最大机器学习模型：深度学习模型，包括大型语言模型（LLM）。我们将在下一章中讨论的一切都是建立在对本章所涵盖的技术进行考虑的基础上的。而很多时候，只有通过有效地利用这些技术，我们才能充分发挥它们的作用。关于如何扩展你的机器学习解决方案的问题也将在第 8 章"构建 ML 微服务"中重新讨论，在那里我们将重点介绍如何使用 Kubernetes 对 ML 微服务进行横向扩展。这样一来，就会很好地补充我们在这里对大规模批处理工作负载扩展的工作，并向你展示如何扩展更多实时工作负载。另外，在第 9 章"构建一个提取、转换、机器学习用例"中，我们讨论的许多扩展话题都是先决条件；因此，我们在这里所涵盖的一切都为你充分利用本书其他内容提供了良好的基础。因此，凭借着所有这些新知识，让我们去探索已知最大模型的世界吧。

加入我们在 Discord 上的社区

加入我们的社区 Discord 空间，与作者和其他读者进行讨论：https://packt.link/mle。

第 7 章 深度学习、生成人工智能和 LLMOps

世界正在迅速变化。截至 2023 年年中，机器学习（ML）和人工智能（AI）已以一种前所未有的方式进入公众视野，这在几个月前还似乎是不可想象的。随着 2022 年年末 ChatGPT 的推出，以及来自世界各地实验室和组织的一系列新工具，现在有数亿人每天都在使用 ML 解决方案来创建、分析和发展。此外，创新似乎只会越来越快，几乎每天都会有一个新的破纪录模型或新工具的公告。ChatGPT 只是现在所谓的生成人工智能（generative AI 或 GenAI）的一个例子。虽然 ChatGPT、必应 AI 和谷歌巴德是文本生成 AI 工具的例子，但在图像领域也有 DALL-E 和 Midjourney，现在还有一整套结合了这些和其他类型数据的多模态模型。考虑到全球领先 AI 实验室正在开发的模型和不断发展的生态系统的复杂性，很容易感到不知所措。但不要担心，本章就是要回答一个问题："作为一名新兴的 ML 工程师，这对于我意味着什么？"

本章中，我们将采用与书中其他章节相同的策略，专注于核心概念，建立坚实的基础，让你能够在未来的项目中长期使用。我们将从深度学习的基本算法方法开始，自 21 世纪前 10 年以来一直是许多前沿机器学习发展的核心。然后，我们将讨论如何构建和托管你自己的深度学习模型，接着转向 GenAI。在这里，我们将探索一般的场景，然后深入研究 ChatGPT 和其他强大的文本模型，即大型语言模型（LLM）的背后方法。

接下来，我们将平稳过渡到探索如何将 ML 工程和 MLOps 应用于 LLM，同时讨论这些带来的新挑战。这个领域是如此新颖，以至于本章中的许多内容都反映了我在撰写时的观点和理解。作为 ML 社区，我们现在才开始界定对于这些模型的最佳实践是什么，因此在接下来的几页中，我们将共同为这个全新的世界做出贡献。希望你们享受这段旅程！

我们将在接下来的几节中覆盖所有这些内容：

- 深入探讨深度学习
- 使用大型语言模型进行大规模处理
- 利用 LLMOps 构建未来

深入探讨深度学习

这本书中，截至目前我们主要研究了相对“经典”的机器学习（ML）模型，这些模型依赖于多种不同的数学和统计方法来从数据中学习。总体而言，这些算法并没有基于任何关于学习的生物学理论进行建模，它们的核心动机是通过不同的方式来明确优化损失函数。读者可能会知道的另一种略有不同的方法，我们在第 3 章“从模型到模型工厂”中关于掌握学习的方法部分简要提到过，那就是人工神经网络（ANN）所采用的方法，它起源于 20 世纪 50 年代，基于大脑中神经元活动的理想化模型。ANN 的核心概念是通过连接相对简单的计算单元，称为神经元或节点（模仿生物神经元），我们可以构建能够有效模拟任何数学函数的系统（详见下方信息框）。在这种情况下，神经元是系统的一个小型组件，它将基于输入以及使用某种预定的数学公式对输入进行转换后返回一个输出。它们本质上是非线性的，当组合在一起时可以很快开始模拟相当复杂的数据。人工神经元可以被想象成按层排列的，其中一层的神经元与下一层的神经元相连接。在小型神经网络层面，即神经元数量不多且层数不多的情况下，我们在本书中讨论过的许多关于重新训练和漂移检测的技术仍然适用，无须修改。当我们进入拥有许多层和神经元的 ANN，即所谓的深度神经网络（DNN）时，我们就必须考虑一些额外的概念，这将在本节中进行介绍。

> 神经网络代表各种函数的能力，其理论基础在于所谓的通用逼近定理。这些是严格的数学结果，证明了多层神经网络可以逼近各类数学函数，达到任意精度的水平。这些结果并没有指出哪些具体的神经网络能够做到

> 这一点，但它们告诉我们，只要有足够的隐藏神经元或节点，我们可以确信只要有足够的数据，应该能够表示我们的目标函数。这些定理的一些最重要的结果是在 20 世纪 80 年代末的论文中确立的，如 Hornik K.、Stinchcombe M. 和 White H.（1989）的《多层前馈网络是通用逼近器》，神经网络，2（5），359-366 页，以及 Cybenko G.（1989）的《通过 Sigmoidal 函数的叠加进行逼近》，控制、信号与系统数学，2（4），303-314 页。

在过去几年中，深度神经网络（DNN）已经席卷了整个世界。从计算机视觉到自然语言处理，从 StableDiffusion 到 ChatGPT，现在有无数令人惊叹的 DNN 示例展示了它们正在完成曾被认为只有人类才能胜任的任务。深度学习模型的深入数学细节在其他文献中已经有很多介绍，比如经典著作《深度学习》（Goodfellow、Bengio、Courville，MIT Press，2016 年），我们在这里无法对其做出公正的评价。尽管详细的理论内容超出了本章的范围，但我将尝试概述你需要掌握的主要概念和技术，以便具备良好的工作知识，并能够开始在你的机器学习工程项目中使用这些模型。

如前所述，人工神经网络（ANN）基于从生物学借鉴的思想，就像在生物大脑中一样，ANN 是由许多个体神经元构建而成的。神经元可以被认为是提供 ANN 中计算单元的元素。神经元的工作方式是接受多个输入，然后按照指定的规则将它们组合起来产生单个输出，该输出随后可以作为另一个神经元的输入或整个模型输出的一部分。在生物学环境中，神经元的输入沿着树突传递，而输出则沿着轴突传递。

但是，输入如何转换为输出呢？我们需要整合以下概念来理解这个过程：

- 权重：网络中神经元之间的每个连接都分配有一个数值，可以将其视为连接的“强度”。在神经网络的训练过程中，权重是被调整的一组值之一，以最小化损失。这与第 3 章“从模型到模型工厂”中对模型训练的解释一致。
- 偏置：网络中的每个神经元都有另一个参数，作为激活的偏移量（如下所定义）。这个数字在训练过程中也会更新，它给了神经网络更多的自由度，以适应数据。你可以将偏置想象为将神经元的“激活”水平（或产生特定输出）偏移，因此将其作为可变值意味着神经元更具适应性。

- 输入：这些可以被视为在考虑权重或偏置之前馈送到神经元的原始数据点。如果神经元正在根据数据接收特征，则输入是特征值；如果神经元正在接收来自其他神经元的输出，则在这种情况下，这些值就是输入。
- 激活：在人工神经网络中，神经元接收多个输入；激活是输入的线性组合，乘以相应的权重，再加上偏置项。这将多个输入数据转换为一个单一的数字，然后可以用来确定神经元的输出应该是什么。
- 激活函数：激活值只是一个数字，但激活函数决定了这个数字对神经元的意义。在当今的深度学习中，有各种流行的激活函数，但重要的特征是，当这个函数作用于激活值时，它产生的数字就是神经元或节点的输出。

这些概念在图 7-1 中以图示的形式汇总展现出来。深度学习模型并没有严格的定义，但是对于我们的目的而言，只要神经网络包含三个或更多层，我们就可以将其视为深度学习模型。这意味着我们必须定义这些层的一些重要特征，接下来我们将进行说明：

- 输入层：这是神经网络的第一层，其输入是原始数据或从数据创建的准备好的特征。
- 隐藏层：这些层位于输入层和输出层之间，可以看作对数据进行主要非线性转换的地方。这通常是因为隐藏层中有大量的神经元！隐藏层中神经元的组织和连接方式是神经网络架构的关键部分。
- 输出层：输出层负责将神经网络中进行转换的结果转化成可以适当解释为手头问题的结果。举个例子，如果我们使用神经网络来对图像进行分类，那么我们需要最终的层输出指定类别的 1 或 0，或者我们可以让它输出一系列不同类别的概率。

这些概念是有用的基础知识，但我们如何在 Python 中开始应用它们呢？世界上最流行的两个深度学习框架分别是由 Google Brain 于 2015 年发布的 TensorFlow，以及由 Meta AI 于 2016 年发布的 PyTorch。本章中，我们将重点介绍使用 PyTorch 的示例，但许多概念同样适用于 TensorFlow，只需稍作修改即可。

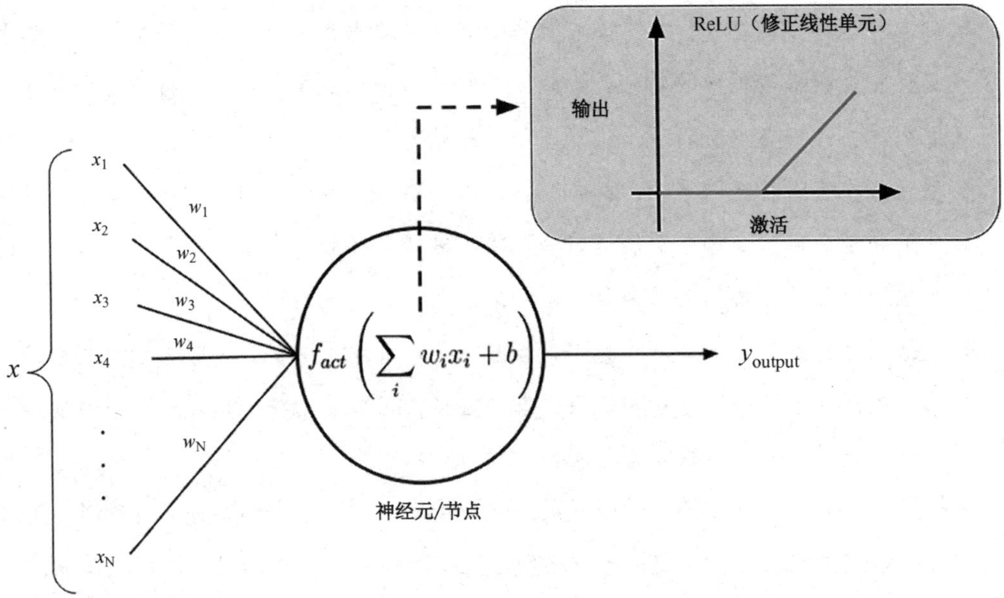

图 7-1　人工神经网络中“神经元”的示意图，展示了如何将输入数据 x 转换为输出数据 y

使用 PyTorch

首先，如果你尚未安装 PyTorch，请安装它。你可以按照 PyTorch 文档中的说明进行操作，网址为 https://pytorch.org/get-started/locally/，适用于在 MacBook 上进行本地安装，或者使用：

```
pip3 install torch
```

在使用 PyTorch 时，有一些重要的概念和特性是值得注意的：

- torch.Tensor：张量是可以由多维数组表示的数学对象，是任何现代深度学习框架的核心组件。我们馈送到网络中的数据应该被转换为张量，例如：

```
inputs = torch.tensor(X_train, dtype=torch.float32)
labels = torch.tensor(y_train, dtype=torch.long)
```

- torch.nn：这是用于定义我们的神经网络模型的主要模块。例如，我们可以使用它来定义一个基本的分类神经网络，包含三个隐藏层，每个隐藏层都使用修正线性单元

（ReLU）激活函数。在 PyTorch 中使用这种方法定义模型时，你还应该编写一个称为 forward 的方法，该方法定义了在训练过程中数据如何通过网络传递。以下代码展示了如何从 torch.nn.Module 对象继承的类中构建一个基本的神经网络。这个网络有四个线性层，每层都有 ReLU 激活函数，并且有一个简单的前向传递函数：

```
import torch
import torch.nn as nn

class NeuralNetwork(nn.Module):
    def __init__(self):
        super(NeuralNetwork, self).__init__()
        self.sequential = nn.Sequential(
            nn.Linear(13, 64),
            nn.ReLU(),
            nn.Linear(64, 32),
            nn.ReLU(),
            nn.Linear(32, 16),
            nn.ReLU(),
            nn.Linear(16, 3)
        )

    def forward(self, x):
        x = self.sequential(x)
        return x
```

- 损失函数：在 torch.nn 模块中，有一系列可以用于训练网络的损失函数。一个常见的选择是交叉熵损失，但在文档中还有许多其他选择：

```
criterion = nn.CrossEntropyLoss()
```

- torch.optim.Optimizer：这是 PyTorch 中所有优化器的基类。这允许实现第 3 章“从模型到模型工厂”中讨论的大多数优化器。

在 PyTorch 中定义优化器时，在大多数情况下，你会传入实例化模型的参数，然后传入特定优化器的相关参数。例如，如果我们使用学习率为 0.001 定义一个 Adam 优化器，可以简单地通过如下代码实现：

```
import torch.optim as optim

model = NeuralNetwork()
optimizer = torch.optim.Adam(
        model.parameters(),
        lr=0.001
)
```

- torch.autograd：请记住，训练一个机器学习模型实际上是一个优化过程，涉及线性代数、微积分以及一些统计学知识。PyTorch 使用自动微分来执行模型优化，这是一种将求解函数偏导数的问题转换为一系列易于计算但仍然能够获得良好精度的原语的方法。这与有限差分或符号微分不同。你可以通过使用损失函数并调用 backward 方法来隐式调用此过程，后者使用 autograd 来计算每个时期的权重更新的梯度；然后在优化器中调用 optimizer.step( )。在训练过程中，重置任何输入张量是很重要的，因为在 PyTorch 中张量是可变的（操作会改变它们的数据），还需要使用 optimizer.zero_grad( )来重置优化器中计算的所有梯度。基于此，一个包含 500 个时期的示例训练过程如下所示：

```
for epoch in range(500):
    running_loss = 0.0
    optimizer.zero_grad()

    inputs = torch.tensor(X_train, dtype=torch.float32)
    labels = torch.tensor(y_train, dtype=torch.long)

    outputs = net(inputs)
    loss = criterion(outputs, labels)
```

```
    loss.backward()
    optimizer.step()
```

- torch.save 和 torch.load：你可能已从它们的名称猜到这些方法的功能！但是，展示如何保存和加载你的 PyTorch 模型仍然很重要。在训练深度学习模型时，定期保存模型也很重要，因为训练过程通常需要很长时间。这称为“检查点”，意味着如果在训练过程中发生任何错误，你可以从上次保存的地方继续进行。为了保存一个 PyTorch 检查点，我们可以在训练循环中添加类似下面的语法：

```
model_path = "path/to/model/my_model.pt"
torch.save({
            'epoch': epoch,
            'model_state_dict': model.state_dict(),
            'optimizer_state_dict': optimizer.state_dict(),
            'loss': loss,
            }, model_path)
```

- 然后，为了加载模型，你需要在读取检查点对象的状态之前，初始化另一个神经网络类的实例和一个优化器对象的实例：

```
model = NeuralNetwork()
optimizer = torch.optim.Adam(model.parameters(), lr=0.001)

checkpoint = torch.load(model_path)
model.load_state_dict(checkpoint['model_state_dict'])
optimizer.load_state_dict(checkpoint['optimizer_state_dict'])
epoch = checkpoint['epoch']
loss = checkpoint['loss']
```

- model.eval( )和 model.train( )：一旦你加载了一个 PyTorch 检查点，就需要将模型设置为执行所需任务的适当模式，否则可能会出现下游问题。例如，如果你想执行测试和验证，或者你想使用模型对新数据进行推理，那么你需要在使用模型之前调用 model.eval( )。这将冻结任何批量归一化或丢弃层，因为它们在训练过程中计算统计信息并执行更新，而你在测试过程中不希望这些层处于活动状态。类似地，model.train( )确保这些层已准备好在训练过程中按预期继续执行更新。

值得注意的是，有一种比 model.eval( )更极端的设置，可以通过以下语法完全关闭上下文中的任何自动梯度功能：

```
with torch.inference_mode():
```

这可以在推理时提供额外的性能，但只应在确定不需要跟踪或执行任何梯度或张量更新时使用。

- 评估：如果你想要测试上面示例中刚刚训练的模型，就可以使用类似下面的语法计算准确率，但我们在本书中讨论的任何模型验证方法都适用！

```
inputs = torch.tensor(X_test, dtype=torch.float32)
labels = torch.tensor(y_test, dtype=torch.long)

outputs = net(inputs)
_, predicted = torch.max(outputs.data, 1)

correct = (predicted == labels).sum().item()
total = labels.size(0)

accuracy = correct / total
print('Accuracy on the test set: %.2f %%' % (100 * accuracy))
```

有了这些，你现在可以构建、训练、保存、加载和评估你的第一个 PyTorch 模型了。接下来，我们将讨论如何通过考虑将深度学习模型投入生产中所面临的一些挑战来进一步推进。

将深度学习扩展并投入生产实践

现在我们将转向如何在生产系统中运行深度学习模型。为此，我们需要考虑一些特定的要点，这些要点将 DNN 与其他经典的机器学习算法区分开来：

- 它们对数据的需求量很大：与其他机器学习算法相比，深度神经网络通常需要相对大量的数据，这是因为它们正在执行极其复杂的多维优化，每个神经元的参数都增加了自由度。这意味着要考虑从头开始训练一个深度神经网络，你必须事先做好大量的准备工作，以确保你有足够的数据，并且这些数据具有适当的多样性，以充分训练模型。数据需求通常也意味着你需要能够在内存中存储大量数据，因此这通常需要提前考虑。

- 训练更加复杂：这一点与上述内容相关，但又有微妙的不同之处。我们正在解决的非常复杂的非线性优化问题意味着在训练过程中，模型往往会以多种方式“迷失”并达到次优的局部最小值。在深度学习社区中，像我们在前一节中描述的检查点示例这样的技术是普遍存在的，因为你经常需要在某个步骤停止训练，当损失不朝着正确的方向或停滞不前时，回退并尝试一些不同的方法。
- 现在你有一个新的选择要做，那就是模型架构：DNN 与经典的 ML 算法有很大的不同，因为现在你不仅需要担心一些超参数，还需要决定神经网络的架构或形状。这通常是一个复杂的过程，可能需要对神经网络有详细地了解。即使你正在使用类似 Transformer 架构（如图 7-2 所示）这样的标准架构，也仍然应该对所有组件的功能有深入的理解，以有效地诊断和解决任何问题。像自动架构搜索这样的技术，就像第 3 章“掌握学习的方法”部分所讨论的那样，可以帮助加速架构设计，但是扎实的基础知识仍然很重要。
- 可解释性困难：近年来，对 DNN 提出的批评之一是，它们的结果很难解释。这是可以预料的，因为 DNN 的关键在于将任何问题的许多具体细节抽象成更抽象的方法。在许多情况下，这可能是可以接受的，但现在已经出现了几起 DNN 展示出不希望出现的行为，比如种族或性别偏见，这样就更难解释和纠正了。在严格管制的行业，如医疗保健或金融领域，也会出现挑战，因为你的组织可能有法律责任能够证明为何做出特定决策。如果你使用 DNN 来帮助做出这个决定，通常会相当具有挑战性。

在使用深度学习模型构建 ML 工程系统时，有哪些主要事项需要考虑呢？首先，你可以选择使用现有的预训练模型，而不是自行训练模型。当然，这会带来一些风险，需要确保模型及其输入数据的质量达到要求，因此请务必谨慎行事，进行充分的尽职调查。

然而，在许多情况下，这种方法完全没问题，因为我们可能会使用经过公开检验的模型，并且已知该模型在我们希望应用的任务上表现良好。此外，我们可能有一种情况，即我们愿意接受导入和使用这个现有模型的运营风险，前提是我们自己进行测试。让我们假设现在处于这样一个示例中，我们想要构建一个基本的管道来总结虚拟组织的客户和员工之间的一些文本对话。*Attention is all you need*一文中原始发布的Transformer架构，由Google Brain 提出，详见 https://arxiv.org/abs/1706.03762。

我们可以使用 Hugging Face transformers 库中的现成的 Transformer 模型，如图 7-2 所示。

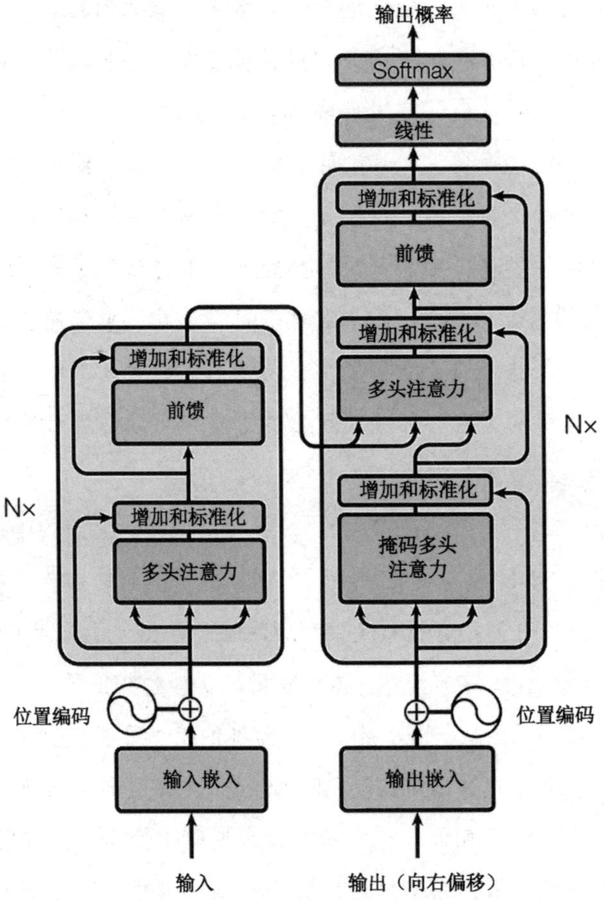

图 7-2　Transformer 模型

如果要开始使用，那么你只需要知道你想从 Hugging Face 模型服务器下载的模型的名称;在这种情况下,我们将使用 Pegasus 文本摘要模型。Hugging Face 提供了一个 pipeline API 来包装模型，以便更方便地使用：

```
from transformers import pipeline
summarizer = pipeline("summarization", model= "google/pegasus-xsum")
```

进行我们的第一个深度学习模型推理就像只需将一些输入传递给这个管道一样简单。因此，对于上述描述的虚构机器人与人类交互，我们只需传入一些示例文本，然后查看返回的结果。让我们这样做来总结一个虚构的客户与聊天机器人之间的对话，其中客户试图获取有关他们已经下的订单的更多信息。对话如下所示：

```
text = "Customer: Hi, I am looking for some help regarding my recent
purchase of a bouquet of flowers. ChatBot: Sure, how can I help you today?
Customer: I purchased a bouquet the other day, but it has not arrived.
ChatBot: What is the order ID? Customer: 0123456. ChatBot: Please wait
while I fetch the details of your order... It doesn't seem like there was
an order placed as you described; are you sure of the details you have
provided?"
```

然后，我们将这段对话输入摘要生成器管道对象中，并打印结果：

```
summary = summarizer(text)
print(summary)
```

```
[{'summary_text': 'This is a live chat conversation between a customer and
a ChatBot.'}]
```

结果显示，该模型实际上很好地概括了这种互动的本质，突显了在深度学习革命之前，开始做一些原本可能非常困难甚至不可能的事情变得多么容易。

我们刚刚看到了一个使用预训练的转换器模型来执行某些特定任务的示例，这种任务是文本摘要，而且无须根据暴露于新数据而更新模型。在接下来的部分中，我们将探讨当你想要根据自己的数据更新模型时应该怎么做。

微调和迁移学习

在前面的部分中，我们展示了如果找到适合你的现有深度学习模型任务，那么开始构建解决方案是多么容易。然而，我们需要问自己的一个很好的问题是：“如果这些模型并不完全适合我的特定问题，我该怎么办？”这就是微调和迁移学习的概念发挥作用的地方。微调是指我们采用现有的深度学习模型，然后继续在一些新数据上训练模型。这意味着我们不是从头开始，因此可以更快地得到优化的网络。迁移学习是指我们冻结大部分神经网络的状态，然后用新数据重新训练最后一层（或几层），以执行一些略有不同的任务，或者以更适合我们问题的方式执行相同的任务。在这两种情况下，通常意味着我们可以保留原始模型的许多强大特性，例如其特征表示，但开始为我们特定的用例进行适应性调整。

为了更加具体，我们现在将演示一个迁移学习的实例。

微调可以遵循类似的过程，但不涉及我们即将实施的神经网络的调整。在这个示例中，我们将使用 Hugging Face 的数据集和评估包，展示如何使用基于 Transformers 的双向编码器表示（BERT）模型，并通过迁移学习创建一个分类器，用于估计在多语言亚马逊评论语料库（https://registry.opendata.aws/amazon-reviews-ml/）中用英语编写的评论的星级评分。

图 7-3 显示了来自这个数据集的一个示例评分：

```
dataset = fetch_dataset()
import pprint
pprint.pprint(dataset[100])
```

```
Found cached dataset amazon_reviews_multi (/Users/apmcm/.cache/huggingface/datase
views_multi/en/1.0.0/724e94f4b0c6c405ce7e476a6c5ef4f87db30799ad49f765094cf9770e0f
```

```
{'language': 'en',
 'product_category': 'sports',
 'product_id': 'product_en_0610451',
 'review_body': 'Two nights in the water tide to our dock in the lake..... I’d '
                'say something liked this.',
 'review_id': 'en_0143676',
 'review_title': 'Let the picture tell you how go this is',
 'reviewer_id': 'reviewer_en_0377453',
 'stars': 1}
```

图 7-3　多语言亚马逊评论语料库的一个示例评论和星级评分

> 虽然在下面的示例中我们使用了 BERT 模型，但还有许多变体可以与相同的示例一起使用，例如 DistilBERT 或 AlBERT，它们是更小的模型，旨在更快地训练，并保留原始 BERT 模型的大部分性能。你可以尝试使用所有这些模型，甚至可能会发现由于其较小的尺寸，这些模型的下载速度更快！

现在开始我们的迁移学习示例：

1．我们可以使用 datasets 包来检索数据集。我们将使用 Hugging Face 数据集中提供的“配置”和“拆分”概念，这些概念指定了数据的特定子集以及你想要的数据的训练、测试或验证拆分。在这种情况下，我们需要英语评论，最初我们将使用数据的训练拆分。图 7-3 显示了数据集中的一个示例记录。数据可以通过以下语法进行检索：

```
import datasets
from datasets import load_dataset

def fetch_dataset(dataset_name: str="amazon_reviews_multi",
                  configuration: str="en", split: str="train"
                  ) -> datasets.arrow_dataset.Dataset:
    '''
    从HuggingFace数据集服务器获取数据集。
    '''
    dataset = load_dataset(dataset_name, configuration, split=split)
    return dataset
```

2．对数据集进行标记化(tokenization)。为此，我们将使用与我们要使用的 BERT 模型配对的 AutoTokenizer。在引入特定的分词器之前，让我们编写一个函数，该函数将使用所选的分词器来转换数据集。我们还会定义逻辑以将数据集转换为后续 PyTorch 处理中所需的正确格式。我还添加了一个选项来对数据下采样以进行测试：

```
import typing
from transformers import AutoTokenizer

def tokenize_dataset(tokenizer: AutoTokenizer,
                     dataset: datasets.arrow_dataset.Dataset,
                     sample=True) -> datasets.arrow_dataset.Dataset:
    '''
    对HuggingFace数据集对象进行标记化(tokenization),并格式化为后续
    PyTorch逻辑使用的形式。
    '''
    tokenized_dataset = dataset.map(
        lambda x: tokenizer(x["review_body"], padding="max_length",
                            truncation=True),
        batched=True
    )
    # Torch需要目标列的名称为"labels"。
    tokenized_dataset = tokenized_dataset.rename_column("stars",
                                                        "labels")

    # 我们可以使用这种方法将数据集格式化为Torch可用的形式。
    tokenized_dataset.set_format(
        type="torch", columns=["input_ids", "token_type_ids",
                               "attention_mask", "labels"]
    )
    # 让我们进行下采样以加快测试速度。
    if sample==True:
        tokenized_dataset_small = tokenized_dataset.\
                                  shuffle(seed=42).select(range(10))
        return tokenized_dataset_small
    else:
        return tokenized_dataset
```

3．我们需要创建 PyTorch 的数据加载器（dataloader）来将数据输入模型：

```
from torch.utils.data import DataLoader

def create_dataloader(
    tokenized_dataset: datasets.arrow_dataset.Dataset,
    batch_size: int = 16,
    shuffle: bool = True
    ):
    dataloader = DataLoader(tokenized_dataset,
                            shuffle=shuffle,
                            batch_size=batch_size)
    return dataloader
```

4．在定义训练模型的逻辑之前，编写一个辅助函数来定义训练运行的学习调度器和优化器将是有用的。然后可以在我们定义的训练函数中调用这个函数。在这个示例中，我们将使用 AdamW 优化器：

```
from torch.optim import AdamW
from transformers import get_scheduler

def configure_scheduler_optimizer(
    model: typing.Any,
    dataloader: typing.Any,
    learning_rate: float,
    num_training_steps: int) -> tuple[typing.Any, typing.Any]:
    '''
    返回一个用于训练的学习率调度器，使用AdamW优化器。
    '''
    optimizer = AdamW(model.parameters(), lr=learning_rate)
    lr_scheduler = get_scheduler(
        name="linear",
```

```
        optimizer=optimizer,
        num_warmup_steps=0,
        num_training_steps=num_training_steps
    )
    return lr_scheduler, optimizer
```

5. 现在我们可以定义要使用迁移学习训练的模型了。Hugging Face 的 transformers 库提供了一个非常有用的封装器，可以帮助你修改基于核心 BERT 模型的分类层。我们实例化这个模型，并传入类别数量，这样隐式地更新了神经网络的架构，以便在进行预测时为每个类别生成 logits。在推断时，我们将选择具有最大 logits 值的类别作为推断类别。首先，让我们定义训练模型的逻辑：

```
import torch
from tqdm.auto import tqdm

def transfer_learn(
    model: typing.Any,
    dataloader: typing.Any,
    learning_rate: float = 5e-5,
    num_epochs: int = 3,
    progress_bar: bool = True )-> typing.Any:

    device = torch.device("cuda") if torch.cuda.is_available() else\
            torch.device("cpu")
    model.to(device)

    num_training_steps = num_epochs * len(dataloader)

    lr_scheduler, optimizer = configure_scheduler_optimizer(
        model = model,
        dataloader = dataloader,
        learning_rate = learning_rate,
```

```
lr_scheduler, optimizer = configure_scheduler_optimizer(
    model = model,
    dataloader = dataloader,
    learning_rate = learning_rate,
    num_training_steps = num_training_steps
)

if progress_bar:
    progress_bar = tqdm(range(num_training_steps))
else:
    pass

model.train()
for epoch in range(num_epochs):
    for batch in dataloader:
        batch = {k: v.to(device) for k, v in batch.items()}
        outputs = model(**batch)
        loss = outputs.loss
        loss.backward()

        optimizer.step()
        lr_scheduler.step()
        optimizer.zero_grad()
        if progress_bar:
            progress_bar.update(1)
        else:
            pass
return model
```

6. 我们可以将所有这些方法组合在一起，获取分词器，获取数据集，进行转换，定义模型，配置学习调度器和优化器，最后执行迁移学习来创建最终模型：

```
tokenizer = AutoTokenizer.from_pretrained("bert-base-cased")
tokenized_dataset = tokenize_dataset(tokenizer=tokenizer,
                                     dataset=dataset, sample=True)
dataloader = create_dataloader(tokenized_dataset=tokenized_dataset)
model = AutoModelForSequenceClassification.from_pretrained(
            "bert-base-cased", num_labels=6) # 0-5 星评价
transfer_learned_model = transfer_learn(
    model = model,
    dataloader=dataloader
)
```

7. 我们可以使用 Hugging Face 的 evaluate 包或其他方法在数据的测试拆分上评估模型的性能。请注意，在下面的示例中，我们调用了 model.eval( )，以便将模型置于先前讨论过的评估模式：

```
import evaluate

device = torch.device("cuda") if torch.cuda.is_available() else\
    torch.device("cpu")
metric = evaluate.load("accuracy")
model.eval()

eval_dataset = fetch_dataset(split="test")
tokenized_eval_dataset = tokenize_dataset(
    tokenizer=tokenizer,dataset=eval_dataset, sample=True)
eval_dataloader = create_dataloader(
    tokenized_dataset=tokenized_eval_dataset)

for batch in eval_dataloader:
    batch = {k: v.to(device) for k, v in batch.items()}
    with torch.no_grad():
        outputs = model(**batch)
```

```
    logits = outputs.logits
    predictions = torch.argmax(logits, dim=-1)
    metric.add_batch(predictions=predictions,
                     references=batch["labels"])

metric.compute()
```

这将返回一个包含计算出的指标值的字典，类似于下面所示的方式：

```
{'accuracy': 0.8}
```

这就是你可以使用 PyTorch 和 Hugging Face 的 transformers 库执行迁移学习的方法。

Hugging Face 的 transformers 库现在还提供了一个非常强大的 Trainer API，可以帮助你以更抽象的方式执行微调。如果我们从前面的示例中采用相同的分词器和模型，要使用 Trainer API，我们只需执行以下操作：

1. 在使用 Trainer API 时，你需要定义一个 TrainingArguments 对象，其中可以包括超参数和一些其他标志。让我们接受所有默认值，但提供一个输出检查点的路径：

```
from transformers import TrainingArguments
training_args = TrainingArguments(output_dir="trainer_checkpoints")
```

2. 我们可以使用与之前示例中使用的相同的评估包来定义一个函数，用于计算任何指定的指标，然后将其传递给主训练器对象：

```
import numpy as np
import evaluate

metric = evaluate.load("accuracy")

def compute_metrics(eval_pred):
    logits, labels = eval_pred
```

```
    predictions = np.argmax(logits, axis=-1)
    return metric.compute(predictions=predictions,
                          references=labels)
```

3. 你可以使用所有相关的输入对象定义训练器对象：

```
trainer = Trainer(
    model=model,
    args=training_args,
    train_dataset=train_dataset,
    eval_dataset=eval_dataset,
    compute_metrics=compute_metrics,
)
```

4. 你通过调用指定配置和对象来训练模型：

```
trainer.train().
```

这就是你如何在 Hugging Face 上托管的现有模型中执行自己的训练。

值得注意的是，Trainer API 提供了一个非常好的方法来使用像 Optuna 这样的工具，我们在第 3 章“从模型到模型工厂”中介绍过，以执行超参数优化。你可以通过指定 Optuna 试验搜索空间来实现这一点：

```
def optuna_hp_space(trial):
    return {
        "learning_rate": trial.suggest_float("learning_rate", 1e-6, 1e-4,
                                             log=True)
    }
```

然后，在超参数搜索的每个状态下定义一个初始化神经网络的函数：

```
def model_init():
    model = AutoModelForSequenceClassification.from_pretrained(
            "bert-base-cased", num_labels=6)
    return model
```

然后，你只需要将这个函数传递给 Trainer 对象即可：

```
trainer = Trainer(
    model=None,
    args=training_args,
    train_dataset=train_dataset,
    eval_dataset=eval_dataset,
    compute_metrics=compute_metrics,
    tokenizer=tokenizer,
    model_init=model_init,
)
```

最后，你可以运行超参数搜索并获取最佳运行结果：

```
best_run = trainer.hyperparameter_search(
    n_trials=20,
    direction="maximize",
    hp_space=optuna_hp_space
)
```

这就结束了我们使用 Hugging Face 工具进行 PyTorch 深度学习模型的迁移学习和微调的示例。一个重要的观点是，微调和迁移学习仍然是训练过程，因此仍然可以应用于第 3 章“从模型到模型工厂”中提出的模型工厂方法论。例如，在第 3 章中概述的“训练-运行”过程中，当我们说“训练”时，现在可能是指对预训练的深度学习模型进行微调或迁移学习。

正如我们已经详细介绍过的那样，深度学习模型可以成为解决各种问题的强大工具。近年来，许多团体和组织都在积极探索一个趋势，即随着这些模型变得越来越庞大，它们能够实现的可能性是什么。在接下来的部分中，我们将开始回答这个问题，探讨当深度学习模型变得极其庞大时会发生什么。现在是进入 LLM 世界的时候了。

使用 LLM

在撰写本文的时候，GPT-4 仅在几个月前的 2023 年 3 月由 OpenAI 发布。这个模型可能是截至目前开发的最大的机器学习模型，据报道拥有一万亿个参数，尽管 OpenAI 并未确认确切的数字。自那以后，微软和谷歌宣布了在其产品套件中使用类似大型模型的高级聊天功能，同时一大批开源包和工具包也相继发布。所有这些解决方案都利用了一些有史以来最大的神经网络模型，即大型语言模型（LLM）。LLM 是更广泛的模型类别——基础模型的一部分，这些模型不仅涵盖文本应用，还包括视频和音频。作者大致将这些模型归纳为对大多数组织来说过大，无法考虑从头开始训练的模型。这将意味着一些组织要么将其作为第三方服务使用这些模型，要么托管并微调现有模型。以安全可靠的方式解决这一集成挑战，代表了现代机器学习工程的主要挑战之一。新的模型和功能似乎每天都在发布，没有时间可以浪费；所以，让我们开始吧！

理解 LLM

LLM-based 系统的主要焦点是对各种基于文本的输入创建类似人类的响应。LLM 基于我们已经接触过的 Transformer 架构。这使得这些模型能够并行处理输入，与其他深度学习模型相比，显着缩短了在相同数据量上训练所需的时间。

LLM（大型语言模型）的架构，就像任何 Transformer 一样，由一系列编码器和解码器组成，以利用自注意力和前馈神经网络。

概括来说，你可以将编码器看作负责处理输入的部分，将其转换为适当的数字表示，并将其传递到解码器中，从而生成输出。Transformer 的魔力来自自注意力的运用，这是一种捕捉句子中单词之间上下文关系的机制。这导致产生了数字表示这种关系的注意力向量，当计算多个这样的向量时，被称为多头注意力。编码器和解码器都使用自注意力机制来捕捉输入和输出序列的上下文依赖关系。

在 LLM 中使用的最流行的基于 Transformer 的模型之一是 BERT 模型。BERT 由 Google 开发，是一个预训练模型，可以针对各种自然语言任务进行微调。

另一个流行的架构是由 OpenAI 创建的生成式预训练 Transformer（GPT）。ChatGPT 系统于 2022 年 11 月发布，显然采用了第三代 GPT 模型，一经推出即轰动全球。截至撰写本文的 2023 年 3 月，这些模型已经发展到了第四代，并且具有令人难以置信的强大性能。尽管 GPT-4 仍然相对较新，但已经引发了关于人工智能未来以及我们是否已经达到人工通用智能（AGI）的激烈讨论。作者认为我们还没有达到这一点，但不管怎样，现在处于这个领域是多么令人兴奋的时刻啊！

LLM 在每个新的业务环境或组织中重新训练变得不可行的原因是它们是在庞大的数据集上进行训练的。GPT-3 是在 2020 年发布的，它是在近 5000 亿个文本标记上进行训练的。在这种情况下，标记是 LLM 中用于训练和推理过程的一个单词的小片段，大约是英语中的 4 个字符。这是大量的文本！因此，训练这些模型的成本同样巨大，甚至推理也可能非常昂贵。这意味着那些单纯关注生产这些模型的组织可能无法看到规模经济和回报，以此来证明在这个规模上对其进行投资的合理性。这甚至还没有考虑到需要专业技能集、优化的基础设施以及获取所有这些数据的能力。与几年前公有云的出现有很多相似之处，组织不再需要在本地基础设施或专业知识上投入太多，而是开始按照“所使用的”方式付费。现在最复杂的 ML 模型也在发生同样的事情，这并不是说较小、更具领域特定的模型被排除在外。事实上，我认为这将仍然是组织利用自己独特数据集的驱动优势，打造更好产品的方式之一。最成功的团队将是那些以健壮的方式将这种方法与最大模型的方法相结合的团队。

然而，尺度并非唯一重要的组成部分。ChatGPT 和 GPT-4 不仅在大量数据上进行了训练，而且还利用了一种称为强化学习与人类反馈（Reinforcement Learning with Human Feedback，RLHF）的技术进行了微调。在这个过程中，模型被呈现一个提示，比如一个对话性的问题，然后生成一系列潜在的回答。这些回答随后被提交给人类评估者，后者对回答的质量进行评估，通常是通过排名来评定，随后用于训练一个奖励模型。然后，该模型被用于通过 Proximal Policy Optimization（PPO）等技术微调基础语言模型。所有这些细节都远超出了本书的范围，但希望你能够对此有所直观认识，即这不是任何团队都能够轻松扩展的常规数字科学。因此，我们必须学会如何与这些工具更像“黑盒子”一样协作，并将其视为第三方解决方案。我们将在下一节中详细探讨这一点。

通过 API 使用 LLM

正如前面部分所讨论的，作为希望与 LLM 以及基础模型进行交互的 ML 工程师，我们思维上的主要变化在于，我们不能再假设有权访问模型工件、训练数据或测试数据。相反，我们必须将模型视为一个第三方服务，应该调用它进行消费。幸运的是，有许多工具和技术可以实现这一点。

下一个示例将展示如何使用流行的 LangChain 包构建一个利用 LLM 的管道。该名称源于这样一个事实：为了发挥 LLMs 的威力，我们通常需要将许多与它们的交互连接起来，并调用其他系统和信息源。LangChain 还提供了各种在处理自然语言处理（NLP）和基于文本的应用程序时非常有用的功能，例如，有用于文本拆分、与向量数据库工作、文档加载和检索以及会话状态持久化等工具。这使得它成为一个值得一试的包，即使在你不一定专门使用 LLMs 的项目中也是如此。

首先，我们通过一个基本示例来演示如何调用 OpenAI API。

1. 安装 langchain 和 openai 的 Python 绑定：

```
pip install langchain
pip install openai
```

2. 我们假设用户已设置了 OpenAI 账户并具有 API 密钥。你可以将其设置为环境变量，或者使用类似 GitHub 提供的秘密管理器进行存储。我们将假设该密钥可以作为环境变量访问：

```
import os
openai_key = os.getenv('OPENAI_API_KEY')
```

3. 在 Python 脚本或模块中，我们可以使用 langchain 包装器访问的 OpenAI API 来定义将调用的模型。在这里，我们将使用 gpt-3.5-turbo 模型，这是 GPT-3.5 聊天模型中最先进的模型：

```
from langchain.chat_models import ChatOpenAI
gpt = ChatOpenAI(model_name='''gpt-3.5-turbo''')
```

4. LangChain 随后通过提示模板来促进使用 LLM 构建管道，这允许你标准化我们将如何提示和解析模型的响应：

```
template = '''Question: {question}
            Answer: '''

prompt = PromptTemplate(
  template=template,
  input_variables=['question']
)
```

5. 我们可以创建第一个"链"，这是在 langchain 中将相关步骤组合在一起的机制。这第一个链是一个简单的链，它接受一个提示模板和输入，以创建适当的提示到 LLM API，然后返回一个适当格式的响应：

```
# 用户问题
question = "Where does Andrew McMahon, author of 'Machine Learning
          Engineering with Python', work?"

# 创建提示模板 > LLM chain
llm_chain = LLMChain(
  prompt=prompt,
  llm=gpt
)
```

6. 你可以运行此问题，并将结果打印到终端作为测试：

```
print(llm_chain.run(question))
```

这将返回：

```
As an AI language model, I do not have access to real-time
information. However, Andrew McMahon is a freelance data scientist
and software engineer based in Bristol, United Kingdom.
```

鉴于我是一名在苏格兰格拉斯哥工作的大型银行的机器学习工程师，你可以看到即使是最复杂的 LLM 也会出错。这是我们所谓的幻觉的一个例子，即 LLM 给出了一个不正确但似乎合理的答案。我们将在 LLMOps 建设未来的部分讨论 LLM 出错的情况。尽管如此，这仍然是一个很好的例子，演示了通过标准化方式编程与 LLM 进行程序化交互的基本机制。

LangChain 还提供了一个名为 generate 的链中方法，可以将多个提示一起提取出来：

```
questions = [
  {'question': '''Where does Andrew McMahon, author of 'Machine Learning
Engineering with Python', work?'''},
  {'question': 'What is MLOps?'},
  {'question': 'What is ML engineering?'},
  {'question': 'What's your favorite flavor of ice cream?'}
]
print(llm_chain.generate(questions))
```

这一系列问题的响应相当冗长，但返回对象的第一个元素如下：

```
generations=[[ChatGeneration(text='As an AI modeler and a data scientist,
Andrew McMahon works at Cisco Meraki, a subsidiary of networking
giant Cisco, in San Francisco Bay Area, USA.', generation_info=None,
message=AIMessage(content='As an AI modeler and a data scientist, Andrew
McMahon works at Cisco Meraki, a subsidiary of networking giant Cisco, in
San Francisco Bay Area, USA.', additional_kwargs={}))], …]
```

再次，不太正确。不过你已经明白了！通过一些提示工程和更好的对话设计，这可以很容易地变得更好。我会让你自己尝试并享受其中的乐趣。

这个对 LangChain 和 LLMs 的简短介绍只是皮毛，但希望它可以为你提供足够的信息，让你能够将这些模型的调用融入你的机器学习工作流程中。

让我们继续讨论 LLMs 成为 ML 工程工具包的另一个重要方式，即我们将探讨使用 AI 助手进行软件开发的方法。

使用 LLM 进行编码

LLM 不仅可以用于创建和分析自然语言，还可以应用于编程语言。这就是 OpenAI Codex 系列模型的目的，它们经过数百万个代码仓库的训练，旨在能够于提示时生成看起来合理且性能良好的代码。自从推出 GitHub Copilot 以来，AI 助手帮助你编码的概念已经成为主流。许多人认为，这些解决方案提供了巨大的生产力提升，并且在完成自己的工作时提高了乐趣。GitHub 发布的一些研究结果表明，对于 2 000 名开发者中的 60%～75%来说，在开发软件时减少了沮丧感并提高了满意度。在 95 名开发者中，其中 50 人为对照组，他们在使用给定规范开发 JavaScript 中的 HTTP 服务器时也表现出加速态势。我认为在我们明确宣布 AI 编码助手显然让我们所有人更快乐更高效之前，应该在这个问题上做更多的工作，但 GitHub 的调查和测试结果确实表明它们是值得尝试的有用工具。这些结果发布在 https://github.blog/2022-09-07-research-quantifying-github-copilots-impact-on-developerproductivity-and-happiness/。至于之前提到的一篇有趣的预印本论文，由斯坦福大学的研究人员发布在 arXiv 上，编号为 arXiv:2211.03622 [cs.CR]，似乎表明使用基于 OpenAI codex-davinci-002 模型的 AI 编码助手的开发者更有可能在其代码中引入安全漏洞，而且即使代码中存在这些问题，模型的用户也会对自己的工作更有信心！值得注意的是，他们使用的模型在 OpenAI 现在提供的 LLMs 系列中相对较旧，因此需要进行更多的研究。这确实提出了一个有趣的可能性，即 AI 编码助手可能会提供加速，但也可能会引入更多的错误。时间会告诉我们答案。随着强大的开源竞争对手的推出，这个领域也开始变得炽热起来。这里特别值得一提的是 StarCoder，它是通过 Hugging Face 和 ServiceNow 之间的合作而开发的，发布在 https://huggingface.co/blog/starcoder。唯一确定的是，这些助手不会消失，它们只会随着时间的推移而不断改进。本节中，我们将开始探索以各种形式与这些 AI 助手合作的可能性。学习与 AI 合作很可能会成为将来 ML 工程工作流程中的关键部分，所以让我们开始学习吧！

首先，作为一名 ML 工程师，我何时需要使用 AI 编码助手呢？社区和 GitHub 研究的共识似乎是，这些助手有助于在已建立的语言基础上开发样板代码，其中包括 Python。当你想做一些特别创新或不同寻常的事情时，它们似乎并不是理想选择；不过，我们也将探讨这一点。

那么，实际上如何与 AI 合作帮助你编码呢？在撰写本文时，似乎有两种主要方法（但考虑到创新的速度，也许你很快就可以通过脑-机接口与 AI 合作；谁知道呢？），每种方法都有其优缺点：

- 直接编辑器或 IDE 集成：在支持 Copilot 的代码编辑器和 IDE 中，包括我们在本书中使用的 PyCharm 和 VS Code 环境，你可以启用 Copilot，在你输入代码时为其提供自动补全建议。你还可以在代码的注释中提供 LLM 模型的提示信息。只要开发者在使用这些环境，这种集成模式可能会一直存在，但我可以预见未来会有大量的 AI 助手产品。

- 聊天界面：如果你使用的不是 Copilot，而是另一个 LLM，例如 OpenAI 的 GPT-4，那么你可能需要在某种聊天界面中工作，并在编码环境和聊天之间复制和粘贴相关信息。这可能看起来有点笨拙，但肯定更加灵活，因为这意味着你可以轻松地在你选择的模型之间进行切换，甚至能够结合多个模型。如果你拥有相关的访问权限和 API 来调用，你实际上可以构建自己的代码来使用这些模型，但在那一点上，你只是在重新开发类似 Copilot 的工具！

我们将通过一个示例来演示两者，并强调这如何潜在地帮助你未来的 ML 工程项目。

如果你前往 GitHub Copilot 的网页，你可以注册个人订阅，网页会在每月收取费用，并提供免费试用。一旦完成注册，你可以按照此处的设置说明来设置你选择的代码编辑器：https://docs.github.com/en/copilot/gettingstarted-with-github-copilot。

一旦完成设置，就像我已经为 VS Code 做的那样，你可以立即开始使用 Copilot。例如，我打开了一个新的 Python 文件，并开始键入一些典型的导入语句。当我开始编写我的第一个函数时，Copilot 会提供一个建议，完成整个函数，如图 7-4 所示。

```
copilot_examples.py 2 ●
Chapter07 > example_scripts > copilot_examples.py > ...
import pandas as pd
import numpy as np
from sklearn.datasets import load_wine

def load_data():
    data = load_wine()
    df = pd.DataFrame(data.data, columns=data.feature_names)
    df['target'] = data.target
    return df

```

图 7-4　在 VS Code 中 GitHub Copilot 提供的自动完成建议

如上所述，这不是你可以向 Copilot 提供输入的唯一方式，你还可以使用注释向模型提供更多信息。通过提供一个前导注释，你可以帮助 Copilot 为你的代码提供你想要的逻辑建议。在图 7-5 中，我们可以看到在注释行中提供一些说明有助于定义我们希望包含在函数中的逻辑。

```
# Function to standardize numerical feature and one hot encode categorical features
def standardize(df):
    df = df.copy()
    for col in df.columns:
        if df[col].dtype == 'object':
            df[col] = df[col].astype('category')
            df[col] = df[col].cat.codes
        else:
            df[col] = (df[col] - df[col].mean()) / df[col].std()
    return df
```

图 7-5 Copilot 为你的代码提供的逻辑建议

在使用 Copilot 时，有一些事情可以帮助你发挥其最佳作用，这些事情可以在你使用它时有所帮助：

- 尽可能模块化：你的代码越模块化，就越好。我们已经讨论过为什么这有助于维护和更快地开发，但在这里，它还有助于 Codex 模型生成更合适的自动完成建议。如果你的函数变得又长又复杂，那么 Copilot 的建议可能不会很好。
- 编写清晰的注释：这当然是一个良好的实践，但它确实有助于 Copilot 理解你需要的代码。在文件顶部编写更长的注释描述你想要的解决方案是很有帮助的，然后在函数之前编写更短但非常精确的注释。图 7-5 中的示例显示了一个注释，指定了我希望函数执行特征准备的方式，但如果注释只是说“标准化特征”，建议可能不会那么完整。
- 编写接口和函数签名：就像如图 7-5 所示，如果你在代码的开头提供函数签名和类型，或者如果这是一个类，提供类定义的第一行，那么会有所帮助。这样可以启动模型来完成代码块的其余部分。

希望这足以让你开始使用 AI 构建解决方案的旅程。我认为随着这些工具变得越来越普遍，将会有许多机会利用它们来加速你的开发工作流程。

既然我们已经知道如何使用 LLM 构建一些管道，并且知道如何开始利用它们来辅助我们自己的开发，那么我们可以转向我认为是这个领域最重要的话题之一。我还认为这是最多未解答问题的话题，因此是一个非常激动人心的探索方向。所有这些都与利用 LLM 的运营影响有关，现在被称为 LLMOps。

利用 LLM 构建未来

鉴于最近对 LLM 的兴趣不断增长，有许多人表达了将这些模型整合到各种软件系统中的愿望。对于我们作为 ML 工程师来说，这应该立即引发我们提出一个问题："这在运营上意味着什么？"正如本书中所讨论的那样，将运营和 ML 系统的开发结合在一起被称为 MLOps。然而，与 LLM 一起工作可能会带来对自己的有趣挑战，因此一个新术语 LLMOps 已经出现，以便给 MLOps 的这个子领域带来一些良好的营销。

这真的有什么不同吗？我认为它并没有那么不同，但应该被视为 MLOps 的一个子领域，具有自己的额外挑战。在这个领域，我看到的一些主要挑战包括以下几方面：

- 即使是用于微调的更大型基础设施：正如之前讨论的，这些模型对于典型的组织或团队来说太大了，无法考虑自行训练自己的模型，因此团队将不得不利用第三方模型，无论是开源的还是专有的，并对其进行微调。对于这种规模的模型进行微调仍然非常昂贵，因此将更加重视构建非常高效的数据摄入、准备和训练管道。
- 模型管理有所不同：当你训练自己的模型时，正如我们在第 3 章"从模型到模型工厂"中多次展示的那样，有效的 ML 工程需要我们定义好的实践，以对我们的模型进行版本控制，并存储提供实验和训练运行的历史记录的元数据。对于模型更可能在外部主机运行的情况而言，这可能会稍微困难一些，因为我们无法访问训练数据、核心模型工件，甚至可能无法访问详细的模型架构。版本控制元数据可能会默认为模型的公开可用元数据，比如 gpt-4-v1.3 等类似的名称。这并不是很多信息，因此你可能需要考虑丰富此元数据的方法，例如通过自己的示例运行和测试结果，以了解该模型在某些场景下的行为。这也与下一个观点相关联。
- 回滚变得更具挑战性：如果你的模型由第三方托管在外部，就无法控制该服务的路线图。这意味着如果模型的第 5 个版本出现问题，你想要回滚到第 4 个版本，那么可能没有这个选项可供选择。这是一种与我们在本书中详细讨论的模型性能漂移不同的"漂移"，但它将变得越来越重要。这意味着你应该有自己的模型，也许功能或规模远远不及当前模型，作为最后一招的备选方案，以便在出现问题时切换到它。

- 模型性能更具挑战性：正如前一点所提到的，由于基础模型作为外部托管服务提供，你不再拥有像之前那样多的控制权。这意味着如果你发现自己正在使用的模型存在任何问题，无论是漂移还是其他错误，你的处理能力将受到很大限制，你需要考虑我们刚刚讨论的默认回滚。
- 制定自己的防护措施将至关重要：LLM 会产生幻觉，它们会出错，可能重复训练数据，甚至可能无意冒犯与之交互的人。所有这些都意味着，随着这些模型被越来越多的组织采用，开发适用于使用它们的系统的定制防护措施的方法将变得越来越重要。举个例子，如果一个 LLM 被用来驱动下一代聊天机器人，你可以想象在 LLM 服务和聊天界面之间，你可以有一个系统层，检查突然的情感变化和重要的关键词或应该模糊化的数据。这个层可以利用更简单的 ML 模型和各种其他技术。在其最复杂的情况下，它可以尝试确保聊天机器人不会违反组织制定的伦理或其他规范。如果你的组织将气候危机作为关注重点，那么你可能希望实时筛选对话中与这一领域的关键科学发现相违背的信息。

由于基础模型时代才刚刚开始，很可能会出现越来越复杂的挑战，那就让我们作为 ML 工程师不断面对这些挑战吧。对于我来说，这是我们作为一个社区所面临的最激动人心的挑战之一，即如何以一种方式利用 ML 社区截至目前开发的最复杂和最前沿的能力，使软件仍然能够安全、高效、稳健地运行，日复一日地为用户提供服务。你准备好迎接这一挑战了吗？

让我们更详细地探讨一些此类话题，首先讨论 LLM 验证。

LLM 验证

生成式 AI 模型的验证与其他 ML 模型相比，本质上有很大的不同，似乎更加复杂。主要原因在于，当你生成内容时，通常会在结果中创建从未存在过的非常复杂的数据！如果一个 LLM 在被要求帮助总结和分析某些文档时返回了一段生成的文本，你如何确定答案是否“合适”呢？如果你要求 LLM 将一些数据重新格式化成表格，那么你如何构建一个适当的度量标准来捕捉它是否做得正确？在生成式的情况下，“模型性能”和“漂移”真正意味着什么，我该如何计算它们呢？其他问题可能更多地取决于用例，例如，如果你正在构建一个信息检索或检索增强生成解决方案，那么你如何评估 LLM 生成的文本的真实性？

在筛选 LLM 生成的输出中，还存在重要的考虑因素，这些输出可能存在潜在的偏见或有害输出，可能会对运行模型的组织造成损害或声誉损失。LLM 的验证是复杂的！

我们能采取哪些行动呢？幸运的是，这一切并非孤立地发生，已经有几个发布的基准测试工具和数据集可以帮助我们在这个过程中前进。尽管这些工具的实际应用示例还不太多，但我们将讨论关键要点，让你了解现状，并能够跟上事物的演变。让我们列举一些 LLMs 的知名评估框架和数据集：

- OpenAI Evals 是一个框架，OpenAI 允许通过众包开发针对 LLMs 生成的建议文本完成的测试。Evals 的核心概念是“完成函数协议”，这是一种机制，用于标准化与 LLM 交互时返回的字符串的测试。该框架可在 GitHub 上找到，网址为 https://github.com/openai/evals。
- 语言模型的整体评估（HELM）：这个项目来自斯坦福大学，被称为 LLM 性能的“活性基准”。它为你提供了各种各样的数据集、模型和指标，并展示了这些不同组合之间的性能。这是一个非常强大的资源，你可以基于它来构建自己的测试场景，或者直接使用信息来了解使用特定 LLM 对你的用例可能带来的风险和潜在收益。HELM 基准测试可以在 https://crfm.stanford.edu/helm/latest/上找到。
- Guardrails AI 是一个 Python 包，能够让你以与 pydantic 相同的方式对 LLM 输出进行验证，这是一个非常强大的想法！你还可以使用它来构建与 LLM 的控制流，以处理诸如响应未满足你设置的标准问题；在这种情况下，你可以使用 Guardrails AI 重新提示 LLM，希望获得不同的响应。要使用 Guardrails AI，你需要指定一个可靠的 AI 标记语言（RAIL）文件，该文件定义了 XML 格式的提示格式和预期行为。Guardrails AI 可在 GitHub 上找到，网址为 https://shreyar.github.io/guardrails/。

这些框架正在不断被创建，但随着越来越多的组织希望将基于 LLM 的系统从有趣的概念验证扩展到生产解决方案，熟悉核心概念和数据集将变得越来越重要。在下一节中，我们将简要讨论在构建 LLM 应用程序时我看到的一些特定挑战，主要围绕“提示”的管理。

PromptOps

当使用接受文本输入的生成式人工智能时，我们输入的数据通常被称为“提示”，以捕捉使用这些模型时的对话性起源，以及输入要求响应的概念，就像来自人的提示一样。为了简化起见，我们将称呼我们提供给 LLM 的任何输入数据为提示，无论这是在用户界面中还是通过 API 调用，并且不考虑我们向 LLM 提供的内容的性质。

提示通常与我们通常输入 ML 模型的数据有很大不同。它们可以是自由形式的，长度各异，并且在大多数情况下表达了我们希望模型如何行动的意图。在其他 ML 建模问题中，我们确实可以输入非结构化的文本数据，但缺少了这个意图部分。所有这些都导致我们作为 ML 工程师在使用这些模型时需要考虑一些重要问题。

首先，提示的设计非常重要。最近，“提示工程”这个术语在数据界变得流行起来，它指的是在设计这些提示的内容和格式时通常需要进行大量的思考。这是我们在设计使用这些模型的 ML 系统时需要牢记的事情。我们应该问自己类似于“我能为我的应用程序或用例标准化提示格式吗？”“我能否在用户或输入系统提供的内容之上提供适当的附加格式或内容，以获得更好的结果？”等类似的问题。我将继续使用“提示工程”这个术语。

其次，提示你的 ML 输入不是典型的，跟踪和管理它们是一个新的、有趣的挑战。这个挑战的复杂性在于，相同的提示可能会为不同的模型产生非常不同的输出，甚至对于同一模型的不同版本也可能如此。我们应该仔细考虑跟踪我们的提示及其生成和输出的元数据。我将这个挑战称为提示管理。

最后，我们面临的挑战并不一定是与提示相关的独特挑战，但如果我们允许系统的用户输入他们自己的提示，比如在聊天界面中，这个挑战肯定会变得更加重要。在这种情况下，我们需要对进入和离开模型的数据应用某种筛选和混淆规则，以确保模型不会以某种方式被“越狱”，逃避任何防护措施。我们还需要防范对抗性攻击，这些攻击可能旨在从这些系统中提取训练数据，从而获取个人身份信息或我们不希望分享的其他关键信息。

当你开始与他人一起探索这个大胆的新世界 LLMOps 时，记住这些与提示相关的挑战将是重要的。现在我们将以此章节的简要总结来结束这一章，回顾一下我们涵盖的内容。

本章小结

本章中，我们专注于深度学习。具体来说，我们涵盖了深度学习背后的关键理论概念，然后讨论了如何构建和训练自己的神经网络。我们通过示例演示了如何使用现成的模型进行推理，然后通过微调和迁移学习将它们适应于你的特定用例。所有示例都基于大量使用 PyTorch 深度学习框架和 Hugging Face API。

接着，我们转向了有关截至目前构建的最大模型 LLM 以及它们对 ML 工程的意义的话题。我们简要探讨了它们的重要设计原则和行为，然后展示了如何使用流行的 LangChain 包和 OpenAI API 在管道中与它们进行交互。我们还探讨了利用 LLM 来提高软件开发生产力的潜力，以及作为 ML 工程师，这对于你意味着什么。

我们在本章结束时探讨了一个新话题，即 LLMOps，它涉及将我们在整本书中讨论过的 ML 工程和 MLOps 原理应用到 LLMs 上。这包括 LLMOps 的核心组件以及一些新的功能、框架和数据集，可用于验证你的 LLMs。最后，我们提出了一些建议，关于如何管理你的 LLM 提示，以及我们在第 3 章“从模型到模型工厂”中讨论的实验跟踪概念如何应用于这种情况。

下一章将开始本书的最后一部分，并将涵盖一个详细的端到端示例，在这个示例中，我们将使用 Kubernetes 构建一个 ML 微服务。这将使我们能够应用从本书中学到的许多技能。

加入我们在 Discord 上的社区

加入我们的社区 Discord 空间，与作者和其他读者进行讨论：https://packt.link/mle。

第 8 章　构建 ML 微服务

本章将汇总本书截至目前学到的一些知识，并结合一个现实的示例进行讨论。这将基于第 1 章介绍的一个场景，我们需要为商店的商品销售构建立一个预测服务。我们将详细讨论这个场景，并概述必须做出的关键决策，使解决方案成为现实，然后展示如何从 ML 工程的角度利用本书学到的流程、工具和技术来解决问题的关键部分。通过本章的学习，你应该清楚地了解如何构建自己的 ML 微服务，以解决各种业务问题。

本章中，我们将涵盖以下主题：

- 理解预测问题
- 设计我们的预测服务
- 选择工具
- 大规模训练
- 使用 FastAPI 提供模型服务
- 将其容器化并部署到 Kubernetes

每个主题都将为我们提供一个机会，让我们逐步讨论作为工程师在复杂 ML 交付中必须做出的不同决策。这将为我们提供一个方便的参考，当我们在现实世界中进行这项工作时可以使用！

好的，让我们开始构建一个预测微服务吧！

技术要求

如果你的计算机上安装并运行了以下内容，本章的代码示例将更容易理解：

- Postman 或其他 API 开发工具

- 本地 Kubernetes 集群管理器，如 minikube 或 kind
- Kubernetes CLI 工具 kubectl

在本书的 GitHub 存储库的 Chapter08 文件夹中，有几个不同的 conda 环境.yml 文件，用于技术示例，因为有几个不同的子组件。这些文件包括以下内容：

- mlewp-chapter08-train：这个文件指定了运行训练脚本所需的环境。
- mlewp-chapter08-serve：这个文件指定了本地 FastAPI Web 服务构建所需的环境。
- mlewp-chapter08-register：这个文件指定了运行 MLflow 跟踪服务器所需的环境。

在每种情况下，像往常一样创建 Conda 环境：

```
conda env create -f <ENVIRONMENT_NAME>.yml
```

本章中的 Kubernetes 示例还需要对集群和我们将部署的服务进行一些配置；这些配置在 Chapter08/forecast 文件夹的不同.yml 文件中给出。如果你使用的是 kind，就可以通过运行以下命令创建一个带有简单配置的集群：

```
kind create cluster
```

或者，你可以使用存储库中提供的配置.yaml 文件：

```
kind create cluster --config cluster-config-ch08.yaml
```

Minikube 不像 kind 那样提供读取集群配置.yaml 文件的选项，因此，应该直接运行以下命令来部署本地集群：

```
minikube start
```

理解预测问题

第 1 章中，我们考虑了一个机器学习团队的例子，该团队的任务是提供零售业务中各门店单品级别的销售预测。这个虚构的商业用户有以下需求：

- 预测结果应该通过基于网页的面板呈现并可供访问。

- 用户应能够在需要时请求更新预测。
- 预测应在单个门店的层面进行。
- 用户在任何一次会话中都会关注自己所在区域/门店的情况，而不关心全球趋势。
- 任何一次会话中请求更新预测的数量将很小。

鉴于这些要求，我们可以与业务合作创建以下用户故事，也可以将这些用户故事放入如 Jira 之类的工具中，如第 2 章“机器学习开发过程”所述。涵盖这些要求的一些用户故事示例如下：

- 用户故事 1：作为一个本地物流规划员，我想要在早上 09:00 登录到一个仪表板，能够看到接下来几天门店级别的商品需求预测，这样我就可以提前了解运输需求。
- 用户故事 2：作为一个本地物流规划员，如果我发现预测已经过时，就想能够通过请求更新我的预测。我希望新的预测在 5 分钟内返回，这样我就可以有效地做出关于运输需求的决策。
- 用户故事 3：作为一个本地物流规划员，我想要为特定门店筛选预测，这样我就可以了解哪些门店在推动需求，并在决策中使用这些信息。

这些用户故事对于整个解决方案的开发非常重要。由于我们专注于问题的机器学习工程方面，现在可以深入了解这些内容对于构建解决方案的意义。

例如，能够看到门店级别的商品需求预测的愿望可以很好地转化为解决方案中机器学习部分的一些技术需求。这告诉我们，目标变量将是特定一天所需商品的数量。它告诉我们，我们的机器学习模型或模型需要能够在门店级别工作，所以要么我们为每个门店设置一个模型，要么门店的概念可以作为某种特征被纳入。

同样，用户希望如果发现预测过时，能够请求更新预测，而我希望新的预测在五分钟内检索到的需求，对训练过程提出了明确的延迟要求。我们不能构建需要数天时间重新训练的东西，因此这可能表明，构建一个涵盖所有数据的单一模型可能不是最佳解决方案。

最后，用户希望能够为特定门店筛选预测的请求再次支持了我们所构建的系统必须利用数据中的某种门店标识符，但不一定将其作为算法的特征。因此，我们可能需要开始考虑应用程序逻辑，该逻辑将接收特定门店的预测请求，通过这个门店 ID 进行识别，然后通过使用此 ID 作为过滤器的某种查找或检索方式，仅检索该门店的机器学习模型和预测。

通过这个过程，我们可以看到仅仅几行需求是如何让我们开始实际考虑怎样解决问题的。这些想法和其他一些想法可以通过我们团队在项目中的头脑风暴进行整合，汇总在表 8-1 中：

表 8-1　将用户故事转换为技术需求

用户故事	细　节	技术需求
1	作为一个本地物流规划员，我希望能够在早上 9:00 登录到一个仪表板，并能够看到接下来几天门店级别的商品需求预测，这样我就可以提前了解运输需求	● 目标变量=商品需求 ● 预测范围 1～7 天 ● 为仪表板或其他可视化解决方案提供 API 访问
2	作为一个本地物流规划员，如果我发现预测已经过时，就想要请求更新我的预测。我希望新的预测在 5 分钟内返回，这样我就可以有效地做出关于运输需求的决策	● 轻量级重新训练 ● 每个门店设置一个模型
3	作为一个本地物流规划员，我想要为特定门店筛选预测，这样我就可以了解哪些门店在推动需求，并在决策中使用这些信息	● 每个门店设置一个模型

现在，我们将通过开始为解决方案的机器学习部分制定设计来深化我们对问题的理解。

设计我们的预测服务

在“理解预测问题”部分中的需求是我们需要达成的目标定义，但它们并不是实现目标的方法。借鉴第 5 章“部署模式和工具”中对设计和架构的理解，我们可以开始构建我们的设计。

首先，我们应该确认我们从事哪种类型的设计。由于我们需要动态请求，遵循第 5 章“部署模式和工具”中讨论的微服务架构是很有意义的。这将允许我们构建一个服务，其唯一目标是从我们的模型存储库中检索正确的模型并执行请求的推理。因此，预测服务应该在仪表板和模型存储库之间提供接口。

此外，由于用户可能希望在任何一个会话中与几个不同的商店组合进行交互，并可能在这些预测之间来回切换，我们应该提供一个性能良好的机制来实现这一点。

从场景中也可以清楚地看出，我们可以很容易地处理大量的预测请求，但模型更新的请求却相对较少。这意味着分离训练和预测是合理的，我们可以遵循第 3 章“从模型到模型工厂”中概述的训练-持久化过程。这意味着每次预测不会依赖于完整的训练运行，并且检索用于预测的模型相对较快。

我们从需求中也收集到，训练系统在这种情况下不一定需要通过漂移监控来触发，而是由用户发出的动态请求来触发。这增加了一些复杂性，因为这意味着我们的解决方案不应该对每一个进来的请求都进行重新训练，而是能够判断对给定的请求是否值得重新训练，或者模型是否已经更新。例如，如果有四个用户登录并查看相同的区域/商店/商品组合，并且都请求重新训练，很明显我们不需要将模型重新训练四次！相反地，此时应该发生的是，训练系统注册一个请求，执行一次重新训练，然后安全地忽略其他请求。

正如我们在整本书中多次讨论的那样，有几种方法可以用来部署机器学习模型。一种非常强大且灵活的方法是将模型或模型服务逻辑封装为一个独立的微服务，该服务仅限于执行机器推理所需的任务。这是我们将在本章考虑的服务模式，也是经典的“微服务”架构，在这种架构中，不同的功能块被分解为它们自己独立和分离的服务。这为你的软件系统构建了弹性和可扩展性，因此这是一个值得熟悉的好模式。这对于开发机器学习系统尤其适用，因为如第 3 章“从模型到模型工厂”所述，这些系统必须包含训练、推理和监控服务。本章将介绍如何使用微服务架构来部署机器学习模型，并使用几种不同的方法，每种方法都有其优缺点。然后，你将能够根据这些示例在自己的未来项目中进行适应和构建。

我们可以将这些设计要点汇聚到一张概要设计图中，如图 8-1 所示：

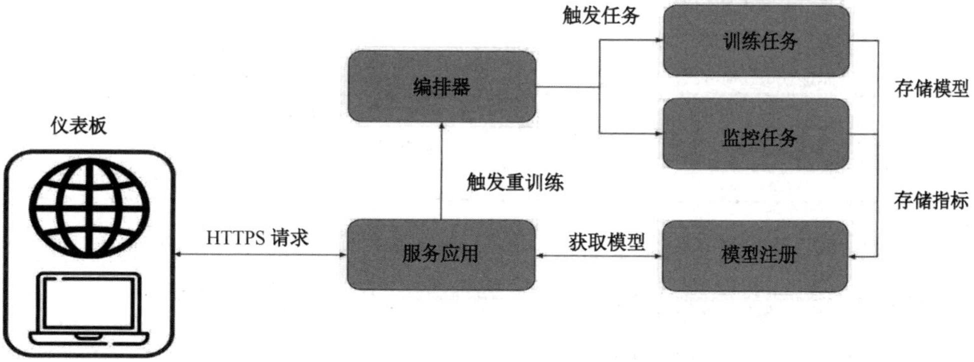

图 8-1　预测微服务的概要设计

下一部分将侧重于将这些高层次设计考虑转化为更详细的层面，因为我们在开发之前需要进行一些工具选择。

选择工具

现在我们在脑海中有一个概要设计，并且已经写下了一些明确的技术要求，可以开始选择我们将用来实现解决方案的工具集。

在这一方面，最重要的考虑之一将是我们使用什么框架来建模数据并构建预测功能。鉴于这个问题是一个时间序列建模问题，需要快速重新训练和预测，我们可以在继续之前考虑一些可能适合的选项的优缺点。

此练习的结果显示在表 8-2 中：

表 8-2　解决预测问题时考虑的不同机器学习工具包优缺点

工具/框架	优　点	缺　点
Scikit-learn	● 已经被几乎所有的数据科学家所理解 ● 非常易于使用的语法 ● 广泛的社区支持 ● 优秀的特征工程和管道支持	● 没有原生的时间序列建模能力（但流行的 sktime 包确实具备这些功能） ● 将需要更多的特征工程才能将模型应用于时间序列数据
Prophet	● 纯粹专注于预测 ● 具有内置的超参数优化能力 ● 提供了很多开箱即用的功能 ● 常常在各种各样的问题上给出准确的结果 ● 开箱即提供置信区间	● 不如 scikit-learn 那样常用（但仍然相对受欢迎） ● 底层方法相当复杂——可能导致数据科学家使用黑箱 ● 本质上不具备可扩展性
Spark ML	● 原生支持扩展到大量数据 ● 良好的特征工程和管道支持	● 没有原生的时间序列建模能力 ● 算法选项相对有限 ● 可能更难以调试

根据表 8-2 中的信息，看起来 Prophet 库是一个不错的选择，它在预测能力、所需的时间序列功能以及团队成员中开发者和科学家的经验之间提供了很好的平衡。

数据科学家可以利用这些信息来构建一个概念验证，代码类似于第 1 章“机器学习工程介绍”中的示例 2：预测 API 部分所展示的，将 Prophet 应用于一个标准的零售数据集。

这涵盖了我们将用于建模的 ML 包，但其他组件呢？我们需要构建一个允许前端应用请求、后端执行操作的系统，因此考虑采用某种 Web 应用程序框架是个好主意。我们还需要考虑当后端应用受到多个请求时会发生什么，因此在设计时考虑规模是有意义的。另一个考虑因素是，在这种情况下，我们的任务是为每个零售店训练多个模型，因此应尽可能并行训练。谜题的最后几块将是使用模型管理工具以及需要一个编排层来根据计划或动态地触发训练和监控作业。

我们将所有内容整合在一起，就可以在使用 Prophet 库时对需要的底层工具做出一些设计决策。我们可以将这些总结为以下列表：

1. Prophet：我们在第 1 章的“介绍”中遇到了 Prophet 预测库。在这里，我们将对该库进行更深入的探讨，了解其工作原理，然后再开发一个训练管道来创建第 1 章中看到的零售业务用例的预测模型类型。

2. Kubernetes：如第 6 章所讨论的，这是一个用于在计算集群中协调多个容器的平台，能够让你构建高度可扩展的 ML 模型服务解决方案。我们将使用它来托管主要应用程序。

3. Ray Train：我们已经在第 6 章的“扩展”中遇到了 Ray。在这里，我们将使用 Ray Train 来并行训练许多不同的 Prophet 预测模型，还将允许这些作业在处理传入请求的主要 Web 服务请求时被触发。

4. MLflow：我们在第 3 章“从模型到模型工厂”中遇到了 MLflow，并将其用作我们的模型注册表。

5. FastAPI：对于 Python 来说，首选的后端 Web 框架通常是 Django、Flask 和 FastAPI。我们将使用 FastAPI 来创建主要的后端路由应用程序，该应用程序将提供预测服务并与解决方案的其他组件进行交互。FastAPI 是一个设计简单易用、用于构建高性能 Web 应用程序的 Web 框架，目前被一些知名组织使用，包括 Uber、Microsoft 和 Netflix（根据 FastAPI 官网）。

> 最近有一些关于使用 FastAPI 可能存在内存泄漏的讨论，特别是对于长时间运行的服务。这意味着确保运行 FastAPI 端点的机器有足够的内存。最近有一些关于使用 FastAPI 可能存在内存泄漏的讨论，特别是对于长时

> 间运行的服务，这意味着确保运行 FastAPI 端点的机器有足够的内存非常重要。在许多情况下，这似乎不是一个关键问题，但这是 FastAPI 社区正在讨论的一个活跃话题。有关更多信息，请参阅 https://github.com/tiangolo/fastapi/discussions/9082。其他框架，例如 Litestar、https://litestar.dev/，似乎没有相同的问题，因此无论是在以下示例中还是在你的项目中，都可以自由地尝试不同的 Web 框架来进行服务层的构建。FastAPI 仍然是一个非常有用的框架，具有许多优点，因此我们将在本章中继续使用它，只是重要的是要记住这一点。

本章中，我们将专注与规模化提供模型相关的系统组件，因为调度训练和重新训练方面将在第 9 章的“构建提取、转换、机器学习用例”中讨论。我们重点关注的组件可以被认为是我们的“服务层”，尽管我将向你展示如何使用 Ray 并行训练多个预测模型。

现在我们已经做出了一些工具选择，让我们开始构建 ML 微服务吧！

规模化训练

在第 6 章中介绍 Ray 时，我们提到了一些使用案例，其中数据或处理时间的要求使得使用一个非常可扩展的并行计算框架是有意义的。但没有明确说明的是，有时这些要求来自我们实际上想要训练许多模型，而不仅仅是在大量数据上训练一个模型或更快地训练一个模型。这就是我们在这里要做的事情。

第 1 章中描述的零售预测示例使用了一个包含多个不同零售店的数据集。与创建一个可能具有店铺编号或标识符作为特征的模型不同，一个更好的策略可能是为每个单独的店铺训练一个预测模型。这可能会提供更好的准确性，因为店铺级别的数据特征可能具有一定的预测能力，而这些特征在模型中被合并考虑所有店铺的情况下可能会被平均化。因此，这是我们将采取的方法，也是我们可以利用 Ray 的并行性同时训练多个预测模型的地方。

要使用 Ray 来实现这一点，我们需要稍微调整第 1 章中的训练代码。首先，我们可以将数据预处理和训练预测模型的函数合并在一起。这样做意味着我们正在创建一个串行进程，然后可以将其分发到与每个商店对应的数据片段上运行。原始的数据预处理和训练模型的函数如下所示：

```
import ray
import ray.data
import pandas as pd
from prophet import Prophet

def prep_store_data(
    df: pd.DataFrame,
    store_id: int = 4,
    store_open: int = 1
) -> pd.DataFrame:
    df_store = df[
        (df['Store'] == store_id) &\
        (df['Open'] == store_open)
    ].reset_index(drop=True)
    df_store['Date'] = pd.to_datetime(df_store['Date'])
    df_store.rename(columns= {'Date': 'ds', 'Sales': 'y'}, inplace=True)
    return df_store.sort_values('ds', ascending=True)

def train_predict(
    df: pd.DataFrame,
    train_fraction: float,
    seasonality: dict
) -> tuple[pd.DataFrame, pd.DataFrame, pd.DataFrame, int]:
    # 获取分割的数据
    train_index = int(train_fraction*df.shape[0])
    df_train = df.copy().iloc[0:train_index]
    df_test = df.copy().iloc[train_index:]

#创建Prophet模型
    model=Prophet(
        yearly_seasonality=seasonality['yearly'],
```

```
        weekly_seasonality=seasonality['weekly'],
        daily_seasonality=seasonality['daily'],
        interval_width = 0.95
    )

# 训练和预测
    model.fit(df_train)
    predicted = model.predict(df_test)
    return predicted, df_train, df_test, train_index
```

现在我们可以将这些组合成一个单独的函数，该函数将获取一个 pandas DataFrame，预处理该数据，训练一个 Prophet 预测模型，然后返回测试集的预测结果、训练数据集、测试数据集以及训练集的大小，通过 train_index 值标记。由于希望分发此函数的应用，我们需要使用第 6 章中介绍的@ray.remote 装饰器。我们在装饰器中传入 num_returns=4 参数，让 Ray 知道这个函数将以一个元组的形式返回四个值。

```
@ray.remote(num_returns=4)
def prep_train_predict(
    df: pd.DataFrame,
    store_id: int,
    store_open: int=1,
    train_fraction: float=0.8,
    seasonality: dict={'yearly': True, 'weekly': True, 'daily': False}
) -> tuple[pd.DataFrame, pd.DataFrame, pd.DataFrame, int]:
    df = prep_store_data(df, store_id=store_id, store_open=store_open)
    return train_predict(df, train_fraction, seasonality)
```

现在我们有了远程函数，只需要应用它即可。首先，我们假设数据集已经以与第 1 章中相同的方式读入一个 pandas DataFrame 中。这里的假设是数据集足够小，可以放入内存，并且不需要进行计算密集型的转换。这样做的好处是允许我们使用 pandas 相对智能的数据摄取逻辑，例如可以对标题行进行各种格式化，以及在使用熟悉的 pandas 语法进行分发之前应用任何过滤或转换逻辑。如果数据集更大或转换更加复杂，我们可以使用 Ray API 中的 ray.data.read_csv( )方法将数据读入为一个 Ray Dataset。这将数据读入为 Arrow 数据格式，该格式具有自己的数据操作语法。

现在，我们准备好应用分布式训练和测试了。首先，我们可以从数据集中检索所有店铺的标识符，因为我们将为每个店铺训练一个模型。

```
store_ids = df['Store'].unique()
```

在我们进行任何其他操作之前，将使用我们在第 6 章中遇到的 ray.init( )命令来初始化 Ray 集群。这样做可以避免在第一次调用远程函数时进行初始化，这意味着如果我们进行任何基准测试，可以获得实际处理的准确时间。为了提高性能，我们还可以使用 ray.put( )将 pandas DataFrame 存储在 Ray 对象存储中，这样可以防止我们每次运行任务时都复制这个数据集。将对象放入存储中会返回一个 ID，然后你可以像原始对象一样将其用于函数参数。

```
ray.init(num_cpus=4)
df_id = ray.put(df)
```

现在，我们需要将我们的 Ray 任务提交到集群中。每当你这样做时，都会返回一个 Ray 对象引用，该引用将允许你在使用 ray.get 收集结果时检索进程的数据。我在这里使用的语法可能看起来有点儿复杂，但我们可以一步一步地分解它。核心 Python 函数 map 只是将列表操作应用于 zip 语法结果的所有元素。zip(*iterable)模式允许我们解压列表推导中的所有元素，以便我们可以得到一个预测对象引用列表、训练数据对象引用列表、测试数据对象引用列表，最后是训练索引对象引用列表。请注意，我们在引用对象存储中存储的 dataframe 时使用了 df_id。

```
pred_obj_refs, train_obj_refs, test_obj_refs, train_index_obj_refs = map(
    list,
    zip(*([prep_train_predict.remote(df_id, store_id) for store_id in
store_ids])),
)
```

然后，我们需要通过使用 ray.get( )来获取这些任务的实际结果，就像我们之前讨论的那样。

```
ray_results = {
    'predictions': ray.get(pred_obj_refs),
    'train_data': ray.get(train_obj_refs),
    'test_data': ray.get(test_obj_refs),
    'train_indices': ray.get(train_index_obj_refs)
}
```

然后，你可以通过 ray_results['predictions'][<index>]等方式访问每个模型的这些值。

在 Github 存储库中，文件 Chapter08/train/train_forecasters_ray.py 运行此语法，并提供了一个示例 for 循环，以串行方式逐个训练 Prophet 模型，以进行比较。然后使用时间库进行测量，并在我的 Macbook 上使用四个 CPU 来运行 Ray 集群上的实验，我能够在不到 40 秒的时间内使用 Ray 训练 1 115 个 Prophet 模型，而使用串行代码则需要约 3 分 50 秒。在没有进行太多的优化的情况下，这几乎是六倍的速度提升！

> 我们没有涵盖将模型和元数据保存到 MLFlow 中的部分，你可以使用我们在第 3 章“从模型到模型工厂”中深入讨论的语法来执行此操作。为了避免大量的通信开销，最好将元数据临时存储为训练过程的结果，就像我们在存储预测的字典中所做的那样，然后在最后将所有内容写入 MLFlow。这意味着你不会通过与 MLFlow 服务器的通信而减慢 Ray 进程的速度。还请注意，我们可以通过使用 Ray Dataset API 和更改转换逻辑以使用 Arrow 语法来进一步优化这个并行处理过程。最后一个选项也可以使用 Modin，以前被称为 Pandas on Ray，它允许你使用 pandas 语法的同时利用 Ray 的并行性。

现在让我们开始构建解决方案的服务层，以便我们可以使用这些预测模型为其他系统和用户生成结果。

使用 FastAPI 提供模型服务

将机器学习模型封装在轻量级的 Web 应用程序中是在 Python 中为微服务提供 ML 模型最简单且可能最灵活的方法。多年来，Flask 一直是 Python 用户中流行的选择，但现在

FastAPI Web 框架具有许多优势，这意味着它应该被认真考虑作为更好的替代方案。

FastAPI 的一些特性使其成为轻量级微服务的绝佳选择：

- 数据验证：FastAPI 使用并基于 Pydantic 库，该库允许你在运行时强制执行类型提示。这使得可以实现非常简单易用的数据验证步骤，从而增强了系统的健壮性，防止了潜在的问题发生。
- 内置的异步工作流：FastAPI 通过 async 和 await 关键字为你提供了开箱即用的异步任务管理，因此你可以在许多情况下相对无缝地构建所需的逻辑，而无须依赖额外的库。
- 开放规范：FastAPI 基于几个开源标准，包括 OpenAPI REST API 标准和 JSON Schema 声明性语言，这有助于创建自动生成的数据模型文档。这些规范有助于使 FastAPI 的工作方式保持透明，并且非常易于使用。
- 自动生成文档：上一点提到了数据模型的自动生成文档，但 FastAPI 还使用 SwaggerUI 为整个服务自动生成文档。
- 性能：FastAPI 的名字中就带有“Fast”（快）！FastAPI 使用异步服务器网关接口（ASGI）标准，而其他框架如 Flask 使用 Web 服务器网关接口（WSGI）。ASGI 可以在单位时间内处理更多的请求，并且更有效率，因为它可以在不等待前一个任务完成的情况下执行任务。而 WSGI 接口按顺序执行指定的任务，因此处理请求需要更长的时间。

因此，上述是为什么在这个例子中使用 FastAPI 来提供预测模型可能是个好主意的原因，但我们该如何去做呢？接下来我们将介绍如何实现这一点。

任何微服务都必须以某种指定的格式接收数据，这称为“请求”。然后它将返回数据，称为“响应”。微服务的工作是接收请求，执行请求定义的一系列任务或提供输入，创建适当的输出，然后将其转换为指定的请求格式。这可能看起来很基础，但回顾这一点很重要，它为我们设计系统提供了起点。很明显，我们将不得不在设计中考虑以下几点：

1. 请求和响应模式：由于我们将构建一个 REST API，因此自然而然地将指定请求和响应的数据模型为带有相关模式的 JSON 对象。这样做的关键是，模式尽可能简单，并且包含了客户端（请求服务）和服务器（微服务）执行适当操作所需的所有信息。由于我们正在构建一个预测服务，因此请求对象必须提供足够的信息，以使系统能够提供适当的预测，而上游解决方案调用该服务时可以向用户呈现或执行进一步的逻辑。响应将必须包含实际的预测数据点或指向预测位置的某些指针。

2. 计算：本例中，响应对象的创建即预测，需要计算，如第 1 章中所讨论的那样。

设计 ML 微服务的一个关键考虑因素是计算资源的大小以及执行所需的适当工具。举例来说，如果你运行的是一个需要大型 GPU 才能执行推理的计算机视觉模型，而你的 Web 应用程序后端只是运行在一台小型机器上的话，就不能在运行 Web 应用程序后端的服务器上执行这个模型。同样地，如果推理步骤需要摄入 1 TB 的数据，这可能需要我们使用一个像 Spark 或 Ray 这样的并行化框架，运行在一个专用集群上，根据定义，这些集群将必须在不同的机器上运行，与提供 Web 应用程序服务的机器分开。如果计算需求足够小，并且从另一个位置获取数据的工作并不太强烈，那么你可以在托管 Web 应用程序的同一台机器上运行推理。

3. 模型管理：这是一个机器学习服务，所以当然涉及模型！这意味着，正如第 3 章“从模型到模型工厂”中详细讨论的那样，我们需要实现一个强大的流程来管理适当的模型版本。对于这个例子的要求还意味着我们必须能够以相对动态的方式利用许多不同的模型。这将需要一些仔细考虑和使用像 MLflow 这样的模型管理工具，我们在第 3 章中也介绍过它。我们还必须考虑我们的模型更新和回滚策略，例如，我们将使用蓝/绿部署还是金丝雀部署，正如第 5 章中讨论的那样。

4. 性能监控：对于任何机器学习系统，正如我们在整本书中都详细讨论过的那样，监控模型的性能将至关重要，采取适当的行动来更新或回滚这些模型也是如此。如果对于任何推断的真实数据不能立即返回给服务，那么这将需要一个自己的过程来将真实数据和推断数据聚集在一起，然后对它们执行所需的计算。

这些是我们在构建解决方案时必须考虑的一些重要因素。本章中，我们将专注于第 1 点和第 3 点，因为第 9 章将介绍如何构建批处理环境中运行的训练和监控系统。现在我们知道了一些我们想要考虑到解决方案中的因素，让我们开始构建吧！

响应和请求模式

如果客户端要求为特定商店预测，就像我们在需求中假设的那样，那么请求应该指定几件事情。首先，它应该指定商店，使用一种在 ML 微服务和客户端应用程序的数据模型之间保持一致的商店标识符。

其次，预测的时间范围应以适当的格式提供，以便应用程序可以轻松解释和处理。如果请求中没有提供适当的预测时间窗口，那么系统还应该具有一套合理的逻辑来创建适当的预测时间窗口。因为基于合理地假设下，如果客户端请求“店铺 *X* 的预测”，那么我们可以采取一些默认行为，提供从现在到未来某个时间段的预测，这可能对客户端应用程序有用。

满足这一需求的最简单的请求 JSON 模式如下所示：

```
{
    "storeId": "4",
    "beginDate": "2023-03-01T00:00:00Z",
    "endDate": "2023-03-07T00:00:00Z"
}
```

由于这是一个 JSON 对象，所有字段都是字符串，但它们填充的值将在我们的 Python 应用程序中易于解释。Pydantic 库还将帮助我们强制执行数据验证，我们稍后将讨论。请注意，我们还应允许客户端应用程序请求多个预测，因此我们应该允许将此 JSON 扩展为允许请求对象列表：

```
[
  {
        "storeId": "2",
        "beginDate": "2023-03-01T00:00:00Z",
        "endDate": "2023-03-07T00:00:00Z"
    },
    {
        "storeId": "4",
```

```
        "beginDate": "2023-03-01T00:00:00Z",
        "endDate": "2023-03-07T00:00:00Z"
    }
]
```

正如前面提到的，我们希望构建应用逻辑，以便即使客户端只是提出了一个指定 store_id 的请求，系统仍然可以工作，并且我们可以推断适当的预测时间范围是从现在到未来的某个时间。

这意味着当以下内容作为 API 调用中的 JSON 主体提交时，我们的应用程序应该正常工作：

```
[
    {
        "storeId": "4",
    }
]
```

为了强制执行请求的这些约束，我们可以使用 Pydantic 功能，在这里我们继承自 Pydantic BaseModel 并创建一个数据类，定义我们刚刚提出的类型要求：

```
from pydantic import BaseModel

class ForecastRequest(BaseModel):
    store_id: str
    begin_date: str | None = None
    end_date: str | None = None
```

正如你所看到的，我们在这里强制要求 store_id 是一个字符串，但是我们允许预测的开始和结束日期可以为 None。如果未指定日期，我们可以根据相关的业务知识做出合理的假设，即有用的预测时间窗口将从请求的日期到现在的七天后。这可以是一个可以更改的内容，甚至可以作为应用程序配置中提供配置变量。我们将不处理这个特定的方面，以便专注于更有趣的事情，因此把它留给读者作为一个有趣的练习！

我们的例子中，预测模型将基于 Prophet 库，正如我们讨论过的那样，这需要一个包含运行预测的日期时间的索引。为了根据请求生成这个索引，我们可以编写一个简单的辅助函数：

```
import pandas as pd

def create_forecast_index(begin_date: str = None, end_date: str = None):
    # 转换预测开始日期
    if begin_date == None:
        begin_date = datetime.datetime.now().replace(tzinfo=None)
    else:
        begin_date = datetime.datetime.strptime(begin_date,
                     '%Y-%m-%dT%H:%M:%SZ').replace(tzinfo=None)

    # 转换预测结束日期
    if end_date == None:
        end_date = begin_date + datetime.timedelta(days=7)
    else:
        end_date = datetime.datetime.strptime(end_date,
                   '%Y-%m-%dT%H:%M:%SZ').replace(tzinfo=None)

    return pd.date_range(start = begin_date, end = end_date, freq = 'D')
```

一旦从模型存储层（在我们的情况下是 MLflow）检索到预测模型，这个逻辑就允许我们创建输入预测模型的数据。

响应对象必须以某种数据格式返回预测结果，并且始终必须返回足够的信息，以便客户端应用程序能够方便地将返回的对象与触发其创建的响应相关联。满足这一要求的一个简单模式可能如下所示：

```
[
    {
        "request": {
            "store_id": "4",
            "begin_date": "2023-03-01T00:00:00Z",
            "end_date": "2023-03-07T00:00:00Z"
```

```
        },
        "forecast": [
            {
                "timestamp": "2023-03-01T00:00:00",
                "value": 20716
            },
            {
                "timestamp": "2023-03-02T00:00:00",
                "value": 20816
            },
            {
                "timestamp": "2023-03-03T00:00:00",
                "value": 21228
            },
            {
                "timestamp": "2023-03-04T00:00:00",
                "value": 21829
            },
            {
                "timestamp": "2023-03-05T00:00:00",
                "value": 21686
            },
            {
                "timestamp": "2023-03-06T00:00:00",
                "value": 22696
            },
            {
                "timestamp": "2023-03-07T00:00:00",
                "value": 21138
            }
        ]
    }
]
```

我们允许将其扩展为与请求 JSON 模式相同的列表。我们将在本章的其余部分使用这些模式。现在，让我们看看如何在应用程序中管理模型。

在微服务中管理模型

第 3 章中，我们详细讨论了如何在你的 ML 系统中使用 MLflow 作为模型工件和元数据存储层。我们在这里也会做同样的事情，所以让我们假设你已经运行了一个 MLflow 跟踪服务器，然后我们只需要定义与其交互的逻辑。如果你需要复习，请随时返回第 3 章。

我们需要编写一些逻辑，完成以下操作：

1. 检查 MLflow 服务器中是否有可用于生产的模型。

2. 检索满足我们设置的任何条件的模型版本，例如，模型训练时间不超过一定的天数，并且具有选定范围内的验证指标。

3. 在需要的情况下，缓存模型以在预测会话期间进行使用和重用。

4. 如果需要，对多个模型执行上述所有操作。

对于第 1 点，我们需要在 MLflow 模型注册表中将模型标记为生产就绪状态，然后我们可以使用第 3 章“从模型到模型工厂”中遇到的 MlflowClient( )和 mlflow pyfunc 功能。

```
import mlflow
import mlflow.pyfunc
from mlflow.client import MlflowClient
import os

tracking_uri = os.getenv(["MLFLOW_TRACKING_URI"])

mlflow.set_tracking_uri(tracking_uri)
client = MlflowClient(tracking_uri=tracking_uri)

def get_production_model(store_id:int):
    model_name = f"prophet-retail-forecaster-store-{store_id}"
```

```
    model =mlflow.pyfunc.load_model(
                    model_uri=f"models:/{model_name}/production"
                  )
    return model
```

对于第 2 点，我们可以使用下面将描述的 MLflow 功能来检索给定模型的指标。首先，使用模型的名称，你可以检索模型的元数据：

```
model_name = f"prophet-retail-forecaster-store-{store_id}"
latest_versions_metadata = client.get_latest_versions(
    name=model_name
)
```

这将返回一个类似这样的数据集：

```
[<ModelVersion: creation_timestamp=1681378913710, current_
stage='Production', description='', last_updated_
timestamp=1681378913722, name='prophet-retail-forecaster-store-3', run_
id='538c1cbded614598a1cb53eebe3de9f2', run_link='', source='/Users/apmcm/
dev/Machine-Learning-Engineering-with-Python-Second-Edition/Chapter07/
register/artifacts/0/538c1cbded614598a1cb53eebe3de9f2/artifacts/model',
status='READY', status_message='', tags={}, user_id='', version='3'>]
```

你可以使用该数据通过此对象检索版本，然后检索模型版本元数据。

```
latest_model_version_metadata = client.get_model_version(
    name=model_name,
    version=latest_versions_metadata.version
)
```

这包含了一些类似于这样的元数据：

```
<ModelVersion: creation_timestamp=1681377954142, current_
stage='Production', description='', last_updated_
timestamp=1681377954159, name='prophet-retail-forecaster-store-3', run_
id='41f163b0a6af4b63852d9218bf07adb3', run_link='', source='/Users/apmcm/
dev/Machine-Learning-Engineering-with-Python-Second-Edition/Chapter07/
register/artifacts/0/41f163b0a6af4b63852d9218bf07adb3/artifacts/model',
status='READY', status_message='', tags={}, user_id='', version='1'>
```

这个模型版本的指标信息与 run_id 相关联，所以我们需要获取它：

```
latest_model_run_id = latest_model_version_metadata.run_id
```

run_id 的值可能类似于这样：

```
'41f163b0a6af4b63852d9218bf07adb3'
```

你可以使用这些信息来获取特定运行的模型指标，然后在此基础上执行任何你想要的逻辑。若要检索指标值，你可以使用以下语法：

```
client.get_metric_history(run_id=latest_model_run_id, key='rmse')
```

作为一个例子，你可以使用第 2 章在连续模型性能测试部分应用的逻辑，简单地要求均方根误差低于某个指定的值，然后才允许其在预测服务中使用。

我们也可能希望允许服务在模型过时的时候触发重新训练，这可以作为放置在任何训练系统之上的另一层模型管理。

如果我们的训练过程由在 AWS MWAA 上运行的 Airflow DAG 编排，正如我们在第 5 章中讨论的那样，那么下面的代码可以用来调用训练管道：

```
import boto3
import http.client
import base64
import ast

# mwaa_env_name = 'YOUR_ENVIRONMENT_NAME'
# dag_name = 'YOUR_DAG_NAME'

def trigger_dag(mwaa_env_name: str, dag_name: str) -> str:
    client = boto3.client('mwaa')

    # 获取网络令牌
    mwaa_cli_token = client.create_cli_token(
        Name=mwaa_env_name
    )
```

```
conn = http.client.HTTPSConnection(
    mwaa_cli_token['WebServerHostname']
)

mwaa_cli_command = 'dags trigger'
payload = mwaa_cli_command + " " + dag_name

headers = {
  'Authorization': 'Bearer ' + mwaa_cli_token['CliToken'],
  'Content-Type': 'text/plain'
}

conn.request("POST", "/aws_mwaa/cli", payload, headers)
res = conn.getresponse()
data = res.read()
dict_str = data.decode("UTF-8")
mydata = ast.literal_eval(dict_str)

return base64.b64decode(mydata['stdout']).decode('ascii')
```

下一节将概述如何将这些部分整合在一起，以便 FastAPI 服务可以在讨论如何将应用程序容器化和部署之前，将其包装在几个逻辑组件周围。

将所有内容整合在一起

我们已成功定义了请求和响应的模式，并编写了逻辑来从我们的模型仓库中获取合适的模型；现在剩下的就是将所有这些元素联系起来，使用模型执行实际的推理。这需要几个步骤，我们现在来逐一分解。FastAPI 后端的主文件名为 app.py，其中包含几个不同的应用程序路由。在本章的其余部分，我会在每个相关代码片段之前展示必要的导入，但实际文件遵循 PEP8 的导入规范，即在文件顶部进行导入。

首先，我们定义日志记录器，并设置一些全局变量作为轻量级内存的缓存，用于存储已检索的模型和服务处理程序：

```
# 记录日志
import logging
log_format = "%(asctime)s - %(name)s - %(levelname)s - %(message)s"
logging.basicConfig(format = log_format, level = logging.INFO)

handlers = {}
models = {}
MODEL_BASE_NAME = f"prophet-retail-forecaster-store-"
```

如果你确定这个应用程序将在隔离环境中运行，并且不会因为同时接收多个客户端的请求而创建竞争条件，那么使用全局变量在应用程序路由之间传递对象是一个好主意。但当多个进程尝试覆盖该变量时，可能会发生这种情况。你可以尝试将这个例子改为使用缓存，比如 Redis 或 Memcache 来替代全局变量的使用！

然后，我们需要实例化一个 FastAPI 应用对象，并可以使用启动生命周期事件方法定义任何我们想要在启动时运行的逻辑：

```
from fastapi import FastAPI
from registry.mlflow.handler import MLFlowHandler

app = FastAPI()
@app.on_event("startup")
async def startup():
    await get_service_handlers()
    logging.info("Updated global service handlers")

async def get_service_handlers():
    mlflow_handler = MLFlowHandler()
    global handlers
    handlers['mlflow'] = mlflow_handler
    logging.info("Retreving mlflow handler {}".format(mlflow_handler))
    return handlers
```

正如已经提到的，FastAPI 很适合支持异步工作流程，允许在等待其他任务完成时利用计算资源。服务处理程序的实例化可能是一个较慢的过程，因此在这里采用这种方法是很有用的。当调用含有 async 关键字的函数时，我们需要使用 await 关键字，这意味着在调用了 async 的函数其余部分可以被挂起，直到返回结果并且资源用于其他任务。在这里，我们只有一个处理程序要实例化，它将处理与 MLflow 跟踪服务器的连接。

registry.mlflow.handler 模块是我编写的，其中包含了 MLFlowHandler 类，它包含了我们将在整个应用程序中使用的方法。以下是该模块的内容：

```
import mlflow
from mlflow.client import MlflowClient
from mlflow.pyfunc import PyFuncModel
import os

class MLFlowHandler:
    def __init__(self) -> None:
        tracking_uri = os.getenv('MLFLOW_TRACKING_URI')
        self.client = MlflowClient(tracking_uri=tracking_uri)
        mlflow.set_tracking_uri(tracking_uri)

    def check_mlflow_health(self) -> None:
        try:
            experiments = self.client.search_experiments()
            return 'Service returning experiments'
        except:
            return 'Error calling MLFlow'

    def get_production_model(self, store_id: str) -> PyFuncModel:
        model_name = f"prophet-retail-forecaster-store-{store_id}"
        model = mlflow.pyfunc.load_model(
                    model_uri=f"models:/{model_name}/production"
                    )
        return model
```

正如你所看到的，这个处理程序有检查 MLflow 跟踪服务器是否正在运行以及获取生产模型的方法。你也可以添加方法来查询 MLflow API，以收集我们之前提到的指标数据。

现在回到主要的 app.py 文件，我编写了一个小型的健康检查端点来获取服务的状态：

```
@app.get("/health/", status_code=200)
async def healthcheck():
    global handlers
    logging.info("Got handlers in healthcheck.")
    return {
        "serviceStatus": "OK",
        "modelTrackingHealth": handlers['mlflow'].check_mlflow_health()
        }
```

接下来是一个方法，用于获取给定零售店 ID 的生产模型。此函数检查模型是否已经在全局变量中（充当简单缓存）可用，如果不可用，则添加。你可以扩展此方法以包含围绕模型的其他指标或任何其他要使用的逻辑，以决定是否将模型拉入应用程序中。

```
async def get_model(store_id: str):
    global handlers
    global models

    model_name = MODEL_BASE_NAME + f"{store_id}"
    if model_name not in models:
        models[model_name] = handlers['mlflow'].\
                                  get_production_model(store_id=store_id)
    return models[model_name]
```

最后，我们有预测端点，客户端可以通过之前定义的请求对象向这个应用发送请求，并根据我们从 MLflow 检索到的 Prophet 模型获取预测。就像在书的其余部分一样，为了简洁起见，我省略了较长的注释。

```
@app.post("/forecast/", status_code=200)
async def return_forecast(forecast_request: List[ForecastRequest]):
    forecasts = []
    for item in forecast_request:
        model = await get_model(item.store_id)
        forecast_input = create_forecast_index(
            begin_date=item.begin_date,
```

```
            end_date=item.end_date
            )
        forecast_result = {}
        forecast_result['request'] = item.dict()
        model_prediction = model.predict(forecast_input)[['ds', 'yhat']]\
            .rename(columns={'ds': 'timestamp', 'yhat': 'value'})
        model_prediction['value'] = model_prediction['value'].astype(int)
        forecast_result['forecast'] = model_prediction.to_dict('records')
        forecasts.append(forecast_result)
    return forecasts
```

你可以通过以下方式在本地运行应用程序：

```
uvicorn app:app --host 127.0.0.1 --port 8000
```

如果你想在应用程序运行时进行开发，可以添加--reload 标志。如果你使用 Postman（或 curl 或你选择的任何其他工具）并按照我们之前描述的方式查询此端点，并提供一个请求主体，如图 8-2 所示，你将会得到类似图 8-3 所示的输出。

图 8-2　在 Postman 应用程序中向 ML 微服务发送请求

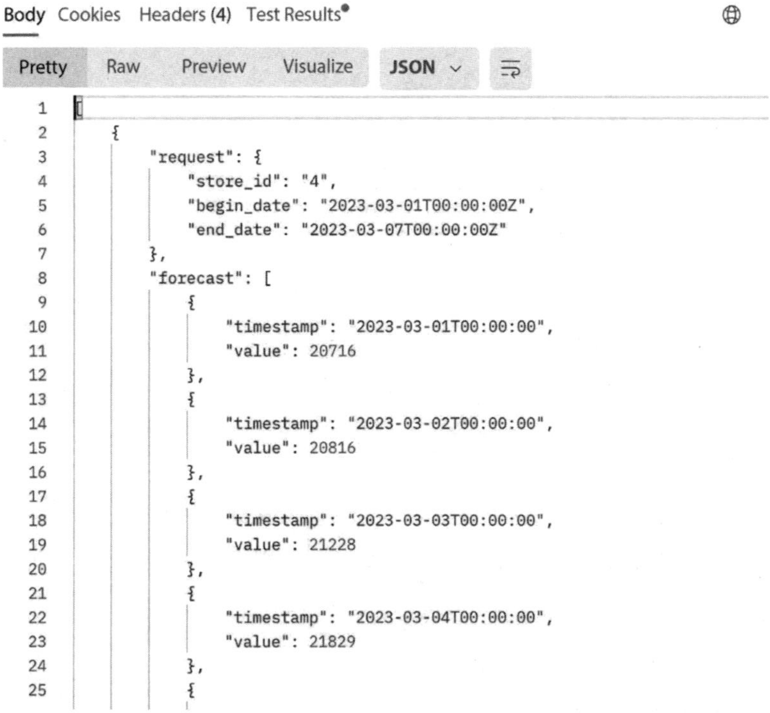

图 8-3 Postman 查询时 ML 微服务的响应

这就是，我们有一个相对简单的 ML 微服务，当查询端点时会返回零售店的 Prophet 模型预测！现在，我们将讨论如何将这个应用程序容器化，并将其部署到 Kubernetes 集群以进行可扩展服务。

容器化并部署到 Kubernetes

第 5 章中，当我们介绍 Docker 时，我们展示了如何使用它来封装你的代码，然后在许多不同的平台上一致地运行它。

在这里，我们将再次进行此操作，但要牢记一个想法，那就是我们不仅想将应用程序作为单例在不同的基础设施上运行，实际上还希望允许许多不同的微服务副本同时运行，并通过负载均衡器有效地路由请求。这意味着我们可以将有效的方法应用到几乎任意大规模的场景中。

我们将通过执行以下几个步骤来实现这一点：

1．使用 Docker 将应用程序容器化。

2．将这个 Docker 容器推送到 Docker Hub 作为我们的容器存储位置（你可以在此步骤中使用另一个容器管理解决方案，如 AWS Elastic Container Registry 或其他云提供商的类似解决方案）。

3．创建一个 Kubernetes 集群。我们将在本地使用 minikube 进行操作，但你可以使用云提供商的托管 Kubernetes 服务进行操作。在 AWS 上，这是 Elastic Kubernetes Service (EKS)。

4．在集群上定义一个可以扩展的服务和负载均衡器。在这里，我们将介绍以编程方式定义 Kubernetes 集群上服务和部署特性的概念。

5．部署服务并测试其是否按预期工作。

接下来，我们将逐步进行这些步骤。

将应用程序容器化

本书前面介绍过，如果我们想要使用 Docker，就需要提供构建容器的指令，以及在 Dockerfile 中安装任何必要的依赖项。对于这个应用程序，我们可以使用一个基于可用的 FastAPI 容器映像的 Dockerfile，假设我们有一个名为 requirements.txt 的文件，其中包含所有 Python 包依赖项。

```
FROM tiangolo/uvicorn-gunicorn-fastapi:latest
COPY ./requirements.txt requirements.txt
RUN pip install --no-cache-dir --upgrade -r requirements.txt
COPY ./app /app
CMD ["uvicorn", "main:app", "--host", "0.0.0.0", "--port", "8080"]
```

我们可以使用以下命令构建这个 Docker 容器，我已将容器命名为 custom-forecast-service：

```
docker build -t custom-forecast-service:latest .
```

一旦成功构建，我们需要将其推送到 Docker Hub。你可以通过在终端登录 Docker Hub，然后运行以下命令将其推送到你的账户：

```
docker login
docker push <DOCKER_USERNAME>/custom-forecast-service:latest
```

这意味着其他构建流程或解决方案可以下载并运行你的容器。

请注意，在推送到 Docker Hub 之前，你可以通过执行类似以下命令的其他命令来测试容器化的应用程序是否运行。我在命令中包含了一个平台标志，以便在我的 MacBook Pro 上本地运行容器：

```
docker run -d --platform linux/amd64 -p 8000:8080 electricweegie/custom-
forecast-service
```

现在我们已经构建并分享了容器，可以通过部署到 Kubernetes 进行扩展。

使用 Kubernetes 进行扩展

对于即使是经验丰富的开发人员来说，与 Kubernetes 一起工作可能也是一个陡峭的学习曲线，因此我们在这里只是浅尝辄止，给你足够的知识去开始你自己的学习之旅。本节将指导你完成部署 ML 微服务到本地运行的 Kubernetes 集群的步骤，因为部署到远程托管集群需要进行轻微修改的相同步骤。在生产环境中无缝运行 Kubernetes 集群需要考虑诸如网络、集群资源配置和管理、安全策略等诸多主题。详细研究所有这些主题将需要一整本书来完成。事实上，一个了解这些细节的极好资源是 Aly Saleh 和 Murat Karsioglu 撰写的《Kubernetes 在生产中的最佳实践》。本章中，我们将重点放在理解让你快速上手并使用 Kubernetes 来开发 ML 微服务的最重要步骤上。

首先，让我们为 Kubernetes 开发进行设置。我将在这里使用 minikube，因为它具有一些方便的实用程序，可以设置通过 REST API 调用的服务。在本书之前，我使用了 kind（Docker 中的 Kubernetes），你也可以在这里使用它；只是准备做一些更多的工作并使用文档。

若要在你的计算机上使用 minikube 进行设置，请按照官方文档中针对你的平台的安装指南进行操作：https://minikube.sigs.k8s.io/docs/start/。

一旦安装了 minikube，你可以使用默认配置启动你的第一个集群，方法如下：

```
minikube start
```

一旦集群正常运行，你可以使用以下命令将 fast-api 服务部署到集群中：

```
kubectl apply -f direct-kube-deploy.yaml
```

direct-kube-deploy.yaml 是一个清单文件，其中包含以下代码：

```
apiVersion: apps/v1
kind: Deployment
metadata:
  name: fast-api-deployment
spec:
  replicas: 2
  selector:
    matchLabels:
      app: fast-api
  template:
    metadata:
      labels:
        app: fast-api
    spec:
      containers:
      - name: fast-api
        image: electricweegie/custom-forecast-service:latest
        resources:
          limits:
            memory: "128Mi"
            cpu: "500m"
        ports:
          - containerPort: 8000
```

这个清单定义了一个 Kubernetes 部署（Deployment），它创建并管理两个副本的 Pod 模板，每个 Pod 包含一个名为 fast-api 的容器。该容器运行我们之前创建并发布的 Docker 镜像 electricweegie/custom-forecast-service:latest。此外，它还为 Pod 中运行的容器定义了资源限制，并确保容器在端口 8000 上进行监听。

现在，我们已经在其中创建了一个包含应用程序的部署（Deployment），需要将这个解决方案暴露给传入的流量，最好通过负载均衡器，以便将传入的流量有效地路由到应用程序的不同副本上。在 minikube 中执行这个操作，你需要执行以下一些步骤：

1. 默认情况下，minikube 集群上运行的服务不会提供网络或主机机器访问权限，因此我们必须使用隧道命令创建路由来暴露集群 IP 地址：

```
minkube tunnel
```

2. 打开一个新的终端窗口，这样可以保持隧道持续运行。然后，你需要创建一个类型为 LoadBalancer 的 Kubernetes 服务，该服务将访问我们已经设置的部署：

```
kubectl expose deployment fast-api-deployment --type=LoadBalancer
--port=8080
```

3. 你可以通过运行以下命令获取访问该服务的外部 IP 地址：

```
kubectl get svc
```

这应该会给出类似输出，如下所示：

```
NAME                      TYPE                 CLUSTER-IP
EXTERNAL-IP  PORT(S)                AGE
fast-api-deployment  LoadBalancer   10.96.184.178   10.96.184.178
8080:30791/TCP   59s
```

你现在可以使用负载均衡器服务的 EXTERNAL-IP 来访问 API，因此你可以转到 Postman 或其他 API 开发工具，并将 http://<EXTERNAL-IP>:8080 用作你现在成功构建并部署到 Kubernetes 的 FastAPI 服务的根 URL！

部署策略

正如第 5 章中讨论的那样，你可以使用几种不同的策略来部署和更新你的 ML 服务。这有两个组成部分：一个是模型的部署策略，另一个是为模型提供服务的主机应用程序或管道的部署策略。这两者也可以同时执行。

在这里，我们会讨论如何更新我们刚刚部署到 Kubernetes 的应用程序，使用金丝雀和蓝/绿部署策略。一旦你了解如何为基本应用程序执行此操作，可以通过在金丝雀或蓝/绿部署中指定具有适当标签的模型版本来添加类似的更新策略。例如，我们可以使用 MLflow 模型注册表中的“staging”阶段来获得我们的“蓝色”模型，然后在转换到“绿色”时，确保我们已经将此模型移动到模型注册表中的“production”阶段，使用本章和第 3 章“从模型到模型工厂”中概述的语法。

金丝雀部署是在生产环境的较小子集中部署应用程序的新版本。我们可以创建一个新的部署清单，强制只创建并运行一个金丝雀应用程序的副本（在较大的集群上可能会更多）。在这种情况下，只需要你编辑先前清单中副本数量为“1”。

为了确保金丝雀部署可以访问相同的负载均衡器，我们必须利用 Kubernetes 中的资源标签概念。然后，我们可以部署一个负载均衡器，它选择具有所需标签的资源。下面是部署这样一个负载均衡器的示例清单：

```
apiVersion: v1
kind: Service
metadata:
  name: fast-api-service
spec:
  selector:
    app: fast-api
  ports:
    - protocol: TCP
      port: 8000
```

```
    targetPort: 8000
  type: LoadBalancer
```

或者使用与上述相同的 minikube 语法：

```
kubectl expose deployment fast-api-deployment --name=fast-api-service
--type=LoadBalancer --port=8000 --target-port=8000 --selector=app=fast-api
```

部署了这个负载均衡器和金丝雀部署之后，你可以实施监控集群日志或你的模型，以确定金丝雀是否成功，并应该获得更多的流量。在这种情况下，你只需更新部署清单以包含更多的副本。

蓝/绿部署将以非常类似的方式工作；在每种情况下，你只需编辑部署清单，将应用程序标记为蓝色或绿色。蓝/绿部署与金丝雀部署的核心区别在于流量切换稍显突然，在这里，我们可以使用以下命令将负载均衡器服务切换到绿色部署的生产流量，该命令使用 kubectl CLI 来对服务中选择器的定义进行修补：

```
kubectl patch service fast-api-service -p
'{"spec":{"selector":{"app":"fast-api-green"}}}'
```

这就是你在 Kubernetes 中执行金丝雀和蓝/绿部署的方式，以及如何使用它尝试不同版本的预测服务的方法。欢迎尝试！

本章小结

本章中，我们通过一个示例演示了如何将本书前七章的工具和技术结合起来，解决一个现实的业务问题。我们详细讨论了动态触发的预测算法需求如何迅速导致设计需要多个小型服务无缝交互的情况。特别是，我们首先创建了一个包含处理事件、训练模型、存储模型和执行预测的组件的设计。其次，我们演示了在真实场景中如何选择工具集来构建这个设计，考虑了诸如适用性和开发者熟悉程度等因素。最后，我们仔细定义了构建解决方案所需的关键代码部分，以重复和稳健地解决问题。

在接下来的，也是最后的一章中，我们将构建一个批处理 ML 过程的示例。我们将命名这个模式为“提取、转换、机器学习”，并探讨任何旨在构建这种类型解决方案的项目应该涵盖的关键要点。

加入我们在 Discord 上的社区

加入我们的社区 Discord 空间，与作者和其他读者进行讨论：https://packt.link/mle。

第 9 章　构建一个提取、转换、机器学习用例

与第 8 章类似，本章的目的是尝试将我们在整本书中学到的许多工具和技术结晶化，并将它们应用到一个现实情景中。这将基于第 1 章介绍的另一个用例，我们在那里想象了需要定期对出租车乘车数据进行聚类的需求。为了探索本书介绍的一些其他概念，我们还假设每次出租车乘车都伴随着一系列来自各种来源的文本数据，例如交通新闻网站和出租车司机与基地之间的通话记录，这些数据将与核心乘车信息合并。然后，我们把这些数据传递给一个大型语言模型（LLM）进行摘要。摘要的结果可以与基本的乘车日期一起保存在目标数据位置，为任何下游对出租车乘车的调查或分析提供重要的背景。我们还将在之前对 Apache Airflow 的了解基础上进一步探讨一些高级概念，将其用作管道的编排工具，以使你的 Airflow 作业更加健壮、可维护和可扩展。我们将探讨这种情境，以便我们能够概述在现实世界中构建解决方案时需要做出的关键决策，以及如何通过利用其他章节中介绍的内容来实现它。

这个用例将使我们能够探索机器学习（ML）解决方案中可能是全球最常用的模式之一——批处理推断过程。由于检索、转换数据，然后对其进行机器学习的性质，我将其称为提取、转换、机器学习（ETML）。

我们将在以下各节中逐步进行这个示例：

- 理解批处理问题
- 设计 ETML 解决方案
- 选择工具
- 执行构建

所有这些主题将帮助我们理解构建成功的 ETML 解决方案所需的特定决策和步骤。

在接下来的部分中，我们将重新审视第 1 章中介绍的概要问题，并探讨如何根据我们截至目前在本书中学到的一切，将业务需求映射到技术解决方案需求。

技术要求

和其他章节一样，要创建环境以运行本章的代码示例，你可以运行以下代码：

```
conda env create -f mlewp-chapter09.yml
```

这将包括安装 Airflow、PySpark 和一些支持包。对于 Airflow 示例，我们可以在本地工作，并假设如果你想部署到云端，可以按照第 5 章中给出的详细信息进行操作。如果你已经运行了上述 conda 命令，那么你将在本地安装 Airflow、PySpark 和 Airflow PySpark 连接器包，因此你可以在终端使用以下命令独立运行 Airflow：

```
airflow standalone
```

然后将实例化一个本地数据库和所有相关的 Airflow 组件。终端会输出大量信息，但在第一阶段输出的末尾附近，你应该能够看到有关正在运行的本地服务器的详细信息，包括生成的用户 ID 和密码。参见图 9-1 的示例。正如消息所说，请勿将此模式用于生产环境！

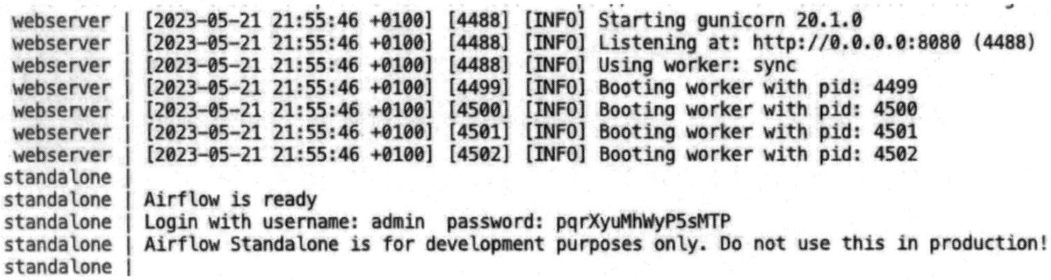

图 9-1　独立模式下运行 Airflow 时创建的本地登录详情示例

如果你导航到提供的 URL（在截图的第二行中，你可以看到该应用正在监听 http://0.0.0.0:8080），你将看到一个页面，类似如图 9-2 所示的页面，你可以使用本地用户名和密码登录（见图 9-3）。当你登录独立运行版本的 Airflow 时，会看到许多 DAG 和作业示例，你可以根据这些示例构建自己的工作负载。

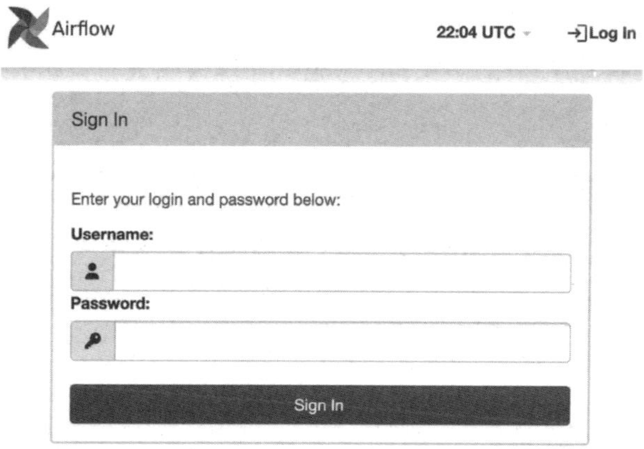

图 9-2　独立运行的 Airflow 实例在本地计算机上访问的登录页面

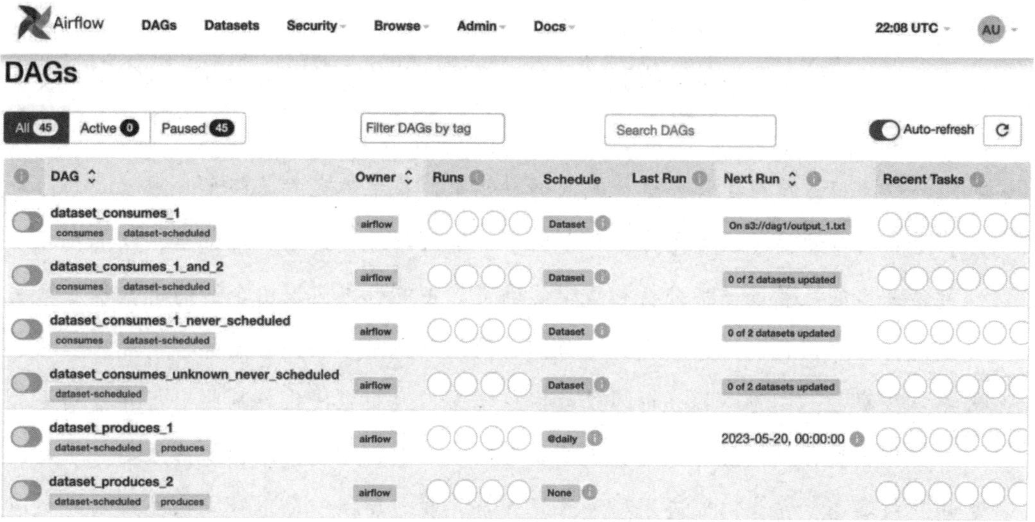

图 9-3　登录独立运行的 Airflow 实例后，页面已经填充了一系列示例 DAG

现在我们已经完成了一些初步设置，让我们继续讨论我们将尝试解决的问题细节，然后再构建我们的解决方案。

理解批处理问题

第 1 章中，我们看到了一个出租车公司想要在每天结束时分析异常乘车的情景。客户有以下要求：

- 出行应根据出行距离和时间进行聚类，并识别异常/离群值。
- 不应使用速度（距离/时间），因为分析人员希望了解长距离出行或持续时间长的出行。
- 分析应按日程执行。
- 推断的数据应从公司的数据湖中获取。
- 结果应该可供其他公司系统使用。

根据本章介绍中的描述，现在我们可以添加一些额外的要求：

- 系统的结果应包含有关乘车分类的信息，以及相关文本数据的摘要。
- 只有异常乘车的文本数据需要进行摘要分析。

就像第 2 章和第 8 章中所做的那样，现在我们可以从这些需求中制定一些用户故事，具体如下：

- 用户故事 1：作为运营分析员或数据科学家，我希望在考虑乘车时间（以分钟为单位）和乘车距离（以英里为单位）时，能够清晰地标记出异常乘车，以便我可以对异常乘车的数量进一步分析和建模。确定异常的标准应该由合适的机器学习算法来确定，该算法可以将异常定义为与同一天的其他乘车相比较的异常情况。
- 用户故事 2：作为运营分析师或数据科学家，我希望提供与某些出行异常相关的文本数据摘要，以便我可以对其进一步分析和建模，了解异常出行的原因。
- 用户故事 3：作为内部应用程序开发人员，我希望所有输出数据都发送到一个中央位置，最好是在云中，这样我就可以轻松地使用这些数据构建仪表板和其他应用程序。
- 用户故事 4：作为运营分析师或数据科学家，我希望每天早上在 9:00 前收到一份报告。该报告应清楚显示由所选机器学习算法定义的异常或“正常”的出行。这将使我能够更新我的分析并向物流经理提供更新。

用户故事 1 应该由我们的通用聚类方法处理，特别是因为我们正在使用基于密度的带噪声应用程序空间聚类（DBSCAN）算法，该算法为异常值提供标签-1。

用户故事 2 可以通过利用我们在第 7 章中讨论的 LLM（大型语言模型）的能力来实现。我们可以将所给的文本数据作为输入批次发送到一个 GPT 模型，并使用适当格式的提示进行格式化；提示的格式化可以通过 LangChain 或纯 Python 逻辑来完成。

用户故事 3 意味着我们必须将结果推送到云端的一个位置，可以由数据工程管道或网络应用程序管道接收。为了尽可能灵活，我们将结果推送到指定的 Amazon Web Services（AWS）简单存储服务（S3）存储桶。最初，我们将数据导出为 JavaScript Object Notation（JSON）格式，这是我们在几章中已经接触过的格式，因为这是应用程序开发中经常使用的格式，大多数数据工程工具都可以读取。

最终用户故事，即用户故事 4，为我们提供了系统所需的调度指南。在这种情况下，要求意味着我们应该运行每日批处理作业。

让我们按照 ML 解决方案的技术需求，将这些想法整理成表格，见表 9-1。

表 9-1　将用户故事翻译为技术需求

用户故事	细　　节	技术需求
1	作为运营分析员或数据科学家，我希望得到明确的标签，指示出具有异常长乘车时间或距离的乘车，以便我可以对异常乘车量进一步分析和建模	● 算法类型=异常检测/聚类/异常值检测 ● 特征=乘车时间和距离
2	作为运营分析员或数据科学家，我希望获得相关文本数据的摘要，以便我能对一些乘车异常的原因进一步分析和建模	● 算法类型=文本摘要 ● 潜在模型=类似 BERT 的变换器和类似 GPT 模型的 LLM ● 输入要求=格式化提示
3	作为内部应用程序开发人员，我希望将所有输出数据发送到一个中央位置，最好是在云中，这样我就可以轻松地使用这些数据构建仪表板和其他应用程序	系统输出目的地=AWS 上的 S3
4	作为运营分析师或数据科学家，我希望每天早上能够查看前一天的出行数据输出，以便我可以更新我的分析并向物流经理提供更新	批处理频率=每日

将一些用户故事转化为潜在的技术需求的过程对于机器学习工程师来说是非常重要的技能，它可以真正加速潜在解决方案的设计和实施。在接下来的章节中，我们将使用表 9.1 中的信息，但为了帮助你练习这项技能，你可以考虑一些其他潜在的用户故事，并思考这些故事可能对应的技术需求是什么？以下是一些思考的开始点：

- 公司的数据科学家可能希望建立模型，根据出行的各种特征来预测客户满意度，包括时间和文本数据中提到的任何交通问题。他们可能希望获取这些数据的频率是每日或每周，这取决于数据的更新速度和他们的建模需求。他们需要的数据包括出行的时间信息、交通问题的描述、乘客评分等。一旦获得了这些数据，他们就可以开始工作。
- 公司移动应用程序的开发人员可能希望根据交通和天气条件预测预期出行时间，以向用户展示。他们如何做到这一点？数据可以批量提供，还是应该作是事件驱动的解决方案？
- 高级管理层可能希望编制报告，概述公司在多个变量上的表现，以便做出决策。他们可能想要看到什么样的数据？哪些机器学习模型可以提供更多的见解？数据准备的频率是怎样的，并且结果可以什么样的解决方案呈现？

现在我们已经完成了一些初步工作，了解了系统需要做什么以及它可能如何实现，我们现在可以开始将这些整合到一些初步设计中。

设计 ETML 解决方案

需求明确指向一个解决方案，该解决方案接收一些数据，利用机器学习推断进行增强，然后将数据输出到目标位置。我们提出的任何设计都必须封装这些步骤。这是任何 ETML 解决方案的描述，也是机器学习领域中最常用的模式之一。在我看来，它将在很长一段时间内具有重要的意义，因为它特别适用于以下情况的机器学习应用程序：

- 延迟并不是关键问题：如果你有能力按计划运行，并且没有高吞吐量或低延迟响应时间的要求，那么作为一个 ETML 批处理运行是完全可以接受的。

- 出于算法原因，你需要对数据进行批处理：这里我们将使用的聚类方法是一个很好的例子。在线环境中执行聚类的方法是存在的，其中模型会随着新数据的到来而不断更新，但是如果你将所有相关数据一起批处理，某些方法会更简单。类似的论点也适用于深度学习模型，它们需要大批量的数据并行处理在 GPU 上，以获得最大的效率。
- 你没有事件驱动或流式处理机制可用：许多组织可能仍然以批处理模式运作，仅仅是因为他们必须这样做！将其迁移到适用于不同模式的合适平台可能需要投资，而这种平台可能并不总是可用的。
- 这更简单：与前面的观点相关，建立基于事件或流的系统可能需要你的团队进行一些学习，而批处理则相对直观且易于入门。

现在，让我们开始讨论设计。我们的设计必须涵盖的关键元素已在表 9-1 中明确说明。然后，我们可以开始构建一个设计图，涵盖最重要的方面，包括开始确定哪些技术用于哪些流程。图 9-4 显示了一个简化的设计图，开始做到这一点，并展示了我们如何使用 Airflow 管道从 S3 存储桶中提取数据，将我们的聚类数据存储在 S3 中作为中间数据存储步骤，然后使用 LLM 对文本数据进行总结，并将最终结果导出到我们最终的目标 S3 位置。

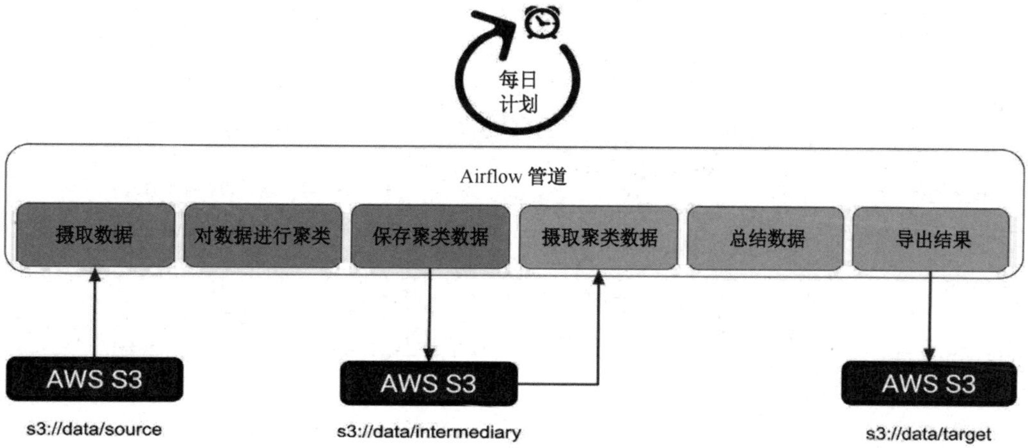

图 9-4　ETML 聚类和总结系统的高级设计（总体管道的步骤 1～3 是聚类步骤，而步骤 4～6 是总结步骤）

在接下来的部分中，我们将看到一些潜在的工具，根据我们在之前章节中学到的一切来解决这个问题。

工具选择

对于这个示例，以及几乎每当我们遇到 ETML 问题时，我们的主要考虑因素归结为几个简单的事情，即选择我们需要构建的接口、我们需要执行转换和建模的工具以及我们如何将所有部分组织在一起。接下来的几个部分将依次介绍这些内容。

接口和存储

当我们执行 ETML 的提取和加载部分时，我们需要考虑如何与存储数据的系统进行接口。重要的是，无论我们从哪个数据库或数据技术中提取数据，我们都要使用适当的工具来根据我们需要的规模和速度进行提取。在这个例子中，我们可以使用 AWS 上的 S3 作为我们的存储；我们的接口可以由 AWS 的 boto3 库和 AWS CLI 来处理。请注意，我们可以选择其他几种方法，其中一些显示在表 9-2 中，并附有它们的优缺点。

表 9-2　ETML 解决方案的数据存储和接口选项所具有的一些潜在优缺点

潜在工具	优点	缺点
AWS CLI、S3 和 boto3	● 相对简单易用，并有广泛的文档支持 ● 可连接到各种其他 AWS 工具和服务	● 不具备云端的通用性 ● 不适用于其他环境或技术
SQL 数据库和 JDBC/ODBC 连接器	● 相对来说与工具无关 ● 跨平台和云端 ● 可以进行优化的存储和查询	● 需要数据建模和数据库管理 ● 不适用于非结构化数据
供应商提供的云数据仓库通过其 API	● 通常有良好的文档和示例可供参考 ● 已经实施了良好的优化 ● 现代平台与其他广泛使用的平台具有良好的连接性 ● 在多个云上提供托管服务	● 需要数据建模和数据库管理 ● 有时可以支持非结构化数据，但并不总是易于实现 ● 可能成本较高

基于这些选项，似乎使用 AWS CLI、S3 和 boto3 包将是在这种情况下提供最大灵活性的最简单机制。在下一节中，我们将考虑围绕建模方法的可扩展性必须做出相关决定。在处理数据批次时，这一点非常重要，因为在某些情况下，数据量可能非常大。

模型的扩展

第 6 章中，我们讨论了一些扩展我们的分析和机器学习工作负载的机制。我们应该问自己，这些机制中的任何一个，甚至其他方法是否适用于手头的用例，并相应地使用它们。反过来也是一样的：如果我们正在处理相对较小量的数据，那么就没有必要配置大量的基础设施，也可能没有必要花费时间创建非常优化的处理。每种情况都应该根据其自身的优点和所处的环境进行独立考虑。

我们在表 9-3 中列出了解决方案中聚类部分的一些选项以及它们的优缺点。

表 9-3 ETML 解决方案建模部分的选项以及它们的优缺点（特别关注可扩展性和易用性）

潜在工具	优 点	缺 点
Spark ML	可以扩展到非常大的数据集	● 需要集群管理 ● 对于较小的数据集或处理需求，可能会有较大的开销 ● 算法集相对有限
Spark 与 pandas 用户定义函数（UDF）	● 可以扩展到非常大的数据集 ● 可以使用任何基于 Python 的算法	对于一些不容易并行化的问题可能没有意义
Scikit-learn	● 许多数据科学家都熟悉 ● 可以运行在许多不同类型的基础设施上 ● 训练和服务的开销较小	本身不太具有可扩展性
Ray AIR 或 Ray Serve	● 相对易于使用的 API ● 与许多机器学习库良好集成	● 需要使用新类型的集群进行集群管理（例如 Ray 集群） ● 对于机器学习工程师来说是新的技能组合

鉴于这些选项，并假设对于这个示例来说数据量不大，我们可以简单地坚持使用 Scikit-learn 建模方法，因为这提供了最大的灵活性，并且很可能最容易被团队中的数据科学家使用。值得注意的是，如果需要更具可扩展性的行为，可以稍后通过少量的工作将 Scikit-learn 代码转换为在 Spark 中使用 pandas UDF 来实现。

如上所述，聚类仅是 ETML 解决方案中 ML 的一部分，另一部分是文本摘要部分。一些潜在的选项和优缺点在表 9-4 中显示。

表 9-4　EMTL 解决方案中文本摘要组件的工具选项

潜在工具	优　点	缺　点
来自 OpenAI（或其他供应商）的 GPT-X 模型	● 易于使用——我们在第 7 章中已经接触过这一点 ● 可能是当前性能最好的模型	● 可能会变得昂贵 ● 对模型控制程度不如其他方法 ● 数据和模型衍生的可见性不足
开源的 LLM	● 数据和模型的溯源更加透明 ● 更稳定（你可以控制模型）	● 需要大型基础设施 ● 如果需要优化，需要非常专业的技能 ● 需要更多的运维管理（LLMOps）
任何其他非 LLM 的深度学习模型（例如 BERT 的变种）	● 可以比一些开源 LLMs 更容易设置 ● 已广泛研究和记录 ● 更容易重新训练和微调（较小的模型） ● 适用于基本 MLOps	● 比 API 调用有更多的运营开销（但少于托管 LLM） ● 性能较差

现在我们已经探讨了围绕可扩展 ML 模型的工具决策，我们将转向 ETML 解决方案的另一个重要主题——我们如何管理批处理的调度。

ETML 管道的调度

ETML 所对应的批处理过程通常非常适合与每日批处理相结合，但考虑到之前概述的其他两点，我们可能需要小心安排作业的时间——例如，我们管道中的一个步骤可能需要连接到一个没有读取副本（专门用于读取的数据库副本）的生产数据库。如果是这种情况，那么如果我们在周一早上 9 点开始向其发送查询，可能会给使用该数据库的任何解决方案的用户造成严重的性能问题。同样，如果我们在夜间运行并希望加载到正在进行其他批量上传过程的系统中，我们可能会创建资源争用，从而减慢该过程。这里没有一种适合所有情况的解决方案，重要的是要考虑你的选择。我们将在表 9-5 中查看使用本书遇到的一些工具进行调度和作业管理的优缺点：

表 9-5　使用 Apache Airflow 管理我们调度的优缺点

潜在工具	优　　点	缺　　点
Apache Airflow	● 良好的调度管理 ● 相对易于使用的 API ● 优秀的文档 ● 提供云托管服务，例如 AWS Managed Workflows for Apache Airflow (MWAA) ● 适用于机器学习、数据工程和其他工作负载的灵活性	● 可能需要时间来测试管道 ● 云服务如 MWAA 可能成本高昂 ● Airflow 相对通用（也可能是一个优点），并没有太多针对机器学习工作负载的特定功能
ZenML	● 相对易于使用的 API ● 良好的文档 ● 面向机器学习工程师设计 ● 多个有用的 MLOps 集成 ● 提供云选项	● 测试管道可能需要时间 ● 相较于 Airflow，学习曲线稍微陡峭一些
Kubeflow	● 相对易于使用的 API ● 文档良好 ● 如果需要，可以大大简化 Kubernetes 的使用	● 在 AWS 上使用需要 AWS 变体 ● 学习曲线比其他选项略陡 ● 有时由于底层使用 Kubernetes，调试可能更为困难

鉴于我们在表 9-3、表 9-4 和表 9-5 中所看到的，所有考虑的选项都有非常强的优点，并没有太多的缺点。这意味着有许多可能的技术组合可以让我们解决我们的问题。问题的需求规定了我们有相对较小的数据集，需要每天以批处理的方式进行处理，首先使用某种聚类或异常检测算法，然后再使用 LLM 进一步分析。我们可以看到，选择 scikit-learn 作为建模包，通过 API 调用的来自 OpenAI 的 GPT 模型，以及 Apache Airflow 作为编排工具，可以满足需求。再次强调，这并不是唯一可能的组合。你可以尝试接下来的章节中我们工作的例子，并尝试一些其他的工具。知道多种做事方法是 ML 工程师的一个关键技能，可以帮助你适应许多不同的情境。

下一部分将讨论在获取这些信息后，我们如何继续执行解决方案。

执行构建

本例中，执行构建将主要关注如何将第 1 章中展示的概念验证代码分解成可以被其他调度工具（如 Apache Airflow）调用的组件。

这将展示我们如何应用本书中学到的部分机器学习工程技能。在接下来的几节中，我们将重点介绍如何构建一个利用一系列不同机器学习能力的 Airflow 管道，只需几行代码就能创建一个相对复杂的解决方案。

使用高级 Airflow 功能构建 ETML 管道

第 5 章中，我们已经详细讨论了 Airflow，但那里我们更多地介绍了如何在云上部署你的 DAG。而在这里，我们将专注于在你的 DAG 中构建更高级的功能和控制流。我们将在这里的本地工作，理解当你想要部署时，可以使用第 5 章概述的过程。

首先，我们将查看一些良好的 DAG 设计实践，其中的许多是我们全书讨论的良好软件工程实践的直接应用。为了回顾其中一些，你可以回到第 4 章。在这里，我们将强调这些 DAG 设计如何应用于 Airflow：

- 让你的任务体现关注点分离：正如第 4 章所讨论的，关注点分离是关于确保特定的代码或软件执行特定的功能，且最小化重叠。这也可以被表述为“原子性”，使用类比来说明，就是用具有特定、专注功能的“原子”来构建你的解决方案。在 Airflow DAG 的层面上，我们可以体现这一原则，方法是确保我们的 DAG 由执行一项明确工作的任务组成。所以，在这个例子中，我们明显有“提取”“转换”“机器学习”和“加载”阶段，对于每个阶段来说，都有意义地指定具体的任务。根据这些任务的复杂性，它们甚至可能被进一步拆分。这也有助于我们创建良好的控制流程和错误处理，因为对于更小、更原子化的代码片段，预测、测试和管理故障模式要容易得多。我们将在本节的代码示例中看到这一点。
- 使用重试：你可以为 Airflow 步骤传入多个参数，以帮助控制在不同情况下的任务将如何运行。这方面的一个重要概念是“重试”，它告诉任务在失败时再次尝试整个过程。这是一种很好的方法，可以为你的系统建立一些弹性，因为一个过程可能由于各种原因而暂时失败，例如，如果它包括通过 HTTP 进行的 REST API 调用，网络连接可能会下降。你还可以在重试之间引入延迟，甚至可以使用指数退避，即你的重试之间的时间延迟不断增加。如果你遇到具有速率限制的 API，这将很有帮助，例如，指数退避意味着系统被允许再次访问端点。

- 在你的 DAG 中强制执行幂等性：幂等性是代码在多次对同一输入运行时返回相同结果的质量。我们很容易假设大多数程序都是这样工作的，但情况绝对不是这样。本书中，我们广泛使用了包含内部状态的 Python 对象，例如 scikit-learn 中的机器学习模型或 PyTorch 中的神经网络。这意味着不应该想当然地认为幂等性是你解决方案的一个特点。幂等性在 ETML 管道中非常有用，因为这意味着如果你需要执行重试，那么你知道这不会导致意外的副作用。你可以通过在构成 DAG 的任务层面上强制执行幂等性，来在你的 DAG 层面上强制执行幂等性。对 ETML 应用程序的挑战在于，我们显然有机器学习模型，正如我刚才提到的，这对于这个概念来说是一个挑战！因此，需要一些思考来确保重试和管道的机器学习步骤能够很好地协同工作。
- 利用 Airflow 操作符和提供者包生态系统：Airflow 附带了一大列表操作符来执行各种任务，而且还有许多设计用于帮助与其他工具集成的提供者包。这里的建议是使用它们。这符合第 4 章中讨论的“不要重新发明轮子”的观点，确保你可以专注于为你的负载和系统构建适当的逻辑，而不是创建样板集成。例如，我们可以使用 Spark 提供者包。我们可以通过以下方式安装它：

```
pip install apache-airflow
pip install pyspark
pip install apache-airflow-providers-apache-spark
```

然后在 DAG 中，我们可以提交一个 Spark 应用程序，例如一个包含在名为 spark-script.py 的脚本中的应用程序，使用以下命令进行运行：

```
from datetime import datetime
from airflow.models import DAG
from airflow.providers.apache.spark.operators.spark_jdbc import
SparkJDBCOperator
```

```
from airflow.providers.apache.spark.operators.spark_sql import
SparkSqlOperator
from airflow.providers.apache.spark.operators.spark_submit import
SparkSubmitOperator

DAG_ID = "spark_example"

with DAG(
    dag_id=DAG_ID,
    schedule=None,
    start_date=datetime(2023, 5, 1),
    catchup=False,
    tags=["example"],
) as dag:
    submit_job = SparkSubmitOperator(
        application=\
           "${SPARK_HOME}/examples/src/main/python/spark-script.py",
           task_id="submit_job"
    )
```

- 使用 with DAG( ) as dag：在上面的例子中，你会看到我们使用了这种模式。这种上下文管理器模式是定义 DAG 的三种主要方式之一，另外两种是使用 DAG 构造函数并将其传递给管道中的所有任务，或者使用装饰器将函数转换为 DAG。使用上下文管理器意味着，正如在 Python 中的任何使用一样，即使代码块因异常而退出，也可以正确地清理在上下文中定义的任何资源。使用构造函数的机制需要将 dag=dag_name 传递到你在管道中定义的每个任务中，这相当烦琐。对于基本的 DAG，使用装饰器相当简洁，但如果构建更复杂的 DAG，它可能会变得难以阅读和维护。
- 记得进行测试（！）：在阅读了本书的其余部分并成为自信的机器学习工程师之后，我能听到你对这一页大喊："测试怎么办？！"你有权大喊。代码的好坏取决于我们可以在其上运行的测试。幸运的是，Airflow 为我们提供了一些现成的功能，使我们能够对 DAG 进行本地测试和调试。为了在你的 IDE 或编辑器中进行调试，如果你的 DAG 如上面的例子中那样被称为 dag，那么你需要做的就是在 DAG 定义文件中添加以下代码段，以便你选择的调试器在本地、序列化的 Python 进程内运行 DAG。这不会运行调度程序，它只是在单个进程中运行 DAG 步骤，这意味着它会快速失败并为开发人员提供快速反馈：

```
if __name__ == "__main__":
    dag.test()
```

我们还可以像在第 4 章以及其他章节中所做的那样使用 pytest。

现在我们已经讨论了一些关键概念，将开始细致地构建 Airflow DAG，并尝试以展示如何使解决方案具有一些恢复力的方式运行。

首先，需要注意的是，对于这个示例，我们将实际执行两次 ETML 过程：一次用于聚类组件，一次用于文本摘要。这种方式意味着我们可以在步骤之间使用中间存储，在这种情况下，再次使用 AWS S3，以便在系统中引入一些恢复力。这样做是因为如果第二步失败，并不意味着第一步的处理就丢失了。我们将要讲解的示例以相对简单的方式实现了这一点，但正如本书一贯强调的，只要基本原理保持稳固，这些概念可以扩展和适应你选择的工具和流程。

让我们开始构建这个 DAG！这是一个相对简短的 DAG，只包含两个任务；我们首先展示 DAG，然后展开细节：

```
from __future__ import annotations
import datetime
import pendulum
from airflow import DAG
from airflow.operators.python import PythonOperator
from utils.summarize import LLMSummarizer
from utils.cluster import Clusterer
import logging

logging.basicConfig(level=logging.INFO)
```

```python
# 桶名称可以作为环境变量读取。
bucket_name = "etml-data"
date = datetime.datetime.now().strftime("%Y%m%d")
file_name = f"taxi-rides-{date}.json"

with DAG(
    dag_id="etml_dag",
    start_date=pendulum.datetime(2021, 10, 1),
    schedule_interval="@daily",
    catchup=False,
) as dag:

    logging.info("DAG started ...")
    logging.info("Extracting and clustering data ...")
    extract_cluster_load_task = PythonOperator(
        task_id="extract_cluster_save",
        python_callable=Clusterer(bucket_name, file_name).\
                              cluster_and_label,
        op_kwargs={"features": ["ride_dist", "ride_time"]}

    )

    logging.info("Extracting and summarizing data ...")
    extract_summarize_load_task = PythonOperator(
        task_id="extract_summarize",
        python_callable=LLMSummarizer(bucket_name, file_name).summarize
    )

    extract_cluster_load_task >> extract_summarize_load_task
```

从前面的代码片段中可以看到，有两个任务，它们使用≫运算符一个接一个地顺序执行。每个任务执行以下工作：

- extract_cluster_load_task：此任务将从适当的 S3 存储桶中提取输入数据，并使用 DBSCAN 进行一些聚类操作，然后将原始数据与模型输出结合，加载到中间存储位置。为了简化，我们将使用相同的存储桶进行中间存储，但这可以是你能够连接的任何位置或解决方案。

- extract_summarize_load_task：同样地，此处的第一步是使用 boto3 库从 S3 中提取数据。接下来的步骤是获取数据，然后调用适当的 LLM（大型语言模型）对选定的数据文本字段生成摘要，特别是那些包含当天批量运行的本地新闻、天气和交通报告信息的部分。

在阅读 DAG（有向无环图）时，你可能会注意到，之所以 DAG 的定义如此简洁，是因为我们已将大部分逻辑抽象到附属模块中，这符合保持简单、分离关注点以及应用模块化的原则。关于这些以及其他重要概念的深入讨论，请参见第 4 章。

我们在有向无环图（DAG）中使用的第一个组件是包含在 utils.cluster 下的 Clusterer 类中的功能。为了简洁，我省略了标准的导入部分。这个类的完整定义如下：

```
import boto3
from sklearn.preprocessing import StandardScaler
from sklearn.cluster import DBSCAN
from utils.extractor import Extractor

model_params = {
    'eps': 0.3,
    'min_samples': 10,
}

class Clusterer:
    def __init__(
        self, bucket_name: str,
        file_name: str,
        model_params: dict = model_params
    ) -> None:
        self.model_params = model_params
        self.bucket_name = bucket_name
        self.file_name = file_name
```

```
def cluster_and_label(self, features: list) -> None:
    extractor = Extractor(self.bucket_name, self.file_name)
    df = extractor.extract_data()
    df_features = df[features]
    df_features = StandardScaler().fit_transform(df_features)
    db = DBSCAN(**self.model_params).fit(df_features)

    # 从聚类中找到标签
    core_samples_mask = np.zeros_like(db.labels_, dtype=bool)
    core_samples_mask[db.core_sample_indices_] = True
    labels = db.labels_

    # 为数据集添加标签并返回。
    df['label'] = labels

    date = datetime.datetime.now().strftime("%Y%m%d")
    boto3.client('s3').put_object(
        Body=df.to_json(orient='records'),
        Bucket=self.bucket_name,
        Key=f"clustered_data_{date}.json"
    )
```

请注意，该类的构造函数包含对默认模型参数集的引用。这些可以从配置文件中读取，我在这里包含了它们以便查看。类中的实际聚类和标记方法相对简单；它只是标准化输入特征，应用 DBSCAN 聚类算法，然后导出最初提取的数据集，现在包括了聚类标签。一个重要的点是，用于聚类的特征以列表的形式提供，这样如果需要，或者如果有更好的数据可用于聚类，只需通过修改提供给 DAG 中第一个任务的 PythonOperator 对象的 op_kwargs 参数，就可以在未来进行扩展。

在成功运行使用 Clusterer 类的第一个任务后，会生成一个 JSON 文件，其中包含了源记录及其聚类标签。图 9-5 中给出了该文件中的两个随机示例。

```
{
    "ride_dist": 5.0956885357,
    "ride_time": 0.1182137494,
    "ride_speed": 43.105717902,
    "ride_id": 20230524134,
    "selection_idx": 1,
    "news": "It is expected to be a busy shopping day today as many retailers attempt are offering discounts to try to lure shoppers back into city
centre stores after the COVID-19 pandemic and lockdown. Many are expected to make there way into Glasgow city centre today to take advantage of
the discounts on offer. There is also an expected surge in activity on online shopping sites.",
    "weather": "The weather is expected to be sunny and dry over the next few days, with temperatures in the mid-teens looking set to entice people
out and about.",
    "traffic": "Traffic is expected to be heavy on the M8 motorway near Glasgow today due to an influx of shoppers into the city centre.",
    "label": 0
},
{
    "ride_dist": 7.2791349999,
    "ride_time": 0.4467654754,
    "ride_speed": 16.2929666702,
    "ride_id": 20230524135,
    "selection_idx": 0,
    "news": "Reports are that there has been an accident on the M8 motorway near Glasgow due to icy conditions on the roads. No one has been
seriously injured but the road is blocked and traffic is backed up for miles. The police are on the scene and are expected to aid the clearing of
the scene in the next few hours.",
    "weather": "The forecast for the West of Scotland over the next few days is for cold and wet weather with icy conditions to remain. Drivers are
advised to only make journeys where absolutely necessary, especially since the current cold spell has already led to a number of accidents across
the region.",
    "traffic": "There is a traffic jam on the M8 motorway near Glasgow. Expect delays.",
    "label": -1
},
```


图 9-5　ETML 流程中聚类步骤后生成的数据的两个示例记录

你可能已经注意到，在这个示例的顶部，我们导入了另一个实用类，即 utils.extractor 模块中的 Extractor 类。这只是对某些 boto3 功能的封装，并在下面定义：

```python
import pandas as pd
import boto3

class Extractor:
    def __init__(self, bucket_name: str, file_name: str) -> None:
        self.bucket_name = bucket_name
        self.file_name = file_name

    def extract_data(self) -> pd.DataFrame:
        s3 = boto3.client('s3')
        obj = s3.get_object(Bucket=self.bucket_name, Key=self.file_name)
        df = pd.read_json(obj['Body'])
        return df
```

现在，让我们继续定义在有向无环图（DAG）中使用的另一个类，即来自 utils.summarize 模块的 LLMSummarizer：

```
openai.api_key = os.environ['OPENAI_API_KEY']

class LLMSummarizer:
    def __init__(self, bucket_name: str, file_name: str) -> None:
        self.bucket_name = bucket_name
        self.file_name = file_name

    def summarize(self) -> None:
        extractor = Extractor(self.bucket_name, self.file_name)
        df = extractor.extract_data()
        df['summary'] = ''

        df['prompt'] = df.apply(
                    lambda x:self.format_prompt(
                        x['news'],
                        x['weather'],
                        x['traffic']
                    ),
                    axis=1
        )
        df.loc[df['label']==-1, 'summary'] = df.loc[df['label']==-1,
               'prompt'].apply(lambda x: self.generate_summary(x))
        date = datetime.datetime.now().strftime("%Y%m%d")
        boto3.client('s3').put_object(
            Body=df.to_json(orient='records'),
            Bucket=self.bucket_name,
            Key=f"clustered_summarized_{date}.json"
        )

    def format_prompt(self, news: str, weather: str, traffic: str) -> str:
        prompt = dedent(f'''
            The following information describes conditions relevant to
            taxi journeys through a single day in Glasgow, Scotland.
            News: {news}
```

```
        Weather: {weather}
        Traffic: {traffic}
        Summarise the above information in 3 sentences or less.
        ''')
    return prompt

def generate_summary(self, prompt: str) -> str:
    # 尝试使用 ChatGPT API，如果无法正常工作，请使用备用方案
    try:
        response = openai.ChatCompletion.create(
            model = "gpt-3.5-turbo",
            temperature = 0.3,
            messages = [{"role": "user", "content": prompt}]
        )
        return response.choices[0].message['content']
    except:
        response = openai.Completion.create(
            model="text-davinci-003",
            prompt = prompt
        )
        return response['choices'][0]['text']
```

你可以看到，这个类遵循了与 Clusterer 类相似的设计模式，只不过现在我们使用的方法的角色是提示我们选择的 OpenAI LLM，使用我们已经硬编码的标准模板。再次强调，这个提示模板可以提取出来放在配置文件中，与解决方案一起打包，但这里显示出来是为了可见性。这个提示要求 LLM 总结提供的有关当地新闻、天气和交通报告的相关上下文信息，以便我们有一个简洁的摘要，可以用于下游分析或在用户界面中渲染。最后一个要注意的重要的点是生成摘要的方法，它封装了一个调用 OpenAI API 的功能，有一个 try-except 子句，如果第一个模型调用遇到任何问题，将允许回退到不同的模型。2023 年 5 月撰写此书时，OpenAI API 在延迟和速率限制方面仍然显示出一些脆弱性，所以像这样的步骤让你能够构建更强大的工作流程。

在运行 DAG 时，应用 LLMSummarizer 类的一个示例输出如图 9-6 所示。你可以看到，它能接收新闻、天气和交通信息，并生成简洁的摘要，这有助于任何下游数据使用者理解这些信息对整体交通状况的含义。


```
{
    "ride_dist": 7.1756319208,
    "ride_time": 0.5520666183,
    "ride_speed": 12.9977645499,
    "ride_id": 20230524391,
    "selection_idx": 2,
    "news": "Economic conditions are slowly improving for the West of Scotland after a series of targeted investments in the area. Some high profile
    companies from across the globe have been lured to the Greater Glasgow Area after a targeted campaign by the Scottish Government to attract more
    investment in the area. The main pitch laid out to the investors has been centered around Scotland's excellent education system and it's very high
    quality of life for employees and customers.",
    "weather": "The forecast for the Greater Glasgow Area today remains overcast with a chance of showers and mild winds.",
    "traffic": "Traffic is expected to be normal today in the Greater Glasgow Area.",
    "label": -1,
    "summary": "Economic conditions in the West of Scotland are improving due to targeted investments and the attraction of high profile companies. The
    weather in the Greater Glasgow Area today will be overcast with a chance of showers and mild winds. Traffic is expected to be normal.",
    "prompt": "\nThe following information describes conditions relevant to taxi journeys through a single day in Glasgow, Scotland.\n\nNews: Economic
    conditions are slowly improving for the West of Scotland after a series of targeted investments in the area. Some high profile companies from across
    the globe have been lured to the Greater Glasgow Area after a targeted campaign by the Scottish Government to attract more investment in the area.
    The main pitch laid out to the investors has been centered around Scotland's excellent education system and it's very high quality of life for
    employees and customers.\nWeather: The forecast for the Greater Glasgow Area today remains overcast with a chance of showers and mild winds.
    \nTraffic: Traffic is expected to be normal today in the Greater Glasgow Area.\n\nSummarise the above information in 3 sentences or less.\n"
},
```


图 9-6　LLMSummarizer 的示例输出

在这段代码中，一个潜在的优化领域是关于所使用的提示模板，因为有一些很好的提示工程可以尝试，以使来自 LLM 的输出更加一致。你也可以使用像 LangChain 这样的工具，我们在第 7 章中遇到过，来对模型进行更复杂的提示。我把这个问题留给读者作为一个有趣的练习。

现在我们已经定义了 DAG 及其使用的所有逻辑，那么我们实际上将如何配置它来运行，甚至在独立模式下呢？当我们在第 4 章将 DAG 部署到 MWAA，即 AWS 托管的 Airflow 解决方案时，你可能会记得我们必须将 DAG 发送到一个指定的存储桶，然后系统才会读取它。

对于你自己托管或本地的 Airflow 实例，同样的规则也适用；这一次，我们需要将 DAG 发送到位于$AIRFLOW_HOME 文件夹中的 dags 文件夹。如果你没有为 Airflow 的安装明确配置这个，你将使用默认设置，通常在你的主目录下的一个名为 airflow 的文件夹中。若要找到这个以及许多其他有用的信息，你可以执行以下命令，该命令会产生如图 9-7 所示的输出：

```
airflow info
```

```
❯ airflow info

Apache Airflow
version              | 2.6.1
executor             | SequentialExecutor
task_logging_handler | airflow.utils.log.file_task_handler.FileTaskHandler
sql_alchemy_conn     | sqlite:////Users/apmcm/airflow/airflow.db
dags_folder          | /Users/apmcm/airflow/dags
plugins_folder       | /Users/apmcm/airflow/plugins
base_log_folder      | /Users/apmcm/airflow/logs
remote_base_log_folder |


System info
OS              | Mac OS
architecture    | arm
uname           | uname_result(system='Darwin', node='Andrews-MacBook-Pro.loc
locale          | ('en_US', 'UTF-8')
python_version  | 3.10.8 | packaged by conda-forge | (main, Nov 22 2022, 08:2
python_location | /opt/homebrew/Caskroom/miniforge/base/envs/mlewp-chapter08/l


Tools info
git             | git version 2.39.1
ssh             | OpenSSH_9.0p1, LibreSSL 3.3.6
kubectl         | NOT AVAILABLE
gcloud          | NOT AVAILABLE
cloud_sql_proxy | NOT AVAILABLE
mysql           | NOT AVAILABLE
sqlite3         | 3.39.5 2022-10-14 20:58:05 554764a6e721fab307c63a4f98cd958c
psql            | NOT AVAILABLE


Paths info
airflow_home    | /Users/apmcm/airflow
system_path     | /opt/homebrew/Caskroom/miniforge/base/envs/mlewp-chapter08/l
                | texes/App/usr/bin:/usr/bin:/bin:/usr/sbin:/sbin:/var/run/co
                | xd/codex.system/bootstrap/usr/appleinternal/bin
python_path     | /opt/homebrew/Caskroom/miniforge/base/envs/mlewp-chapter08/l
                | rew/Caskroom/miniforge/base/envs/mlewp-chapter08/lib/python
                | /apmcm/airflow/plugins
airflow_on_path | True


Providers info
apache-airflow-providers-apache-spark | 4.0.1
apache-airflow-providers-common-sql   | 1.4.0
apache-airflow-providers-ftp          | 3.3.1
apache-airflow-providers-http         | 4.3.0
apache-airflow-providers-imap         | 3.1.1
apache-airflow-providers-sqlite       | 3.3.2
```

图 9-7　来自 airflow info 命令的输出

一旦你找到了$AIRFLOW_HOME 文件夹的位置，如果还没有一个叫作 dags 的文件夹，那就创建一个。对于简单的、自包含的 DAGs，如果不使用子模块，你只需要将 DAG 复制到这个文件夹中，就像我们在第 5 章的 MWAA 示例中将 DAG 发送到 S3 一样。由于在这个例子中我们使用了多个子模块，可以决定使用第 4 章中开发的技术将它们安装为一个包，并确保它在 Airflow 环境中可用，或者我们可以简单地将子模块发送到同一个 dags 文件夹。

为了简单起见，这就是我们将在这里做的，但是请查阅官方 Airflow 文档以获取详细信息。

一旦我们复制了代码，如果我们访问 Airflow UI，就应该能够看到我们的 DAG，如图 9-8 所示。只要 Airflow 服务器在运行，DAG 就会按照提供的计划运行。你也可以在 UI 中触发手动运行以进行测试。

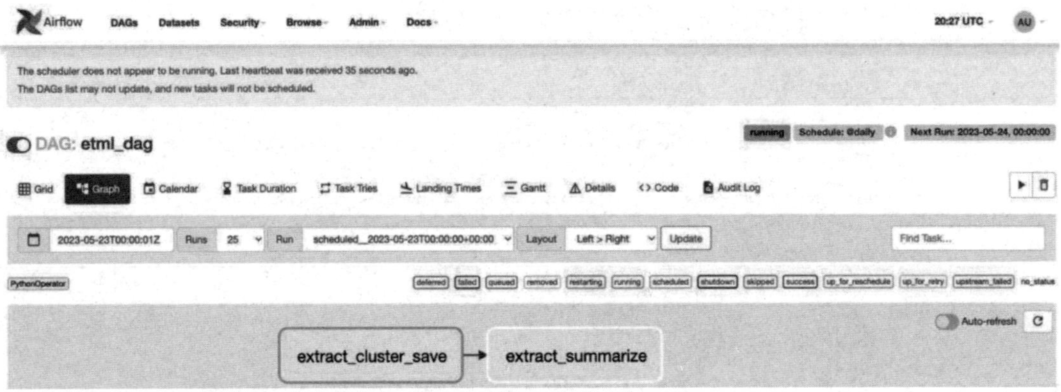

图 9-8　Airflow UI 中的 ETML DAG

运行 DAG 将导致中间和最终输出 JSON 文件被创建在 S3 存储桶中，如图 9-9 所示。

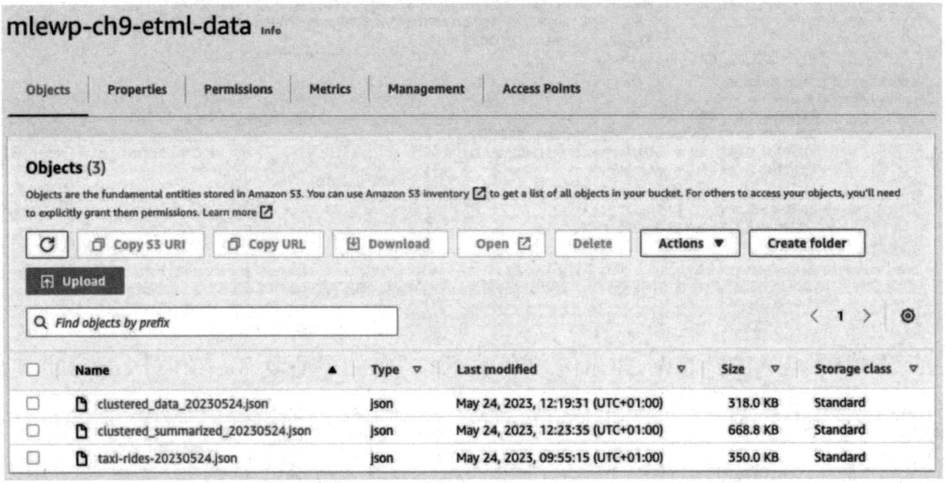

图 9-9　DAG 的成功运行创建了中间和最终的 JSON 文件

就这样，我们现在已经构建了一个 ETML 管道，它接收一些出租车出行数据，根据出行距离和时间对这些数据进行聚类，然后使用 LLM 对一些上下文信息进行文本摘要。

本章小结

本章已经涵盖了如何应用本书中的许多技术，特别是来自第 2 章“机器学习开发流程”、第 3 章“从模型到模型工厂”、第 4 章“打包封装”，以及第 5 章“部署模式和工具”，到一个现实的应用场景。在这个案例中，问题涉及聚类出租车行程以发现异常行程，然后对一些上下文的文本数据进行自然语言处理，以尝试自动解释这些异常。这个问题是通过 ETML 模式来解决的，我提出了这个模式作为合理化典型的批处理机器学习工程解决方案的一种方式。我们之前已经详细地解释过了，也介绍了一个潜在解决方案的设计，以及任何机器学习工程团队必须经历的一些工具选择的讨论。最后，我们深入探讨了一些关键性的工作，这些工作是使这个解决方案准备好投入生产所必需的。特别是，我们展示了如何利用良好的面向对象编程技术来封装跨越 Scikit-learn 包、AWS boto3 库和 OpenAI APIs 的机器学习功能，以使用 LLMs 创建一些复杂的功能。我们还详细探索了如何使用 Airflow 的更复杂特性来编排这些功能，使其具有弹性。

至此，你不仅完成了本章的学习，而且也完成了《Python 机器学习工程（第 2 版）》的阅读，恭喜你！在整本书中，我们涵盖了与机器学习工程相关的各种主题，从如何构建你的团队和可能的开发过程，一直到打包、扩展、调度、部署、测试、日志记录，以及中间的许多其他内容。我们探讨了 AWS 和托管云服务，深入研究了使你能够编排、构建管道和扩展的开源技术，还探索了令人兴奋的 LLMs、生成性 AI 和 LLMOps 的新世界。

在快速发展、日新月异、令人兴奋的机器学习工程和 MLOps 世界中，有许多主题需要涵盖，一本书永远无法完全公正地对待整个领域。然而，这第二版试图在第一版的基础上加以改进，通过在我认为是重要的领域中提供更多的广度和深度，以帮助培养下一代机器学习工程人才。我希望你读完这本书后，不仅感到装备齐全，而且像我每天一样兴奋地去构建未来。如果你在这个领域工作，或者你正在进入这个领域，那么我相信你现在正处于历史上一个真正独特的时刻。随着机器学习系统需要变得更强大、更普遍和更高效，我相信对机器学习工程技能的需求只会增长。我希望这本书已经为你提供了所需的工具，以便利用这些工具，并且你已经像我一样享受了这次旅程！

加入我们在 Discord 上的社区

加入我们的社区 Discord 空间，与作者和其他读者进行讨论：https://packt.link/mle。